U0560556

中华经典全本译注评

劝忍百箴

译注评

［元］许名奎　著

周百义　译评

长江出版传媒｜崇文书局

前　言

　　《劝忍百箴》是一本探讨人生真谛、总结处世哲学的普及性读物。原著作者许名奎反思一生的行为，从古籍中归纳出百条处世箴言，后经人加以考注，更加详实完备，通俗易懂。书中没有抽象的理论阐述，而是入经出史，博涉群书，辑名人名言与历史事件为一体，生死、利害、祸福、喜怒、得失，小至待人接物，大到经邦济世，无所不包，是了解儒家"忍"文化的精髓，更是为人处世、安身立命、丰富人生智慧的重要参考书籍。它没有《菜根谭》那种"谈禅说佛"的玄奥，又弥补了《围炉夜话》的空洞和抽象，以丰富充沛的历史事实，让你在悠久的中国文化长廊中浏览、咀嚼和回味。

　　"忍"是中国哲学的一个范畴。孔子曰："小不忍则乱大谋。""是可忍，孰不可忍也！"前者是指如果小的方面不去克制，就成就不了大事业。后者是指有些可以容忍，有些则不能容忍。《荀子·儒效》："志忍私，然后能公；行忍情性，然后能修。"《吕览·去私》："忍所私以行大义。"两者皆指要克制自己的欲望，为理想而献身。如果说，"忍"的哲学在儒家那里还有些经世致用的话，到了道家那里，更多的是"无为""不争"和"顺其自然""柔弱退守"。到了禅宗那里，"忍"的哲学更加精致化。《能禅师碑铭》中说慧能"乃教人以忍，曰：忍者无生，方得无我。始成于初发心，以为教首"。这种"忍"就是只见己过，莫见世非。"忍辱第一道，先须除我人，事来无所受，

即真菩提身。"由此可见,儒家、道家和禅宗都把"忍"推崇为一种
高尚的精神境界,并把它社会化、生活化、普及化,因而对中国人的
人格形成产生了很大的影响。

《劝忍百箴》的作者许名奎正是在这种哲学背景下,从经史子集
中选取若干史实,结合自身体会,从一百个方面,阐述"忍"的深刻
内涵。他认为"上至宰相,下至士庶人,皆当以为药石","朝夕看
阅,亦可补德量于万一"。但由于作者所处时代之限制,从今天来看,
书中难免瑕瑜互见,精华与糟粕共存。

综观全书,其思想内容大致可分为三类:

一、揭示事物的一些普遍规律、生活中的某些道理、人际关系的
基本准则,这些内容无论古今,都是具有一定的积极意义的。如"满之忍"
中,强调"月盈则亏,器满则覆","满招损,谦受益";"祸福之忍"
中,指出"祸兮福倚,福兮祸伏";"安之忍"中,指出"流水不腐,
户枢不蠹",含有一些朴素的唯物主义的观点。"言之忍""色之忍""酒
之忍""食之忍""安之忍""忽之忍"等章中,总结了生活中一些
经实践证明具有一定科学道理的常识,以及历史中的经验和教训。如
"齿颊一动,千驷莫追",是告诫人们说话要谨慎。如"败国亡家之事,
常与女色以相随",是讲人们不要贪恋女色,应吸取历史的教训。"酒
之忍"中,是提醒人们不要过量饮酒。饮酒不仅伤身,而且会误事。
"忽之忍"中,强调"千里长堤,溃于蚁穴",告诉我们要防微杜渐,
否则"骄奢生于富贵,祸乱生于所忽"。还有一些,肯定了中华民族
的传统美德。如"事师之忍"中提倡尊师重教,"好学之忍"中告诫
人们要勤奋学习,"立身百行,以学为基。"像这种健康无害的内容,
在本书中占大多数篇幅。

二、经过改造和分析批判,可以为我们今天的事业服务的。如"忠

之忍"中,文章宣扬要"事君尽忠",肯定封建法统的合理性,但其中又提到"苟利社稷,死生不夺",如果我们抛开其对于统治者的愚忠,而把这"忠"看作是我们对民族和国家的忠诚和热爱,仍然是有一定积极意义。本章中赞扬颜真卿、张巡,谴责秦桧等人,都是以是否对国家和民族有利作为评判标准的。像"孝之忍"中,"孝"作为儒家治国治家之本,被无限地夸大了。"人之行莫大于孝","孝为百行之首"。历代统治者强调行孝,根本目的在于以孝治家,进而治国,用以巩固自己的统治。但是,我们也不能否认孝作为人伦关系的基础,它对我们这个民族曾经起到的并且现在仍然起到的有益作用。我们如果把这种孝理解为赡养父母的义务,敬顺父母,加深亲情,仍是值得我们称道和弘扬的。再如"贫之忍",文章中宣扬"贫穷有命",但其中又提到"贫贱不能移,此乃大丈夫","穷且益坚,不坠青云之志",如果我们抛开其中的唯心论的"命定论",而去砥行砺节,保持节操,这种清贫淡泊的生活观仍然有一定的意义。又如"义之忍","义"本是儒家要求人们遵守的一定的规范,是封建道德的核心,但其中提倡的"大义灭亲""见义勇为""舍生取义"等行为标准,在我们今天仍然是具有生命力的。除此之外,像"礼之忍""辱之忍""死之忍"等,都有这种良莠并存的现象。

三、还有一类,是需要我们阅读时分析批判的。其中或鼓吹天命观,或宣扬封建伦理,或宣扬中庸之道,其观点和我们的时代精神格格不入。如"贵之忍",提出"贵为王爵,权出于天";"贫之忍"中,说"贫穷有命";"不满之忍"中,说"多得少得,自有定分,一阶一级,造物所靳";"侈之忍"中,说"天赋于人,名位利禄,莫不有数";"特立之忍"中,说"穷通有时,得失有命"。这些把人在现世社会中的地位和待遇归之于上天决定的"命定论",是历代统治阶级统治人民的一种欺骗手段。他们无非是要人们安于各自的阶级地位，不要去扰乱现存的社会秩序。儒家把"天命"当作一种神秘的主宰力量，是为封建伦理秩序的永恒性寻找理论依据，在哲学上它发展成为一种唯心主义的命定论，是消极思想的集中反映。

如"夫妇之忍"中，强调"正家之道，始于夫妇。上承祭祀，下养父母"，"兄弟之忍"中，强调"兄友弟恭"，是"人之大伦"，象对待兄弟舜不择手段，舜不仅不反抗，还毫无怨恨。"父子之忍"中，"尹信后妻，欲杀伯奇"，而伯奇"有口不辩，甘逐放之"。"奴婢之忍"中，强调"人有十等，以贱事贵"。以上论述的夫妇、父子、兄弟、主奴关系，完全是按照儒家所描绘的伦常秩序来规范要求的。如夫妇之关系，不在于满足性和情爱的需要，而是传宗接代与结两姓之好。"不孝有三，无后为大"，娶妻的目的是为了继嗣。如果丈夫需要，还可以娶妾，妻子不得干涉。在"父子之忍"中，要求父慈子孝，但像舜的父亲瞽叟那样不仁慈的行为，儿子也应当忍受。即使父亲偷了别人的羊，儿子如果去做证，也是不孝的行为。

本书还有不少地方宣扬了儒家"执两用中"的中庸之道和道家的"无为"思想。如"智之忍"中，鼓吹不可用智太过，要藏才隐智，免得招人怨忌。"才技之忍"中，说人"露才扬己，器卑识乏"，才智不要外露。"辱之忍"中，要人们逆来顺受，达到"唾面自干"的境界。"不平之忍"中，要人们"顺其自然"，做到"我心常淡然，不怨亦不怒"。这些消极无为、无过无及的思想，和现代社会积极进取、奋力拼搏的时代精神相违背。它们容易使人安于现状，不思进取。

总之，这本书尽管良莠并存，有不少和我们时代并不合拍的内容，但我们不能苛求古人也和今人一样具有现代意识和科学精神。这本书所提倡的克制非分欲望，树立远大志向，吃苦耐劳，勇于奉献，勤俭持家，理解别人等一系列东方传统美德，仍然需要弘扬光大。有些人由于缺少全面了解，误把"忍"单纯理解为"一味忍让"，这实际上犯了以偏概全的毛病；或把"忍"当作"逆来顺受"的盾牌，书于案头，刺于臂上，也是"望文生义"的结果。何况在市场经济的大潮席卷整个社会之际，拜金和拜物以及封建残余仍以不同形式影响中华民族的复兴，如果我们能汲取中国传统文化中的有益成分，正确认识"忍"这个概念的积极意义，将对社会进步、个人修为不无裨益。

为了读者阅读方便，我们在每一章的前面加以简要概括提示，结尾处又给以评点，并给每一节加上了小标题。笔者在点评过程中，限于水平，疏漏和错误在所难免，本次再版时，承蒙朱金波先生审校，崇文书局认真把关，订正诸多纰漏，在此一并致谢。

周百义

2018 年 7 月于武昌

目　录

一　言之忍

【题解】

汉语词汇丰富，人与人交流运用时，表达是否准确，往往体现出一个人学识的多寡，表达是否恰如其分，则又体现出一个人的修养。苏秦游说诸侯而成为六国之相，烛之武能言善辩，智退秦兵。说话是一门艺术，它可以给人带来荣耀，也会给人带来灾难。本章论及妄言的危害、慎言的益处。

君子慎于言

恂恂便便，侃侃闇闇。忠信笃敬，盍书诸绅？讷为君子，寡为吉人。

【译文】

待人谦恭谨慎，说话明晰通畅，为人刚强正直，态度直率爽朗。竭力尽心，待人诚实不欺，忠厚严肃，始终如一，为什么不把它们写在带子上呢？说话谨慎的是君子，少说话是吉利的人。

【注析】

前两句是孔子的弟子们追忆先师的记述，见《论语·乡党》。孔子在家乡时，非常谦恭谨慎，待人诚恳实在，就好像不善言辞的样子。在宗庙里，朝廷上，他说话明晰畅达，能言善辩。在和下大夫说话时，他和善快乐；和上大夫说话时，他和言悦色，但直言相告。

孔子回答子张关于说话做人的那段教导，记载在《论语·卫灵公》中。孔子说："言忠信，行笃敬，虽蛮貊之邦，行矣。言不忠信，行不笃敬，虽州里行乎哉？"至于如何能做到"忠信笃敬"，朱熹曾经详细解释说："尽己之谓忠，以实之谓信"，"重厚深沉之谓笃，主一无适之谓敬。"孔子的意思是说，如果能做到这些，你的主张即使到南蛮北狄的地方也行得通。否则，在本乡本土也寸步难行。子张十分信服孔子的这些教导，特地把它写在衣带上，以便随时能看到，不至于忘记。

晋朝的王献之和他的哥哥王徽之、王操之一块儿去谢安的家，他的两个哥哥说了很多话，王献之不过寒暄几句而已。他们出来以后，有人问王家兄弟中谁好谁差，谢安说："说话少的好，吉人的话少啊！"

《易经·系辞》中也强调："吉人之辞寡。"

祸从口出，妄言则乱

乱之所生也，则言语以为阶。口三五之门，祸由此来。

【译文】

祸乱的由来，是以言语作阶梯的。口本来是用来颂扬日、月、星三辰和宣扬金、木、水、火、土五行的，而祸患正是从口中出来的。

【注析】

关于"祸从口出"之说，《易经·系辞》中曾记载了孔子的告诫："祸乱的产生，是以言语作阶梯的。"因为说话不慎，往往得罪人，把矛盾激化。所以古人又说："人之招祸，惟言为甚。"

"口三五之门"，见《国语》韦昭注。韦昭说："口是颂扬日、月、星三辰，宣扬金、木、水、火、土五行的。"他的意思是说，口是用来表达世间万事万物的。晋国大夫郭偃说："口是三五之门。由说人坏话引起动乱的，也正是由这个三五之门而起。"所以《淮南子》中说："妄言则乱。"朱熹则告诫：

"言不妄发，发必当理。"

傅玄在《口铭》中说："神是用感悟来沟通的，心是由口来宣扬的。福的产生有预兆，祸的由来有原因。"这种由来便是"妄言"。

一语中的胜过废话连篇

《书》有起羞之戒，《诗》有出言之悔。天有卷舌之星，人有缄口之铭。

【译文】

《尚书》中有"口是产生羞辱"的告诫，《诗经》中有"出言不当便会后悔"的记载。天上有卷舌星以警戒说坏话的人，人间有闭口慎言的铭辞以示人们。

【注析】

"唯口起羞"，是《尚书·说命上》中的一句。说言语出自口中，如果不合礼义，会招致羞辱，傅说用这句话来劝诫殷高宗。

《孔子家语》中记载：孔子到周朝去观礼，进了后稷的庙，看见有三个金铸的人像，几次闭口不说话。他后来在金人的背后刻上铭文说："这是古代说话小心的人，要以他为警戒啊！"他又写道："无多言，多言多败；无多事，多事多患……勿谓何害，其祸将大。"

关于应当如何说话，孔子还有许多精辟的论述。如"巧言乱德，小不忍则乱大谋""可与言而不与言，失人；不可与言而与之言，失言"等。孔子认为，驷不及舌，说话切切要谨慎。

一言既出，驷马难追

白硅之玷尚可磨，斯言之玷不可为。齿颊一动，千驷莫追。嘻，可不忍欤！

【译文】

白玉做的硅有了斑点还可以磨去，人说的话有了差错就无法挽回。话一说出口，一千辆四马拉的车也追不上。唉，能不忍嘛！

【注析】

前两句出自《诗经·大雅·抑》。这是周朝贵族要求周厉王应该谨言慎行而提出的劝告。意思是说，一个责任重大的人，一言一行都会带来很大影响，如果说了与身份不符的话，应当考虑到后果会难以弥补。所以《说苑·丛谈》篇中言："一言而非，驷马莫追。一言而急，驷马弗及。一言而适，可以却敌。一言而得，可以保国。"

【评点】

婴儿降生到人间的第一声啼哭，便是向这个世界发表的第一篇宣言。是控诉还是赞美，诗人们众说纷纭，但"言为心声"，人是靠语言来和世界取得联系并发表自己见解的。"好言自口，莠言自口。"说话综合反映一个人的学识和修养，说得好与坏全凭你的表达。所以中国产生了许多关于谨言慎行的箴言。

其实，日常生活中，多说也并不有益。孔子曾说："可与言而不与之言，失人；不可与言而与之言，失言。知者不失人，亦不失言。"莎士比亚曾说："不要想到什么就说什么，凡事必须三思而行。"管子也说："多言而不当，不如其寡也。"开会发言，与人交谈，喋喋不休未说到"点子"上，不如三言两语切中肯綮。人有两个耳朵一条舌头，听的应该比说的要多。

　　说话是一门艺术，一个人事业能否成功在一定程度上取决于你对这门艺术运用是否娴熟。西方人性格外向，说话坦率，不转弯抹角，个个像"长不大的孩子"。而中国人强调谈吐有素，温文尔雅，一定要言之有理，持之有据，正所谓："良言一句三冬暖，恶语伤人六月寒。"

二 气之忍

【题解】

气的内涵和外延，似乎无法用准确的语言来界定。本章所指的"气"实际上是借指，它既指生理上的，也指心理上的。怒气，浩然之气，阴阳之气……

风助火势，险象环生

燥万物者，莫熯乎火；挠万物者，莫疾乎风。风与火值，扇炎起凶。

【译文】

能使万物干燥的，没有比得上用火烘；能使万物变形的，没有比风吹来得更快的。风和火遇到一起，便会煽动火焰，出现凶象。

【注析】

这段话出自《易经·说卦》。它是根据巽卦来的。巽卦表示木和风，它的结果是干燥。这个卦是说木头能够生火，加上风来吹动，而且这个卦位在东南，表示震雷响动而躁动不安，所以说"扇炎起凶"。

其实，巽卦又说："巽为命令。"谓王者一再宣布命令，以示郑重。巽为风，行莫疾于风。命令一出，传达天下，有若于风。

说卦中涉及风和火的有六个方面，指六个方面相错相交以成万物。它还包括雷、泽、水、艮。"水火相逮，雷风不相悖，山泽通气，然后能成万物。"这是《周易尚氏学》中的解释。

养吾浩然之气，勿凭血气之勇

气动其心，亦蹶亦趋。为风为火，如鞴鼓炉。养之则为君子，暴之则为匹夫。

【译文】

气可以动人心志，可以使人跌倒，也可以使人奔走。气化为风化为火，如同用皮囊向火炉中鼓风一样。保养这种气就可以成为君子，放纵这种气就会成为有勇无谋的人。

【注析】

孟子回答公孙丑时说："志一则动气，气一则动志。今夫蹶者、趋者，是气也，而反动其心。"一，指专一。动，是感动的意思。心是属火的，气，指精神像风。这是说人如果不培养浩然之气，反而损害它，偏颇急躁之气就会趁机奔走，触动人的心志，这就像用皮囊向炉中鼓风。孟子所以谆谆告诫："持其志，无暴其气。"又说："吾善养吾浩然之气。"这是孟子回答公孙丑并论述养气的要点，是说如果人能培养浩然盛大之气，就能知道和义配合，行动起来就会合乎礼，这就是君子。如果不善于养气，行动起来就有粗暴之气，这就是血气之勇，没有智谋，被人视为"匹夫"。

一朝之忿，祸及姻亲

一朝之忿，忘其身以及其亲，非惑欤？噫，可不忍欤！

【译文】

凭一时的怒气，而忘掉了自己和亲人，这种人不是糊涂吗？

唉，能不忍嘛！

【注析】

这是孔子回答樊迟问如何区分糊涂与不糊涂时的话。是说人一旦动怒，容易突然升级，如果不抑制它，而且任其扩大发展，就一定惹祸并可能带来杀身之害，还会累及他的亲属。所以朱熹说："如果知道一时的怒气是为一件小事，而且它会祸及亲属并导致很大的后果，这就容易分辨什么是糊涂并注意抑制怒气。"这也就是孟子所说的"好勇斗狠以危父母"。

【评点】

"气"，本指一切气体，但中国哲学中对"气"的阐释却有所不同。哲学史上，有些哲学家把它当作构成世界万物的本原。中医学中把气指称为人体内包括经络、脏腑在内的活动，但本文中多指人的生理和心理素质，偏重于精神状态，指人在接人待物中，不能因区区小事与人动怒。俗话说："和气生财。"待人和善，别人也会以善相待。常言道："人敬我一寸，我敬人一尺。"唐代韩愈在《原毁》中说："古之君子，其责己也重以周，其待人也轻以约。重以周，故不怠；轻以约，故人乐为善。"周，指周到、全面。轻，指宽容。因为区区小事而争勇斗狠导致杀身之祸的，古今中外不乏其人。按孟子的观点，我们只有培养浩然之气，才不会被"褊躁"之气蒙蔽。这种浩然之气的养成必须知礼明义。用《左传》中的话说："无礼而好陵人，怙富而卑其上，弗能久矣！"我们只要能认识到自身的不足，并且用高标准要求自己，那么一定可以让"浩然之气"充塞天地之间。

三 色之忍

【题解】

色在这里专指漂亮的女子。爱美之心人皆有之，但陷入"温柔乡"而不可自拔，于国于家于身都不利。这一章讲述了历史上有名的几个美女祸国的故事，但观点似乎有些偏颇。不少封建统治者沉湎于女色不理政事，却把祸国的罪名推到女人身上，实在是不公平。

中国最早因为女人亡国的君主

桀之亡，以妹喜；幽之灭，以褒姒。

【译文】

夏桀的灭亡是因为妹喜；周幽王的灭亡是因为褒姒。

【注析】

妹喜和褒姒都是历史上的美女。

桀，是夏朝的国君。他征伐有施氏，有施氏把女儿妹喜送给他做妻子，妹喜很受桀的宠爱，桀对她百依百顺。桀为她造了琼宫瑶台，用尽了天下百姓的财物。瑶台堆积的鲜肉像山一样多，悬挂的肉干像树林一样密。装了酒的池子里可以行船，当鼓敲响时，有三千人像牛饮水一样地在那里喝酒，看到这些妹喜感到很快乐。人民却痛恨桀的荒淫四散出走，商汤乘机来攻伐，桀被流放到南巢后死在亭山。这大约是桀顺从妹喜的欲求而肆意妄为，才导致人心叛离，国家灭亡，并因而身死。

幽是周幽王。褒是地名。周幽王时，褒人犯了罪，就把一个女子献给幽王，叫作褒姒。幽王十分宠爱她，褒姒不喜欢笑，幽王想方设法逗她笑，她仍不笑。那时候，周王和诸侯有个约定：如果敌人进攻来了，就燃起烽火，用来招集援兵。为了博得褒姒一笑，幽王就命人燃起烽火，诸侯看见烽火后全部都来了，一看并没有敌人，褒姒不由大笑。后来申侯因幽王宠幸褒姒而废掉了申后和太子宜臼，联合犬戎攻打幽王。幽王派人燃起烽火征集援兵，结果援兵都不来。犬戎在骊山下杀死了幽王。所以《诗·小雅·正月》中说："赫赫宗周，褒姒灭之。"

史家指责的骊姬和西施

晋之乱，以骊姬；吴之祸，以西施。

【译文】

晋国的动乱是因为骊姬；吴国的灾祸是因为西施。

【注析】

春秋时，晋献公攻打骊戎，俘获了一个骊女，就是骊姬，晋献公十分宠爱她，结果被她迷惑了。她在献公面前说太子申生和公子重耳、夷吾的坏话，使得申生上吊自杀，公子重耳、夷吾出走。晋献公于是就立骊姬生的儿子奚齐为太子。《左传》僖公九年九月，献公死，奚齐即位。当年冬十月，奚齐被大夫里克杀了。又立骊姬的次子卓子做国君，卓子随后又被里克杀了。出奔在外的公子夷吾以出让黄河外的五座城池为条件，请求秦穆公帮助他回到晋国，被立为晋惠公。而后，惠公食言，不给秦国土地。秦国大怒，派兵来征伐晋国，抓住了晋惠公才回去。接着，又释放了他。鲁僖公二十三年，晋惠公死了，他的儿子即位，这就是晋怀公。僖公二十四年，公子重耳回到晋国，在高梁杀了晋怀公，自立为晋文公，后来晋文公成为诸侯的霸主。晋国五世大乱，都是由骊姬蛊惑挑拨导致的，所以说"晋之乱，以骊姬"。

《史记》载：吴国攻破越国后，把越王安置在会稽。越国人把西施献给吴王，请求吴退军，吴王答应了他们。吴王得到了西施后，经常游玩姑苏台。伍子胥进谏说："我担心姑苏台将要成为麋鹿游玩的地方。"吴王不听。《吴越春秋》记载：越王派人到全国寻找美女，在苎罗山得到了卖柴人的女儿西施和郑旦，并用丝绸绉纱打扮她们，教她们走路的姿势，三年后将他们献给了吴王。《左传》记载，哀公二十年，越国攻打吴国。二十二年，吴国就灭亡了。吴国由于听信越王收纳了西施才自取灭亡。所以说："吴之祸，以西施。"

实际上，把国家的灭亡归罪于两个柔弱的女子，这种论断是史家的偏颇。两个君王荒淫无度，以致肘腋生变，史家嫁祸于无辜，不是缺少直面现实的勇气，便是出于对女子的偏见，实在是不可取的。

六官粉黛无颜色　君王从此不早朝

汉成溺以飞燕，披香有祸水之讥。唐祚中绝于昭仪，天宝召寇于贵妃。

【译文】

汉成帝到了暴病而亡的地步，完全因为赵飞燕，披香殿学士早就讥讽她是"祸水"。唐朝的国运几乎因武昭仪而中断，天宝年间因为杨贵妃而引来贼寇。

【注析】

赵飞燕、武媚娘、杨玉环都是历史上有名的美女。

史载：汉成帝经过河阳公主家，喜欢上了能歌善舞的赵飞燕，便把她召进了宫中。成帝非常宠爱她，称她为"温柔乡"。并且说："我要在这个'乡'里过到老。"飞燕的妹妹叫合德，鸿嘉三年时，也被召进宫中做婕妤，她姿色风情更为迷人。成帝周围的人见了她也啧啧赞赏。当时披香殿有一学士叫淖方成，在皇帝背后唾骂她姊妹俩："这是祸水，肯定会把火灭掉的。"这时赵飞燕、赵合德都是婕妤，在后宫中最显赫，进谗言让成帝废掉了许后。绥和二年，皇帝死了。皇帝平时没病，某天深夜还很好，天亮时想起床，但不能说话就死了。民间议论纷纷，都怪罪赵飞燕和她的妹妹。

昭仪指武则天，是荆州都督武士彟的女儿。她十四岁时，唐太宗听说她很美，将她召进宫中，封为才人。太宗死后，她出家做了尼姑，这时她二十四岁。有一天，高宗到寺中游玩，恰好碰见了她，便将她收回宫中，封为昭仪，接着又立她为皇后。高宗死后，太子即位，是为唐中宗。武则天将中宗废为庐陵王，改立豫王李旦，自己临朝称制，后来干脆自立，改国号"唐"为"周"，把唐朝宗室差不多杀光了。她八十一岁去世，死后中宗才有机会恢复唐朝。但这时唐朝的国运因为武则天已经中落，所以说"中绝于昭仪"。

唐玄宗天宝四年，玄宗纳原蜀州司户杨玄琰的女儿做贵妃，贵妃独自享受着玄宗的宠爱，并且收胡人安禄山为养子。一日，她用锦绣做成大褓褓，命人用彩轿抬着，皇上听到欢笑声，询问缘故，才知是贵妃为养子安禄山洗澡。皇上赐给安禄山很多金钱。从此之后，安禄山进出宫中，通宵不露面，皇上也不怀疑。后来让安禄山去担任营州都督兼范阳节度使。唐天宝十四年，安禄山反叛，扰乱中原，接着便攻下了长安。玄宗逃往四川，到马嵬驿时，将士又饿又累，都十分愤怒，便杀了杨国忠等人，贵妃自缢身亡。

败国亡家常与女色相随

陈侯宣淫于夏氏之室，宋督目逆于孔父之妻。败国亡家之事，常与女色以相随。

【译文】

陈灵公在夏氏家中公开淫乱，宋太宰华父督路上盯着孔父嘉的妻子。国家败灭，家庭破裂，常常和女色联系在一起。

【注析】

《左传》宣公九年，陈灵公和大臣孔宁、仪行父与大夫夏御叔的妻子夏姬通奸，他们都穿着夏姬的内衣，在朝廷上嬉戏。大夫泄冶进谏道："公卿公开淫乱，百姓没有可效仿的了。"两大臣发了怒，就杀了洩冶。第二年，灵公和孔宁、仪行父在夏氏家里喝酒，灵公对行父说："夏姬的儿子徵舒像你。"行父回答说："也像你。"徵舒听见了，十分愤恨这件事。灵公走出时，他从马棚中用箭射死了他。

《左传》桓公元年，宋国太宰华父督在路上见到孔父嘉的妻子，目不转睛地盯着她，称赞道："美丽而又妖艳啊！"第二年春天，华父督杀了孔父嘉，夺走了他的妻子。宋殇公十分恼怒，华父督心里惧怕，就杀死了殇公。庄公十二年，华父督被南宫万杀了。

历朝历代中，有许多是因为贪恋女色而导致败国亡家的。白居易《题古冢狐》中有这样一句诗："褒姐之色善蛊惑，能丧人家覆人国。"

斫性伐命，皓齿蛾眉

伐性斤斧，皓齿蛾眉；毒药猛兽，越女齐姬。枚生此言，可为世师。噫，可不忍欤！

【译文】

那些漂亮的女子等于戕害性命的利器；毒蛇猛兽一般的是越女齐姬。枚乘这句话，世世代代应引以为戒。唉，能不忍嘛！

【注析】

西汉时的枚乘，写了一篇赋叫《七发》，其中写道："皓齿蛾眉，叫作砍伐性命的斧子。"又说："越国女子在前面侍候，齐国女子在后面奉迎。吃喝玩乐，在房子的隐秘处恣意放纵胡来，这是用糖衣包着的毒药，和猛兽的爪牙相游戏。"《七发》是以七件事启发楚国太子的一篇赋文。苏东坡写《韩子庙碑》说："匹夫而为百世师，一言而为天下法。"枚乘这番话，可以作如是观。

【评点】

记得读过一本佛学小册子，教人怎样去战胜性欲的骚动。如果"六根不净"，想起女人时，眼前要幻觉出人的骷髅，想起开花的毒疮，想起恶臭……这些教义也许能使某些人从"苦海"中解脱，但对上述某些拥有"三宫六院，七十二妃"的帝王却没起什么作用。

白居易在《长恨歌》中曾咏叹"君王从此不早朝"的景象，唐玄宗宠幸杨玉环姊妹三人，导致"六军不发无奈何"的结局。汉成帝沉溺于飞燕姊妹的"温柔乡"，累死榻上。史载，历代帝王大都短命，原因主要是纵欲过度。所以《礼记·中庸》说："去谗远色，贱货而贵德。"《尚书·旅獒》说："玩人丧德，玩物丧志。"当然，作为一般人，没有"三宫六院"之忧，但某些拥有权力和金钱的人，在女色面前，仍然不能收敛欲望，或者利用权力和金钱，占有女性的身体和感情，这些人实则是灵魂的堕落。不过这里把"皓齿蛾眉"当作戕害人性命的利器，当成毒药猛兽，实则是一种偏见。它是旧的封建礼教中轻视妇女的一种表现。

四　酒之忍

【题解】

人云酒乃"水火"，它既有水无孔不入的能量，又有火烧毁一切的本领，既能壮胆助兴，亦可贪杯误事，古今中外，借助这种液态的物质，不知上演了多少可歌可泣的悲喜剧。本章所述，当为嗜酒者深思。

上古便有反酗酒法

禹恶旨酒，仪狄见疏。周诰刚制，群饮必诛。

【译文】

大禹厌恶味美的酒，所以疏远了仪狄。周朝严令禁酒，集体喝酒的势必会被杀掉。

【注析】

《史记·夏本纪》中记载：古时候便有味道醇美的好酒。大禹在位时，有个叫仪狄的很会酿酒，大禹喝了酒后虽然觉得很甜，但却说："后世一定有因为酒而亡国的。"于是他疏远了仪狄。

《尚书·酒诰》是上古关于酒的专门文书，相当于一部"反酗酒法"。其中说："汝刚制于酒，厥或告曰群饮，汝勿佚，尽拘执以归于周，予其杀！"这是周成王告诫康叔的话。意思是说：你应当坚决禁酒，如有人集体饮酒，你不要让他们跑了，把他们全抓到周朝来，我把他们杀了。

嗜饮丧身，酒徒为警

窟室夜饮，杀郑大夫。勿夸鲸吸，甘为酒徒。

【译文】

在地窖里日夜喝酒，郑大夫因此而丧命。不要自吹像鲸鱼吞吸百川之水一样，甘心去当酒徒。

【注析】

《左传》襄公三十年记载，郑国伯有嗜好喝酒，挖了个地窖日夜喝。庚子年间，子晳率领驷氏的军队攻打他并放火烧了地窖。伯有投奔了雍梁，酒醒后才知道这回事。后来驷带率领国人攻打他，在羊肆杀了他。子产枕着伯有的大腿哭泣，收殓后将他葬了。

杜甫诗《饮中八仙歌》中写道："左相日兴费万钱，饮如长鲸吸百川。"鲸，《说文解字》中说："是海中的大鱼。"唐朝的李适之，玄宗时做左相，每天高兴时喝酒，要花费上万串的钱，还赊账饮酒，像海里的鲸鱼吞吸百川的水一样。

这其实是告诫人们不能以豪饮自诩，是对酒徒敲响的警钟。

盖酒的布久了也会糜乱

布烂覆瓿，箴规凛然。糟肉堪久，狂夫之言。

【译文】

盖在酒瓮上的布长久了也会腐烂，酒箴上写得明明白白。用糟腌过的肉能长久保存，这是疯子的话。

【注析】

晋朝的孔群，字敬林，生性喜好喝酒。王导告诫他说："你经常喝酒，没有看见卖酒的人家盖酒坛的布，时间长了，布就腐烂了吗？"孔群回答说："你没见肉吗？用糟腌了能更长久保存。"他曾给亲友写信说："今年田里收获了七百石秫米，不够作曲蘖用。"他沉湎于酒到了这种地步，

皮日休在《酒箴》中说："喝酒哪仅仅是填饱口腹，寻找悲欢呢！上边人喝酒会变得淫溺，下边人会因为拼命酗酒而形成不良嗜好。所以圣人节制喝酒交往，用诰命训诫下人。但是仍然还有君王沉溺于饮酒导致亡国，臣下拼命喝酒以致杀身的。"

一代名将，醉杀酒中

司马受竖谷之爱，适以为害；灌夫骂田蚡之坐，自贻其祸。噫，可不忍欤！

【译文】

楚司马子反接受了佣人谷阳的一片好心送来的酒，恰恰成了祸害；灌夫在田蚡的婚礼上因醉酒大骂田蚡，为自己种下了祸根。唉，能不忍嘛！

【注析】

这是两则关于名将饮酒丧身的故事。

春秋时，楚恭王与晋厉公在鄢陵交战，这时楚司马子反渴了想喝水，他的佣人谷阳拿着酒进来了。子反说："是酒，拿下去！"谷阳回答说："不是酒。"子反又说："是酒，你退下去！"谷阳又回答说："不是酒。"子反接受了他的酒一口气饮下去，醉醺醺的只好睡下。这时楚恭王打算和敌方交战，派人来叫他去。子反推说自己心里不舒服，恭王径直进了他的帷幕，闻到了酒味，说："今天的战斗，主要依靠司马。司马却醉到这个样子，这是要灭掉我

的国家，并且不体恤民众的行为，不能再打了。"这样就杀了子反，率军返回了。谷阳送酒，并不是妒嫉子反，而是忠诚热爱自己的主子，结果刚好导致主子被人杀了。这件事见《说苑》和《左传》成公十六年。两种说法略有出入。一说是子反自杀，一说是恭王发怒用箭射死了他。

西汉时的灌夫，字仲孺，颍川人。汉武帝时进朝里做太仆，性情耿直，喜好喝酒。元光四年时，丞相田蚡迎娶燕王女儿做夫人，太后召集列侯都去祝贺。窦婴、灌夫在婚宴上都喝得醉醺醺的，灌夫斟酒，临到临汝侯灌贤时，灌贤正和程不识悄悄说话，又不起来还礼，灌夫发怒了，骂灌贤说："你平时讥笑程不识不值一个钱，今天替长者祝寿，你却仿效女流之辈嘀嘀咕咕耳语！"田蚡对灌夫说："程不识、李广是东西卫尉，今天你当众侮辱程将军，你难道一点也不给李将军面子吗？"灌夫说："今天就要被杀头了，我哪里还知道什么程将军、李将军！"窦婴挥手让灌夫出去了。田蚡为这事很愤怒，上折奏告灌夫在颍川横行霸道，皇上下诏要怪罪灌夫。窦婴出面来营救，说灌夫是喝醉了酒后犯下的错，丞相只好用别的事情诬告灌夫。皇上让他辩白，当时汲黯、郑当时说窦婴的话说的是实际情况。太后怒不可遏，接着就把灌夫、窦婴都杀了。

【评点】

《史记》中司马迁曾写道："酒极则乱，乐极生悲，万事尽然。"古往今来，壶中君子莫不应了此说。然从商纣王"酒池肉林"至今，饮酒之风有增无减。中国酿酒工业发展迅速，酒文化昌盛繁荣。按说，饮酒可以浇愁、助兴、催眠，是人生一大乐趣，但凡事有度，用司马迁话说不能过了度，否则就要出乱子。俗话说"酒后无德""酒能乱性""酒为万病之源"，但酒往往不只充口腹、乐悲欢，它大可以导致亡国，中可以丧身，小可以破坏家庭和睦、人际和谐，上述诸君莫不如此。民间流传"三四两不醉""喝酒疯""酒杯一端，政策放宽"的说法，报纸上也时时可见"陪酒疯醉赴黄泉"之类的消息，我们不应裹挟其中。浪费钱财，伤害身体自不待言，毁了自家声名，坏了立身根本，于修身立德极为不利。《饮膳正要》一书中"乐不可极，欲不可纵"一语我们应当牢记。

五　声之忍

【题解】

声在这里指乐声，不过特指那种销磨人性情的淫荡之声。宋玉在《风赋》中曾把风分为"雄""雌"，那么声也有"阴""阳"之分。阴声消磨人的意志，焕散人的斗志，制造一种虚假的歌舞升平景象。

恶声不听，古之贤人

恶声不听，清矣伯夷；郑声之放，圣矣仲尼。

【译文】

伯夷清高，不听坏的声音；仲尼圣洁，禁止了郑国的音乐。

【注析】

孟子说："伯夷眼睛不看坏的颜色，耳朵不听坏的声音。"恶声，就是不正派的声音，可以败坏人的心性的，都是恶声。又说："伯夷，是圣人中最清高的啊！"伯夷，是孤竹君的大儿子，姓墨胎氏，名字叫允，字公信，让君位给他人后到首阳山隐居，讲忠义不吃周朝的饭，最后活活饿死了。

孔子说："要禁绝郑国的音乐。"这是《论语》记载孔子回答颜渊如何治理国家的话。"放"是禁绝的意思。"郑声"即指郑国的音乐。郑国的音乐大都是女人迷惑男人的声音，一点儿没有羞愧的意思，比卫国的音乐还淫荡，最能迷惑人的情性，败坏人的喜好，所以孔子要禁止它。

喜好靡靡之音贻笑后世的君王

文侯不好古乐，而好郑卫；明皇不好奏琴，乃取羯鼓以解秽。虽二君之皆然，终贻笑于后世。

【译文】

魏文侯不喜爱古代乐曲，却喜好郑国卫国的靡靡之音；唐明皇不喜欢弹琴，以敲击羯鼓来解闷。两个君王都是这样做的，但终是让后世人耻笑。

【注析】

《乐记》记载，魏文侯向子夏询问："我衣冠整齐来听古乐，却恐怕听不懂，睡着听郑国卫国的音乐，反而不知疲倦。请问古乐为什么是那样而新乐是这样的呢？"子夏回答说："古时候，天地有条理，四时恰当。现在君王你喜好的，是靡靡之音吧。""请问靡靡之音从哪儿来的呢？"子夏回答说："郑国的音乐音节杂乱，容易亵渎人的意志，卫国音乐节奏快，容易使人心烦意乱，都是淫乱危害道德的，不能听。"

史书记载，唐明皇还没听完一支完整的琴曲，马上就叫停下来，吩咐道："速叫花奴拿羯鼓来，为我解解秽气。"花奴拿出羯鼓，唐明皇敲击一通才算完。魏文侯、唐明皇两位君主喜欢的，都不是古代圣哲先王的雅乐，只不过是世俗淫邪粗鄙的音乐。所以才会说"贻笑于后世"。

亡国之音不辨，大祸临头莫知

霓裳羽衣之舞，玉树后庭之曲，匪乐实悲，匪笑实哭。

【译文】

霓裳羽衣舞，玉树后庭曲，并不表示快乐，实际上是悲哀，不是让人欢笑，而是让人哭。

【注析】

传说中秋夜晚，唐明皇曾和罗公远一块游览月宫，见数百名仙女都挥舞着白练，穿着宽大的衣服，在宽广的大庭中舞蹈。他们问："这是什么曲子？"回答说："这是《霓裳羽衣曲》。"于是，唐明皇默默地记下曲谱，回来后教给宫中人，让她们学着唱用来娱乐。为此懒得去过问国家大事，因而导致了"安史之乱"，唐明皇也逃到四川。所以白居易在《长恨歌》中写道："渔阳鼙鼓动地来，惊破霓裳羽衣曲。"这难道不是"匪乐实悲"吗？唐明皇游月宫事见《龙城录》及《天宝遗事》。

史载：陈后主每天和孔范等群臣在后庭饮酒取乐，叫作"狎客"，并叫许多妃嫔和客人唱和，其中一支曲子名叫《玉树后庭花》。君臣一边尽兴喝酒一边跳舞，从傍晚到天亮。从此文臣武将都不行使职责了。开皇四年，隋朝大将韩擒虎等来攻打，陈后主自己投进景阳井中。士兵从井口往下看，正准备扔石头，后主在井中大叫。兵士们就用绳子把他和张丽华、孔贵妃一同拉上来，把他们俘虏后，带到隋朝，陈国于是就灭亡了。据说张贵妃在陈国灭后，晋王想纳她为妃，高颎劝道："周武王灭掉殷朝后，杀死了妲己，现在不能要张丽华。"于是就叫人把她杀了。所以胡曾有诗说："陈国机权未有涯，如何后主恣骄奢。不知即入宫前井，犹自听吹玉树花。"这难道不是"匪笑实哭"吗？

妖曲未终，死期已临

身享富贵，无所用心；买妓教歌，日费万金；妖曲未终，死期已临。噫，可不忍欤！

【译文】

享受着富贵，整天什么也不考虑；购买妓女，教唱歌舞，每天耗费上万金钱；妖艳的歌曲还没停止，人的死期已经到了。唉，能不忍嘛！

【注析】

晋代的石崇，晋武帝很器重他，让他当了荆州刺史。在任期间，他横行霸道，靠和海外通商而发财。他和王恺互相以奢侈浪费来比高下。他另外购买了一个金谷园，地址在河阳，又叫梓泽。石崇还用三斛珠宝买来梁家女子，教她学习歌舞。她善于吹笛，因为是用珠宝买来的，所以叫"绿珠"。当时孙秀听说后，派人来要绿珠，石崇不答应。孙秀十分生气，便找个理由诬告石崇，并劝赵王伦杀掉石崇。石崇正在楼上吃饭，赵王伦派的兵来了，石崇对绿珠说："我现在因为你得罪了君王。"绿珠说："妾在你面前为你死去。"于是就跳楼死了。石崇被抓住后，送到东市杀了，母亲、兄弟、妻子都被杀了。这难道不是"妖曲未终，死期已临"吗？又据《陈纪》载：陈后主自己创作了歌曲，多配置宫人，教他们学习歌舞，因此导致身死国亡，还不是这样吗？白居易《感故张仆射诸妓》诗中写道："黄金不惜买蛾眉，拣得如花三四枝。歌舞教成心力尽，一朝身去不相随。"

【评点】

声色犬马，皆人之欲也，声则为首。从科学角度看，悦耳的声音不仅对心理，而且对生理都会带来益处，这道理似乎人人皆知，连婴儿在母腹中对音乐也有特殊感受。但上面提到的唐明皇、陈后主却"因声误国"，最后落得个"商女不知亡国恨，隔江犹唱后庭花"的下场。究其然，是他们过分沉溺于靡靡之音中，不理国事的结果。关于欲念上的事，绝对不要跌入其中，否则一味贪图享乐，坠入万劫不复的深渊而不能自拔。所以《菜根谭》中说："欲路上事，勿乐其便而姑为染指，一染指便深入万仞。"一个人应有自制能力，抗拒欲念的诱惑。《尚书·仲虺之诰》中说："惟王不迩声色，不殖货利。"《淮南子·时则训》上说："去声色，禁嗜欲。"孟子也说："故声闻过情，君子耻之。"明白这些道理，才不会像石崇那样"妖曲未终，死期已临"。

但是对于音乐的评价，一个时代有一个时代的标准。爵士乐、迪斯科这些音乐我们也曾当作资产阶级的颓废之声去批判，连通俗唱法也被当作靡靡之音拒之门外。今天，大家对此已有了正确的判断。孔子之所以要"放郑声"，是从维护周王朝的所谓正统地位出发，反对新兴地主阶级的"异端邪说"。我们今天对待不同风格的音乐，应当从发展的眼光来看，不能以个人的好恶决定取舍，更不能把艺术上的争鸣上升到政治高度去评判。

六 食之忍

【题解】

民以食为天。吃饭是人天天不可离的一项重要任务。但饮食决不仅仅关系到维系生命此一作用，也不能仅仅用是否有益或有害于身体来评判，饮食可以见出人的修养、志向，也可以带来荣辱祸福。

饿其体肤方能立身远辱

饮食，人之大欲。未得饮食之正者，以饥渴之害于口腹。人能无以口腹之害为心害，则可以立身而远辱。

【译文】

吃饭喝水，是人的一大欲望。没有正确地饮食，因此肚子和嘴被饥渴所损害。人能够不因为口腹的损害而导致心性上的损害，便可以确立身名，远离耻辱。

【注析】

《礼记·礼运篇》中写道："吃饭喝水，两性关系，是人人都有的欲望。"

《孟子》中写道："饿的人吃什么都香，渴的人喝什么都甜，这是没有正确地饮食的缘故，是饥渴害的。岂止是口腹被饥渴所损害，人心也有被损害的。能够不因饥渴的损害导致心性上的损害，就不会担心不如别人了。"这是说，人非常饥渴，突然获得食物，虽然不香不甜，也觉得香甜，这是由于没有时间去选择，被饥渴损害的缘故。《孟子》中又写道："不仅仅是口腹被饥渴损害，人的心性也被贫贱所损害。假如碰到财物利益，也会没有时间去选择正确的道理而胡作非为。人如果能不被饥渴损害口腹，不因贫富动摇了志向，就不担忧不如人家了。"所以说"可以立身而远辱"。

杯羹未至，祸殃天降

鼋羹染指，子公祸速；羊羹不遍，华元败衄。

【译文】

用指头在团鱼汤里蘸了一下，子公的大祸便迅速降临了；羊肉汤没有送到每一个人手上，华元便因此而失败。

【注析】

《左传》记载，宣公四年，楚国人献了一只鳖给郑灵公。子公和子家正要见灵公，子公的食指动了一下，他对子家说："如果我的手指再动，一定可以吃到美味的东西。"等到进去后，厨子正在收拾鳖，两人相视一笑。灵公问他们为什么笑，子家便把子公手指动的事讲了。等到给大夫吃鳖时，灵公派人把子公叫了来，因为先前子家讲的子公的手指的故事的缘故，灵公便没有给他吃。子公很生气，用手指在煮鳖的鼎里蘸了一下，尝尝后走了出去。灵公十分愤怒，想杀掉子公。子公与子家先就谋划好了，夏天到时，他们先杀了灵公。

《左传》记载，宣公二年，宋国将要和郑国打仗，宋国将领华元杀羊犒赏兵士，却没给他的车夫羊斟吃，等到战斗开始时，羊斟愤愤地说："那天的羊，由你作主，今天驾车，由我作主。"他不按战斗要求驾车，和华元一起冲进郑国军队，宋国的军队便失败了。君子认为羊斟因为他自己的私愤而使国家失败，伤害了人民。所以皮日休《食箴》中说："羊肉汤没有送到，华元受到了算计；团鱼汤分配不均，子公闯下了大祸。"

少时饥馁　壮成大业

觅炙不与，乞食目痴。刘毅未贵，罗友不羁。

【译文】

索要烤肉不给，乞讨饭食被认为是傻子。刘毅那时还并没有富贵，罗友则是放荡不羁。

【注析】

晋朝刘毅，字希乐。曾经住在京口，非常贫穷。他和士大夫一起到东堂去学习射礼时，司徒长史庾悦也在那儿。厨子做的菜很丰盛，刘毅跟随着庾悦要一块鹅肉吃，庾悦说："今年没有得到母鹅，哪里有剩肉给你吃！"这话刘毅从此铭刻在心里，后来他官做到豫州都督。这件事见庾悦、刘毅本传，其中详细记叙了他隐忍的过程。

晋朝罗友大大咧咧，小时候人们说他傻。他曾经打听到人家要祭祠，便去讨吃的。一次，他去得太早，人家祠堂的门还没打开。祠堂主人出来迎神，见到了他，问他这么早为什么待在这儿。罗友回答说："我听说你们祭祠，我想讨一顿饭吃。"他藏在门边到天亮，要到了饭便退下了，没有一点羞愧的神色。后来他跟随桓温平定四川，四川的道路、地形、竹木他都默默记下了。他官做到襄阳太守。这故事载于《世说》。

观我朵颐，亦不足贵

舍尔灵龟，观我朵颐。饮食之人，则人贱之。噫，可不忍欤！

【译文】

舍弃你如同灵龟般的智慧，看着我手中的食物，是凶兆。贪图饮食的人，别人会轻视他。唉，能不忍嘛！

【注析】

《易经·颐卦》"初爻"说："舍弃你如同灵龟般的智慧，看着我吃东西的样子，此卦凶。"说的是放弃你的智慧，却观望我的吃饭动作，这是要导致灾凶的。所以卦象说："君子因此言语要谨慎，饮食要节制。"

【评点】

俗话说："病从口入，祸从口出。"前半句是讲饮食不当会带来病患。所以，饮食要有节制。明代哲学家洪应明曾指出："爽口之味，皆烂肠腐骨之药，五分便无殃；快心之事，悉败身丧德之媒，五分便无悔。"意思是说凡事要留余地。俗谚说："少吃多滋味，多吃坏肠胃。""美酒不过量，好菜不过食。"便是这个道理。一个聪明人必须注重养身之道，营养不良固然不行，吃得太多也绝非好事。所以要定时定量，不可忽饱忽饥。

同时，饮食过分考究的人，如果囊中羞涩，还会生出非分之念，攫取不义之财；或者每天渴望大块朵颐，而耽误其他的事情。汉代王充曾强调："欲得长生，肠中常清，欲得不死，肠中无滓。"看来，饮食有节制，决非等闲小事。

七 乐之忍

【题解】

人天生应当享受快乐，这是精神之需要也是生存之需要。但乐极生悲，欲极生乱。本章便告诫人们应如何合理地享受欢乐。

五色令人目盲，五音令人耳聋

音聋色盲，驰骋发狂，老氏预防。

【译文】

"五音使人耳聋，五色使人眼瞎，纵横驰骋去打猎，会使人发狂。"老子告诫人们要及早提防。

【注析】

《老子·检欲》章写道："缤纷的色彩使人眼花缭乱，纷杂的音调使人耳朵听不见，纵情狩猎会使人心性放荡。"是说喜好淫侈和女色，会使人伤害精神，失去聪明；喜欢听纷杂的音调，会失去祥和之气，再不能听见凭感觉才能听见的声音；四处奔走大喊大叫，就会精神散失，导致心性游荡，甚至发狂。

朝歌夜弦终有尽

朝歌夜弦，三十六年，嬴氏无传。

【译文】

歌舞管弦，日夜不绝，这样光景过了三十六年，秦始皇的帝业再也没有传承下去了。

【注析】

杜牧《阿房宫赋》中写道："日日夜夜唱歌跳舞，是秦朝宫中的女子。她们的一举一动，都充分显示了美丽和丰采，她们都站在宫中向远方眺望，希望皇帝能来到身边。即使这样，还有人三十六年没有见到皇帝的。"秦始皇认为咸阳人多，先朝帝王的宫庭太小，于是在渭阳上林苑营造宫殿，先造了前殿叫阿房。每天和众多的妃嫔们、王子皇孙们在里面吃喝玩乐。早晨唱歌跳舞，晚上弹琴鼓瑟，三十七年时，秦始皇死了，他的儿子胡亥被阎乐杀了，立公子婴做秦王，四十六天后降了汉高祖。阿房宫被项羽放火烧了。秦朝于是灭绝没有续传了。

绿珠蒙尘，石崇被诛

金谷欢娱，宠专绿珠，石崇被诛。

【译文】

在金谷园中寻欢作乐，专门宠爱美女绿珠，石崇也因此被杀。

【注析】

晋代石崇担任荆州刺史，因派人出海经商而发财。他有个爱妾叫绿珠，十分美丽妖艳。石崇特意另外安排了一个美轮美奂的住处，冠之以金谷园。因在河之阳，又叫梓泽。这时赵王伦有个宠幸的人叫孙秀，听说绿珠很美，就派人来要。石崇把他的歌妓都叫出来，说："任你挑选吧！"来的人说："我奉命只要绿珠。"石崇说："绿珠是我最爱的一个妾，我不能给。"后来孙秀向赵王伦诬告石崇，说："石崇勾结淮南王作乱。"赵王伦大怒，于是就将石崇抓了起来，杀了他的祖孙三代。绿珠从楼上坠下摔死了，石崇也被押到东市杀。

乐极则悲，万物皆然

人生几何，年不满百；天地逆旅，光阴过客；苦不自觉，恣情取乐；乐极悲来，秋风木落。噫，可不忍欤！

【译文】

人生能有多长，其实不到百年；天地相向运行，时间如匆匆的过客；人都苦于认识不到时间的宝贵，去纵情取乐；欢乐到了极点就会悲哀，秋风吹起树叶终会飘落。唉，能不忍嘛！

【注析】

曹操《短歌行》中写道："对着美酒应当唱歌，人生能有多长？就像那早上的露水，离开的时间不长了。"又有古诗说："人生不满一百岁，但常常怀有一千年的忧愁。"

《史记》中记载淳于髡说："喝酒到了极点就会生出乱子，欢乐到了极点就会悲哀，万事万物都是这样。"这是说不能过分，过分了反而会走向衰亡。

汉武帝在《秋风辞》中写道："秋风起兮白云飞，草木黄落兮雁南归。"又说："欢乐极兮哀情多，少壮几时兮奈老何。"说的是秋风吹时白云高飞，草木枯黄并飘落。一般事物到了极点就朝相反的方向发展，感情到极点就改变了原样，欢乐到了极点悲哀就产生了。

唐朝张蕴古在《大宝箴》中说："快乐不能达到顶点，过度的欢乐会变成悲哀；欲望不能放纵，放纵欲望会造成灾害。"

【评点】

欢乐本是上苍赐给每个人的一份天性，西洋谚语曾说："笑口常开，幸福永在。"旅游，听音乐，跳舞，人生苦短，何必让忧愁像阴影一样紧紧相随呢！我们应当会生活，会享受，但凡事皆不可"过分"。秦始皇以为基业永固，在阿房宫中通宵达旦歌舞欢宴，"歌台暖响，春光融融，舞殿冷袖，风雨凄凄"，但"独夫之心，日益骄固"，最后自取灭亡。石崇在金谷园中整天听名妓绿珠吹笛，夸富比美，一旦珠殒香销，他也成了阶下囚、刀下鬼。我们作为一个普通人，不会有亡国之恨，但凡事不可要求一切都称心如意，只有保持在差强人意的限度上就不至于造成事后懊悔的恶果。乐则不忘忧，安则不忘危。人无远虑，必有近忧。

八　权之忍

【题解】

权力固然是一个人实现自我价值的工具，但在不同人手中，权杖的使用却大相径庭，给个人带来的结局也有天壤之别。本章以张安世、杨贵妃、霍光、李林甫等为例，指出应当正确使用权力。

弓满则折，月满则缺

子孺避权，明哲保身；杨李弄权，误国殄民。

【译文】

张安世避让权力，是明白道理保全自身的举动；杨国忠李林甫滥用权力，使国家受害，人民遭殃。

【注析】

西汉张安世，字子孺，酷吏张汤之子。和张汤不一样，张安世虽身居高位，身处政治斗争的漩涡中心，却非常低调谨慎，时刻约束家人不要恣意妄为，自己也多次推辞朝廷的任命。张安世的明哲保身，使得张氏家族长期雄踞汉朝政坛。

唐朝杨贵妃被皇上宠幸。她的从祖兄杨钊，改名叫杨国忠，做了宰相。他平时指手划脚，对公卿以下大臣随便恣使。他兄弟杨铦做殿中少监，杨锜做驸马都尉，其三个姐妹都赐了封号，封为秦、韩、虢三国夫人。他们受到的恩宠让人震惊，权势超过了所有大臣。杨贵妃将胡人安禄山收为养子，天宝十四年，安禄山叛乱，攻下了长安，皇帝逃往外地，人民也遭到屠杀。

唐朝李林甫，给唐玄宗做了十九年的宰相。他谄媚左右的人，迎合皇帝的意思，用来巩固他的地位；他堵塞上书进言的途径，混淆皇帝的视听，使他的奸计能得以成功。他嫉妒有才有德的人，排斥压制超过自己的人，多次造成冤案，杀害放逐大臣，用来扩大他自己的势力。大臣都怕他，以至于他一句话就废除了唐明皇的三个儿子。人们认为他口里有蜜，腹中有剑。

杨国忠、李林甫篡夺权力，引起祸害，难道不是"误国殄民"吗？《春秋》对羊斟下评语说："败坏国家，杀害百姓，应受到大的惩罚。"当然，杨国忠、李林甫最终都没有好下场。

上下有别，名分不同

盖权之于物，利于君，不利于臣；利于分，不利于专。

【译文】

对于万物来说，拥有权力对君主有利，对臣子不利；有利在于分散，不宜于集中。

【注析】

《尚书·洪范》中写道："只有君王能享福、显示威势和吃玉食。臣子不能享福、显示威势和吃玉食，如果有，就会给自家惹祸，给国家带来灾害。"因为君王应当掌握权力，因此能享受物质带来的欢愉，能显示威势，做臣子的却不行。所以说权力对君王有利，对臣子不利。

周威烈王任命晋大夫魏斯、赵籍、韩虔做诸侯。司马迁评价说："天子的职责，没有比礼更大的，礼又没有比制更大的，制没有比名分更大的了。所以天子统领三公，三公率领诸侯，诸侯命令卿大夫，卿大夫治理士和庶人。高贵的俯视低贱的，低贱的侍奉高贵的。"这不就是"利于分，不利于专"吗？

唐朝周墀做了宰相，向翰林学士韦澳问道："有什么教给我的吗？"韦澳说："希望你不要有权，爵位的赏赐，刑法的施行都是君主的权力，天下怎么能平分呢？不要凭你自己的爱憎喜怒去改变它，让百官各自奉行自己的职责，天下就大治了。"周墀认为他说得很对。这事见《韦澳传》。

唐代李德裕对唐武宗说:"设置不同的职责,这是君主的权力,不是小人能干预的,古时,朝臣各司其职,心里记着从不超出职责范围。"

权倾一时,炙手可热

惟彼愚人,招权入己。炙手可热,其门如市。生杀予夺,目指气使。万夫胁息,不敢仰视。

【译文】

只有那些愚蠢的人,才把权力紧紧地抓在手中。看上去权势很大,家中人来人往像市场一样。手中握着生杀大权,指手划脚。人们大气不敢出,也不敢正眼去看。

【注析】

杨国忠、李林甫滥用权力,结果家破人亡,所以说,只有那些愚蠢的人,才把权力抓到手中。

唐宣宗时有郑鲁、杨绍复、段瑰、薛蒙等人互相勾结,皇上又很听他们的话。当时人说:"郑杨段薛,炙手可热。"所以白居易《咏兴诗》中说:"我看有权势的人,苦苦地围着杂事转,表面上权势很大,内心里却胆战心惊。"

张易之和韦氏都有权力,皇上常常和他们议论朝政,连宰相的任用,都凭他们一句话。他们推荐的人当了大官的多得数不清。文武大臣大部分都依附他们,权力大得超过了皇上,家里朝贺的人来来往往像市场一样热闹。太平公主深沉机敏,有许多谋略,唐玄宗开元元年,太平公主谋反,被发现后,皇上让她自杀。她的孩子和余党数十人被杀死。这些"炙手可热势绝伦"的人,当权时家富势足,颐指气使,但好戏未必连台,结局往往都很凄惨。

一朝祸发，土崩瓦解

苍头庐儿，虎而加翅。一朝祸发，迅雷不及掩耳。

【译文】

苍头庐儿这样的小人，一旦得势，便像老虎添上了翅膀。但有朝一日祸事发生了，正如炸雷滚动，快得使人来不及捂上耳朵。

【注析】

苍头，是侍奉官员的仆人，凡是在殿中做事的，住的地方都叫庐，故苍头侍从又叫"庐儿"。

西汉鲍宣做谏大夫，他上书皇上说："外戚和宠臣董贤因受赏赐势力大，许多苍头庐儿因此都得到了财富。"

司马光说："小人的智力足够实现他的奸计，勇气足以促成他的暴力，这是给老虎又加上了翅膀。"

西汉萧望之和王仲翁都是丙吉引荐的，皇上召见时，是霍光掌权，其他人都攀附霍光，只有萧望之不攀附，所以他没被重用，后来他考试得了甲等，也仅仅只任命他做郎署小苑东门侯。王仲翁却做光禄大夫给事中，出出进进跟随着一群苍头庐儿，大呼小叫十分受宠。他回头对萧望之说："你为什么不跟随大流却一定坚持自己的做法呢？"萧回答说："各人顺从各人的意志。"这事载《汉书·萧望之传》。

南齐萧衍对张弘策说："一旦祸事败露了，他们里外像土崩一样不可收拾。"《武经七书·龙韬》中太公说："雷声快得让你来不及捂上耳朵，闪电完了你还没能闭上眼睛。"许名奎先生引用这句话来比喻那些掌权作威的人，一旦大势已去，祸害来时好像雷声震耳，闪电耀眼，快得你不能避开。

杀身惹祸，悔之莫及

李斯之黄犬谁牵，霍氏之赤族奚避？噫，可不忍欤！

【译文】

李斯的黄狗由谁来牵，霍氏一家流血怎么躲避？唉，能不忍嘛！

【注析】

秦朝的李斯，他的祖先是楚国上蔡人，后来归附秦始皇，被当作客卿。他开始做廷尉，后来当上了丞相。他向秦始皇上书请求焚书，有两个人以上谈论《诗经》《尚书》的，都要被杀掉。接着他坑埋了读书人，焚烧了经书、术数书籍。曾经与宦官赵高假传诏书杀害了太子扶苏。后来他与赵高有了矛盾，赵高便在二世面前捏造罪名说："李斯的大儿子李由做三川郡守时，和盗贼陈胜勾结。而且丞相身份在你之下，权力却超过了陛下。"二世认为他说得对，就将李斯关进监狱，用完五刑，在咸阳市把他腰斩了。李斯走出监狱的时候，回头对二儿子说："我想和你再牵着黄狗，到家乡上蔡东门去追野兔，怎么样才能做到呢？"于是，父子互相望着大哭。他被灭了三族。所以唐朝诗人胡曾写诗说他："功成不解谋身退，直待云阳血染衣。"

西汉时的霍去病，汉武帝时做骠骑大将军，消灭匈奴有很大功劳。他的弟弟霍光又担任司马、大将军，接受武帝遗诏辅佐太子。诏书写道："只有霍光忠厚可担任大事。"并让黄门画匠画周公辅佐成王、朝见诸侯的像赐给他。他服侍汉昭帝执政十四年，昭帝驾崩，霍光迎立昌邑王刘贺即位。刘贺淫乱嬉戏没有节制，霍光废除了他，又迎立武帝曾孙刘病已即位，即汉宣帝，一切政事都归霍光处理。霍光受封一万七千户人家，前后受赏赐黄金七千斤，金钱六十万，各种缯三万匹，甲等住宅一处。到霍光死后，宣帝才开始亲自执政。后来霍光的夫人显和她的儿子霍云、霍山、霍禹等商量要废除皇帝。事情败露后，霍云、霍山自杀了，霍禹被腰斩，显和她的女儿、兄弟都被杀了，家族株连坐牢，被灭的有数千家（见《汉书·霍光传》）。司马光说："霍光辅助汉朝宗室，可以说是尽忠了。但是最后却不能保护自己的宗族，为什么呢？威势和福分是人君的器具，人臣掌握久了，却不还给天子，很少有不导致灾难的。"扬雄在《解嘲》中写道："人家想把我的车轮涂红，不知道一旦摔倒，血将染红自己。"颜师古说："被杀死的人一定会流血，所以说'赤族'。"霍氏一族便是这种结局。

【评点】

渴望拥有权力也是人之一欲，故有"争权夺利"之说。有些人为了攫取权力，便不择手段。或溜须拍马，或出卖良心，或投机钻营。他们一旦得到权力，不是去做安邦定国之大业，不是去为民谋利，而是"以权谋私"。酒、色、财、气，也随之而来。儿子、房子、票子、车子、位子，新"五子登科"面世，他们把古往今来的历史教训抛之脑后，称作"有权不用，过期作废"，此等人可谓寡廉鲜耻。

古话说："弓满则折，月满则缺"，俗谚称"爬得高，跌得重"，权力欲最能消蚀人的良知，助长人的非分欲望，也最易招致身败名裂的悲剧下场。如淮阴侯韩信贪恋权位带来杀身之祸，西汉时吴王刘濞等发动"七国之乱"，都是由于贪求更大的权位和名利才个个招致灭门之灾。

朱子说："凡名利之地退一步便安稳，只管向前便危险。"这便是"知足常足，终生不辱，知止常止，终身不耻"。当然，我们不是劝所有从政或拥有权力的人都退隐山林，像陶渊明那样"采菊东篱下"，而是提醒人们在拥有权势时还保持几分山林雅趣，淡化"做官意识"。当然，做官并非坏事，只要利用手中之权多为人民办好事、办实事，不亦善乎？最为后人戒者，切不可如上述历史典故中的人，为一己私利，欲壑难填，最终惹来杀身之祸。

但本章中认为权力是君王的"特权"，大臣被杀是因为僭越名分，这是维护封建等级观念的错误论断，和民主社会的平等原则相违背。

九 势之忍

【题解】

势，权力之意，或者说是权力的附生物。权势二字，人们常常连接使用。故有势力、势交、势要之说。本章亦讲得势与失势的利弊。

得意勿忘失意时

迅风驾舟，千里不息；纵帆不收，载胥及溺。

【译文】

顺着疾风驾船，行走千里也不会停止；如果不收起船帆，船上的人迟早会因船翻被淹死。

【注析】

迅，是速度很快的意思。那些豪爽、侠义凭借势力的人，好趁着风力驾船，一会儿功夫便可达到千里之外，难道不快乐吗？但是如不检点反省，放松警惕，放纵行为，必定有船翻人死的灾难跟着来了。所以说："纵帆不收，载胥及溺。"

《诗经·大雅·桑柔》说："其何能淑，载胥及溺。"这首诗是芮良夫为讽喻周厉王而作的。周厉王任性妄为，败坏王业，自己削弱国力，还不能马上改正以前的错误，因此诗人很忧虑，可怎么能让厉王变好呢？他想，恐怕只能和他一块儿共入汪洋大海了。

朝荣夕悴，变如反掌

夫人之得势也，天可梯而上；及其失势也，一落地千丈。朝荣夕悴，变在反掌。炎炎者灭，隆隆者绝。观雷观火，为盈为实。天收其声，地藏其热。高明之家，鬼瞰其室。噫，可不忍欤！

【译文】

人得势的时候，青天也可以搭个梯子攀援而上；等到失势时，一落千丈。早上还十分显达，晚上便衰落了，变化在翻动手掌之间。火势熊熊是要灭的，雷声隆隆也要停息的。看那雷声和火势，又充盈又实在。可是天能收去声音，地能藏起热量。地位高的人，鬼都在偷看他的屋子。唉，能不忍嘛！

【注析】

韩愈《听颖师弹琴》一文中说："攀高到了一定地步一寸也不能再上，失去势力时，一落比千丈还多。"

班固《答宾戏》说："踏在风云交会之时，置身在不安定的形势中，早上还十分显达，晚上就衰落了。福禄富贵渺小而短暂，祸害却漫流世界。"所以北魏中书韩显宗说："做官的地位没有什么稳定可言，早上还十分显达，晚上就衰落了。"

汉代扬雄《解嘲》说："掌权时好像上了青云，失势时便被扔在沟壑里。早上握着权时还是卿相，晚上失势了便是老百姓。"他又说："我听说过，火光熊熊是要灭的，雷声隆隆也要停的。看那雷声和火势，又足又实在，可是天收去了声音，地藏起了热量。地位高显眼的人家，鬼都在偷看他的屋子。居于高位的人，他的宗族很危险，自己生命也不安全。"这是说人得势时身居卿相的高位，手中握着生杀大权。他们那种火势熊熊热气灼人的样子，雷声隆隆声势浩大的样子，上升可达到青云那么高。等到失去势力丢弃在沟壑中时，连那些穿着粗布衣服的贱民也不如。用雷声火光来比喻权势地位，是说它并非实在充盈，那声势难以长久。雷和火在《易经》中是丰卦，《象》中说："丰是大的意思。太阳当顶后就西斜，月亮圆了后就亏缺。天地万物都一盈一虚，随着时间变化，何况人呢？"《易传》说："既说它又满又大，便是说它难以长久，用此做为警戒。太阳当顶便会西斜，月亮圆满便有亏缺。天地万物都一盈一虚，并随着时间变化，何况人呢？"这是说大凡事物到鼎盛时就要衰落，这是必然的道理，用此作为警戒，希望能够保持中庸，不能太过分。又说："人在这个时候，应当像捧一盘水那样小心谨慎，才能没有倾倒溢出的危险。""居于高位时宗族危险，自己谨慎的生命安全。"《礼记·月令》中说："仲春时雷发出声音，仲秋时雷收起声音，季夏很湿热，孟冬地就冻住了。"这不是说天收去了声音，地藏起了热量吗？天地运行的规律，也没有长时间不变化的。那些身居显赫地位的人，更应加倍小心警惕。地位高显眼的人家，鬼都在偷看着他的屋子。这就是《易经》所说的"鬼神对太满的要损害，对谦虚的要保佑"的意思。

【评点】

英国一位哲学家曾说："权力可以使人腐化。"因为在某些人的思维定式中，权力便等于声势，等于享受。他们坐豪车，住别墅，出门前呼后拥，声势显赫，不可一世。如《红楼梦》中所写"烈火烹油，鲜花著锦"，天上人间，无与伦比，好像他们的显赫地位是千年不散的筵席，绝没想到"忽喇喇如大厦倾"。这些势利之人，实在是一种短视症。声势炙人，只能促使他脱离民众成为官僚政客。高高在上，会使他耳目闭塞，决策错误。一旦造成损失，上下责怪，他也就仕途路尽。对待权势，本应持一种"淡泊"态度，穷莫忧愁富莫狂，等到弃官为民，也就心理平衡，泰然处之。所以明代哲学家洪应明曾言："济世经邦，要段云水的趣味，若一有贪着，便堕危机。"

十　贫之忍

【题解】

世上绝没有完全贫富一致的地方，贫穷并不可怕，怕的是丧失气节。本章便告诉人们如何对待贫穷，如何战胜贫穷。

被鬼耻笑的人

无财为贫，原宪非病；鬼笑伯龙，贫穷有命。

【译文】

没有财物叫作贫，原宪不是有病。鬼也耻笑伯龙，其实贫穷是命运安排的。

【注析】

《庄子·让王篇》中写道：原宪住在鲁国，一丈见方的小屋，茅草盖顶，用蓬蒿编织成门户，还不完整，桑条做门枢，用破瓮做窗户，用粗布衣隔成两室。屋顶漏雨，地上潮湿，他却端坐着鼓琴。子贡穿着素白的大衣，衬着紫红色的内里，乘着大马来看他。巷子容不下高大的马车，他只好走着去见原宪。原宪戴着破帽子，穿着破烂的草鞋，扶着木杖在门口见子贡。子贡说："唉！先生得了什么病啊？"原宪回答说："我听说，没有钱财叫作贫，有学问而不能使用叫作病。现在我是贫，不是病。"子贡进退不定、面有愧色。

南朝宋时的刘伯龙，是沛郡萧县人，小时候很贫穷，长大后，历任尚书、左丞、少府、武陵太守，却更加贫寒。他曾经在家里公开和左右计较十分之一的利息，突然有一个鬼在旁边拍掌大笑。刘伯龙叹息道："贫穷是由命运决定的，我竟然被鬼耻笑了。"于是就停止了这件事。这事载于《南史·刘粹传》。

贫贱不能移，此乃大丈夫

造物之心，以贫试士。贫而能安，斯为君子。

【译文】

造物主的意思，用贫穷来考验读书人。贫穷还能安分守己的，才是君子。

【注析】

孟子说："贫贱不能使他改变意志，这才叫大丈夫。"又说："所以上天如果把大的任务交给这个人，一定先使他的心志受苦，使他的筋骨劳累，使他的肠胃受饿，使他的身子空乏，行动违背他的目标，这样能使他动摇信心，克制性情，增加他做事情的难度。"这难道不是"用贫穷来考验读书人"吗？《论语》记子贡问怎么样能够在贫穷时而不谄媚他人，孔子回答说："还不如贫穷而快乐。"孔圣人说贫穷却能保持名节，不去谄媚他人，不如贫穷而喜欢自己的事业，这样能忘掉贫穷。所以王勃《滕王阁序》说："所赖君子见机，达人知命。老当益壮，宁移白首之心；穷且益坚，不坠青云之志。"

无恒产则无恒心

民无恒产，因无恒心。不以其道得之，速奇祸于千金。噫，可不忍欤！

【译文】

老百姓没有固定的产业，便没有坚定的仁义之心。不按照正当的途径获得财富，马上就有灾祸降临。唉，能不忍嘛！

【注析】

孟子说："老百姓没有固定的产业，便没有仁义之心。放辟邪侈，没有不做的。"这是说很多人没有足够生活的财产，于是没有正确的道德观念，很容易就陷进放辟邪侈的恶行了。又说："没有固定的产业却有正确的道德观念的，只有士能这样。"大约士大夫曾学习过，知道礼义道理，所以虽然没有足够生活的产业，也能怀着远大的志向。

不按照正当的途径获得财富，马上有灾祸降临天象出现。范仲淹在饶州作太守时，有个读书人拜见他说："我说天底下最贫穷饥饿的，没有比我更甚的了。"这时社会上普遍赞扬欧阳询的字，他的《荐福寺碑》墨本，价值千金。范仲淹准备让他拓一千本，在京城出售。纸和墨都准备好了，一天晚上，雷却把这个碑击碎了。

《庄子·杂篇》又说："黄河边上有户人家很贫穷。他儿子在潜水时获得一粒价值千金的宝珠。父亲对儿子说：'宝珠在骊龙下巴下面，你是刚好碰到他睡着了，如果他醒了，你将成为粉末。'"所以孔子说："富有和华贵，这是人所希望得到的。但不用正当的途径得到它，就不会长久。"《左传》中石碏说："离开正道去走相反的道路，马上就会招来灾祸。"

【评点】

贫穷与富有，这是相对而言的。评判的价值参照系不同，得出的结果也不同。

因此，一个人不必为拥有财富的多少而计较，评判的标准掌握在你的手中。如果你认为自己很富有，那你就摆脱了贫穷，精神上就没有任何压力。因为你拥有了自信与自尊，世界上缺少的就是这种状态。因为有了自信与自尊，你会在这个世界拓出一片新天地。

中国古代的圣贤们尽管也向往富有，但谆谆叮咛"富贵生淫逸"，清贫淡泊是砥砺一个人情操的试金石。古人的话不无几分道理，拥有较多的物质财富未尝不可，但如果你因经营不善，或因家庭的经济基础并不雄厚，或因为另外别的原因导致囊中羞涩时，应当怎样办？"富贵不能淫，贫贱不能移，威武不能屈"，"穷且益坚，不坠青云之志"，你是否会想到孟子和王勃的这两句名言？贫穷并不可怕，怕的是"马瘦毛长，人穷志短"。

但本章开头却宣称"贫穷有命"，这是为封建伦理秩序的永恒性制造理论根据。从殷周的奴隶制社会到封建社会，统治者都把自己占有财富说成是上天赐予的，以此作为剥夺劳动人民财富的合理根据。它和后边宣传的"贫贱不能移"实则是矛盾的。一方面，它要求人们俯首听"命"，甘受贫困，另一方面，又要人们在主观上去追求一种精神境界，保持气节，不为物欲所诱惑。这里正体现了儒家伦理道德和政治理想的两重性。

十一 富之忍

【题解】

金钱上富有了，是否代表一个人可以拥有这个世界呢？"有钱能使鬼推磨"嘛！其实不然，富了没有礼义，没有仁慈，实际上是引火烧身。人在钱财上要淡泊一点，生不带来，死不带去，何必做个守财奴呢？

为富不仁，惹火烧身

富而好礼，孔子所诲；为富不仁，孟子所戒。盖仁足以长福而消祸，礼足以守成而防败。

【译文】

富有了也要遵守礼义，这是孔子的教导；富有却不讲仁义，这是孟子的告诫。大约仁义完全能够增长福运消除祸害，礼义完全能够保证成功防止失败。

【注析】

《论语》记载子贡询问怎样才能富有而不骄横，孔子回答说："还不如富有并爱好礼。"大约孔子说富有而不骄横自守，不如富有而爱好礼义，忘掉自己的富有。这大概是孔子的意思，他的门人把这些讲出来，所以说这是"孔子所诲"。

《孟子》引用鲁国季氏家臣阳虎的话对滕文公说："致富就不能行仁，行仁就不能富有。"大概行仁是遵行天理，富有了放纵人欲，天理、人欲不能并行。孟子担心文公放纵人欲，丧失天理，特意引用这句话回答他，希望文公弘扬天理，抑制人欲，所以说这是"孟子所戒"。

仁义完全能够增长福分消除祸害，宋景公即是如此。因为天象不正常，韦子三次请见宋景公。景公三次都回答了他，并自责自己的错误。韦子说："你三次讲了仁人的言语，上天一定三次奖赏你。现在晚上的星变换三次位置，你可以增加二十一年寿命。"据说后来果然这样应验了。

王充《论衡·非韩篇》中说："国家能够存在，靠的是礼义。段干木闭门不出，魏文侯敬重他，坐车经过他的住处，弯腰按着车轼表示敬意。秦国军队听说了这件事，最终不敢攻打魏国。"又说："儒士的操行是尊重礼义。魏文侯乘车经过段干木家并行式礼，退却了强秦的军队，保全了魏国的土地。这是因为段干木的操行贤明，魏文侯的礼义高尚。"这是说仁义礼治的效果如此大，富有的人应当保守它而不要失去。

恃财傲物，祸在其中

恃富而好凌人，子羽已窥于子晰；富而不骄者鲜，史鱼深警于公叔。

【译文】

凭恃富有而喜欢欺负人，子羽已经看到了子晰的结局；富有又不骄横的人少，史鱼特别告诫公叔。

【注析】

《左传》昭公元年，晋侯得了病，郑伯派子产到晋国去问候。晋国叔向问子晰的情况，郑国使者子羽回答说："没有礼义还好欺负人，凭恃富有看不起他的上司，大概不会长久了。"昭公二年秋天，郑国子晰将要作乱，请求让儿子印作市官。子产说："你不去想想你自己的罪过，还有什么请求？不立即死去，执法官就要来抓你了。"七月九日他吊死了，尸体被抛在大街上。

《左传》定公十三年，卫公叔文子上朝时请灵公去家里做客，退朝时见到了史鳝，告诉了他这件事。史鳝说："你一定要有祸了。你富有，而灵公贪婪，你将有罪了。"公叔文子说："我没有先告诉你，这是我的罪过。灵公已经答应了我，那该怎么办？"史鳝说："不要紧。富有但不骄横的少，我只见过你一个。骄横而不败亡的是没有的，你的儿子公叔成要败亡。"十四年，公叔成因为得罪灵公，逃跑到了鲁国。

这是说子羽、史鳝都有先见之明，说富有没有不骄横的，骄横的没有不灭亡的。凭借富有而欺负别人的人，也不会长久的。拥有富贵的人，不能不三思这句话，体会它的含义啊！

欲路上需止步，富路上方有福

庆封之富非赏实殃，晏子之富如帛有幅。

【译文】

庆封的富有不是好事实际上是祸殃，晏子的富有像帛一样有节制。

【注析】

《左传》襄公二十八年，齐国庆封因为策划攻打子雅、子尾，事发而投奔吴国，聚集整个宗族居住在一起，富有程度超过了原来。子服惠伯对叔孙穆子说："上天大概想叫淫乱的家伙发财，庆封又发财了。"穆子说："善良的人富了叫作赏，淫乱的人富了叫作殃。上天将要让人遭殃。"昭公四年，庆封果然被楚国杀了。

子雅、子尾是齐国的公子。这一年齐国因为崔氏作乱，群公子都跑了，等到庆氏逃跑到吴国，公子们又都回来了，原来的城邑又还给他们。晏子应当得到邶殿附近六十邑，晏子却不要。子尾说："富有是你们希望的，你为什么不要？"晏子回答说："庆氏的采邑满足了他的欲望，所以他灭亡了。我不想满足拥有城邑的欲望。如果加上邶殿，欲望就满足了。欲望满足了，灭亡就没几天了。不接受邶殿，我不是讨厌富有，是担心失去富有。富有像帛有幅，是控制帛不让它移动的。"一尺为幅。这是说要有限制，不能超过限度。晏子就是晏婴，后来他做了齐国的相国。

淡泊明志，肥甘丧节

去其骄，绝其吝，惩其忿，窒其欲，庶几保九畴之福。噫，可不忍欤！

【译文】

除去骄横夸耀，禁绝鄙俗吝啬，戒止愤怒，堵塞贪婪欲望，差不多能保全各种福分。唉，能不忍嘛！

【注析】

骄，自大夸耀。吝，鄙俗吝啬。忿，愤怒。欲，性情中贪婪。去，除去。绝，禁止。惩，戒止。窒，阻塞。这是说世人务必要除去自大夸耀的诞妄，禁绝鄙俗吝啬的事情，处治好心中的怒气，堵塞住性情中的贪婪。

宋朝吕大临《克己诗》中说："谁愿意做克制自己的工夫呢？吝啬、夸耀、封闭，缩得像蜗牛。在清静的夜里深思反省，冲破这个障碍就是大家。"

《尚书·洪范》说到九畴，说向来有五种福分。一是长寿，二是富有，三是康宁，四是有好的品德，五是善终。只要人能够除去夸耀，断绝吝啬，处治好怒气，舍弃欲望，便可以享受这五福了。

【评点】

人似乎都是二元的，一方面渴望富有，一方面又诅咒富有；似乎富有便会"骄奢淫逸"，便会"为富不仁"。

富有并不是件坏事，人人都希望朝这个目标迈进。但人确实有个怪毛病，"富贵思淫逸"，像《红楼梦》中的贾府，上上下下没有一个"正经胚子"，用焦大的话说，"除了门前的石狮子，没有一个是干净的"。

　　我们说，人不能排斥富有，但不能放松警惕富有对人带来的负效应。一是富有了不能不思发展，否则便会"坐吃山空"。二是富有了不能放纵人欲，像《孟子》所说的"为富不仁"。三是富有了待人仍要宽厚，不能恃财傲物，疏亲远友。唐代诗人皮日休在《六箴序》中告诫说："穷不忘操，富不忘道。"

　　我们对待富有的态度应如孔子所言："不义而富且贵，于我如浮云。"只要有这种淡然的态度，再有良好的物质基础，生活一定会过得舒适而惬意。

十二 贱之忍

【题解】

贱，这里指地位低下、卑微。人地位低下固然希望能加以改变，但卑贱未必都是坏事。穷则思变，欲成大事者必先苦其心志。卑微的环境能促使人进一步认识生活，磨炼心性。

勿羡贵显，泰然处之

人生贵贱，各有赋分。君子处之，遁世无闷。

【译文】

一个人所处地位的高贵与卑贱，各有区别。君子泰然处之，隐世并不觉得苦闷。

【注析】

《易经·系辞》说："卑贱和高贵已经排列出来了，高贵和卑贱的位置也就定了。"《易经》"大过卦"的象辞说："君子独立而不害怕，隐世而不觉苦闷。"程颐说："天下都非议却不理睬，独立而不害怕；天下人都没看见，知道了也不后悔，隐世也不觉苦闷。""乾卦"的初九爻又说："不要用潜伏着的龙。"这是什么意思呢？孔子说："具有龙的德性但是没有显现。不因为朝代而改变，不在于成名，隐世而不觉苦闷，快乐时就行动，忧愁时就停止。潜龙的确与众不同啊。"大意是说人们贵贱得失，用与不用，行动与休息，都应乐天知命，等待时机而行动，不能超出范围去随便寻求。

待机而动，心地泰然

龙陷泥沙，花落粪溷；得时则达，失时则困。

【译文】

蛟龙陷在泥沙之中，鲜花落入粪厕之中；顺应时机便能通达，失去时机便无法施展。

【注析】

扬雄《法言·问神篇》说："龙还伏在泥土时，蜥蜴都随意欺负它。"又说："当飞升时就飞升，当潜伏时就潜伏。"比喻君子的主张还没有显明时，小人都能玩弄欺负它。俗话说："虎落平原受犬欺，凤凰掉毛不如鸡。"也就是这个道理。

南齐范缜对竟陵王萧子良说："人生高贵与卑贱，就像一棵树上的花同时开放。随风坠落时，有的掠过帘幕，有的坠在绿草地上，有的穿过篱笆落在臭烘烘的厕所中。坠在绿草地上的，是殿下你这种人，落在臭烘烘厕所之中的，就是我这样的。"

忍辱负重之人，他日必有大用

步骘甘受征羌席地之遇，宗悫岂较乡豪粗食之羞。

【译文】

步骘甘心接受征羌让他坐在地席的待遇，宗悫不计较乡豪给他吃粗食的羞辱。

【注析】

三国时的步骘，字子山，淮阴人。汉朝末年在江东避难，独自一人，十分穷困。他和广陵人卫旌同岁，二人关系很好，都靠种瓜来自给自足。这时会稽郡有个叫焦征羌的，是郡中的大豪富人家。步骘和卫旌在他的地盘上找饭吃，很怕他侵扰，就共同拿种的瓜献给焦征羌。他们去到焦家后，等了很久才见到他。焦征羌自己享受好饭好菜，在地上放了一张席子，让步骘、卫旌坐在窗户外面，用小盘装饭给他们吃，只有点蔬菜而已。卫旌吃不下，步骘大吃了一顿。卫旌对步骘说："怎么能够忍受他的这种侮辱？"步骘说："我们本来很贫贱，主人用贫贱的规格招待我们，是应该的，又有什么羞耻呢？"后来步骘到吴国做官，先做中郎将，后又拜为丞相。

南朝宋时的宗悫，字元幹，南阳人。他讲义气好武术，不被乡里人了解。同乡人庾业家里很富有，和客人吃饭总摆有一丈方圆的菜。他招待宗悫准备的是小米饭蔬菜。他对客人说："宗悫是军人，能吃粗食。"宗悫大饱后回去了。后来他当了豫州刺史，庾业是他的长史，宗悫待他很好，不因为过去的事情怀恨在心。后来宗悫又被提拔为振武将军。

君子位卑不自耻

买臣负薪而不耻，王猛鬻畚而无求。

【译文】

朱买臣背着柴草不感到羞耻，王猛卖畚箕没有别的要求。

【注析】

西汉朱买臣，字翁子，吴地人，家中贫穷，靠打柴卖维持生活。曾经背着柴读书，一边走还一边唱。他妻子认为很羞耻，要离开他，朱买臣若无其事地还在唱。后来严助向皇上推荐朱买臣，皇上召见了他，让他讲《春秋》《楚辞》，武帝听了非常高兴，提拔他为中大夫，后来又提拔他为会稽太守。

晋朝的王猛，字景略，北海人，小时候贫贱靠卖畚箕为业。他曾在洛阳卖畚箕，有一个人愿意出高价买他的畚箕，却说："我没带钱。"又自言自语道："我家离这不远，你跟随我一块去取钱。"王猛考虑到价钱高有利可赚，就跟随他走。走不多远，到了深山，见一老人白发白须，靠着胡床坐着。老人给了他十倍的价钱，派人送他，出来后他回头一看，原来是嵩山。王猛身材魁梧，相貌堂堂，不屑于小事，人们都看不起他，他却悠然自得。他隐居在华阴，听说桓温进了关，就披着粗布去拜见他，一边捏着虱子一边谈论天下大事，旁若无人的样子。桓温认为他很不一般，和他说话时口气十分温和。桓温让他担任祭酒，王猛推辞不做。升平元年，前秦尚书吕婆楼把他推荐给秦王苻坚，两人一见，像老朋友一样，谈论起天下事来，苻坚十分高兴，自认为是刘备遇到了孔明，于是任命他做中书侍郎，接着又做尚书左丞。

穷莫忧愁富莫狂

苟充诎而隙获，数子奚望于公侯。噫，可不忍欤！

【译文】

如果富贵时骄横喜悦，贫贱时失去志气，那些人又怎么能做到公侯呢。唉，能不忍嘛！

【注析】

《礼记·儒行篇》说："儒生在贫贱的时候不因困迫失去志气，在富贵的时候不骄横喜悦失去节制。"充诎，是骄横喜悦失去节制的样子。隙获，是因困迫失去志气的样子。数子，是指上文步骘等人。他们没有遇到机会时，就怡然自处，没有厌恶贫贱、羡慕富贵的心思，没有和当时人一样，去歪曲道义。

【评点】

卑贱与高贵，是相对而言的。从法律角度而言，人人都是平等的。但在现实生活中，差别还是存在的。

不过，古代朱买臣的故事还是发人深省。他去打柴，还手不释卷，四十多岁了，仍不甘心自己的处境，其妻不忍为人耻笑愤然而去，他我行我素，终于有朝一日"学而优则仕"。韩信身份卑微，受胯下之辱，他投军从戎，浴血疆场，终于率军百万，挂帅授印。

一个人，地位低下并不要紧，关键是不能满足于现状，终日浑浑噩噩、无所事事，过那种"日求三餐，夜求一宿"的生活。我们只要抓住机遇，无论从事什么行业，都可能改变处境。

但是，人生道路上成功者毕竟还是少数，一个人不断地为理想而奋斗，结果收效甚微，虽然值得同情，但决不能气馁，人活一世，需要的是不断追求的过程。人只要努力过，奋斗过，就没有了遗憾和后悔。何况，成功与否也是相对而言的。

十三 贵之忍

【题解】

贵与贱是相对而言的。本章便指出，身份显赫的人物，一定要像"如履薄冰"一样的谨慎小心。

洪范五福，不言高贵

贵为王爵，权出于天。《洪范》五福，贵独不言。

【译文】

最高贵的是王爵，权力出自于上天。《尚书·洪范》中提到五种福分，唯独不提到高贵。

【注析】

人有爵位俸禄被称为高贵。爵位有五等，《孟子》说："天子一等，公一等，侯一等，伯一等，子男一等，共有五等。"称作天子的，代上天治理万物，所以叫天子。称作王的，天下都归顺他，称号虽然不同，名义都是一样的。在五等爵位中，王爵最高贵。权是锤，是比较万物轻重的器具，又说"爵就是天爵"。所以有天爵者，应当衡量天下万物的不平。所以说"权力出自于上天"，这难道还不高贵吗？《荀子·正论篇》说："圣人完备道义，尽善尽美，这是权衡是否拥有天下的标准。"

人生无常，富贵无恒

朝为公卿，暮为匹夫。横金曳紫，志满气粗；下狱投荒，布褐不如。

【译文】

早晨还是公卿，晚上却成了普通的老百姓。穿着紫色表服佩着金器，踌躇满志，财大气粗；等到进了监狱流放外地，连穿粗布衣的人也不如。

【注析】

扬雄《解嘲》中说："早晨掌握着权力时还是公卿，晚上失去势力成了老百姓……"这是说在公卿位上时，穿金戴紫，踌躇满志，财大气粗。等到灾祸降临，便银铛入狱，流放外地的灾难接踵而来。像秦朝时的李斯，当权的时候，制造假诏书换了太子，当被投进牢房处死的时候，自叹牵着黄狗追赶兔子的时候再也不会出现了。又像汉朝的周亚夫，富贵时坐着銮铃马车去慰劳士兵，犯罪时被投入牢房后死去。到了宋代的蔡京，权势在手时超过君主，权势失去时被贬到远方而死。

害盈福谦，鬼福有眼

盖贵贱常相对待，祸福视谦与盈。鼎之覆𫗧，以德薄而任重；解之致寇，实自招于负乘。

【译文】

高贵与卑贱常常是对应的，鬼神对丰足的降祸，对不足的降福。鼎被折足打翻佳肴，是因为才德不足而位居高位。解卦说招致敌人来，是因为背东西的人坐车的缘故。

【注析】

贵贱常相对应，是说高贵和卑贱常常是对等的，互相变化，并非一成不变。傅说从建筑工人到宰相，商鞅由宰相变成逃犯。所以《易经》说："鬼神对盈满的降祸，对不满的降福，人也是憎恶骄傲自满，喜欢谦虚谨慎的。"这是说鬼神行为莫测，常常降祸给有福的人，而降福给不足的人，看来鬼神也喜欢谦虚的人。

西汉的董仲舒回答汉武帝的策问说："背东西的人却去乘车，招致敌人到来。乘坐的车子，是君子的位置。背东西，是小人的事。这是说身为君子，却去做小人的行为，那祸患一定会到来。"这种说法，《易经》中也曾经提到。

居安思危，如履薄冰

讼之鞶带，不终朝而三褫；孚之翰音，凶于天之蹦登。静言思之，如履薄冰。噫，可不忍欤！

【译文】

王侯赐予的鞶带，可一天内三次下令夺回；鸡之不吉利在于它想登天。安静地思考一下处境，就要像踏上薄冰一样小心谨慎。唉，能不忍嘛！

【注析】

《诗经·小雅·小旻》中写道："战战兢兢，如临深渊，如履薄冰。"这首诗大概是周朝的大夫作的，用此来警戒周幽王。是说战战兢兢，小心谨慎，好像面临深渊，唯恐掉了下去；又像走在薄冰之上，唯恐陷下去。这里引用它是劝告掌握大权的公侯们，要居安思危，不能忘记了踏上薄冰、接近深渊的危险。

【评点】

身居高位是件好事，但宦海沉浮难测，一旦官场失势，则连市井百姓也不如。中国有一句俗话叫"爬得高，跌得重"，身份显赫的达官贵人一旦遭贬，或遇政治斗争，轻则流放他乡，重则身陷囹圄，惶惶然，凄凄然，而平民百姓，无身名之累，心地安然。所以，身处高位的人，一定要考虑下台或倒霉的结果。明代哲学家洪应明指出，身居高位的人，"完名美节不宜独任，分些与人，可以远害全身；辱行污名，不宜全推，引些归己，可以韬光养德"。通俗而言，是让人不要"好事都是自己的，坏事都是别人的"，以免招致他人怨恨，或带来杀身之祸。

但本章一方面告诫人们不要追求高位，另一方面又肯定天命，说王爵的权力出自上天，这种错误论断，和我们前边所指出的一样，都是为了维护封建统治阶级的利益而鼓吹的。

十四　宠之忍

【题解】

宠，宠爱之意。《汉书·杜钦传》："好憎之心生，则爱宠偏于一人。"白居易《长恨歌》："三千宠爱在一身。"本章列举了一些得宠之人，指出："贵人之祸伤于宠。"

太过宠爱，也是伤害

婴儿之病伤于饱，贵人之祸伤于宠。

【译文】

婴儿得病是因为吃得太饱，贵人的祸患是因为被人宠爱。

【注析】

东汉的王符，字节信，临淄人，著有《潜夫论》一书，书中说："婴儿经常生病是因为吃的太饱，贵人常遭祸患是因为受宠太过分。"意思是说，喂奶太多就容易使婴儿生病，富贵太盛就容易导致骄傲和灾难。

受宠之人常有祸

龙阳君之泣鱼，黄头郎之入梦。

【译文】

龙阳君哭泣肥鱼的命运，是因为想到了自己，黄头郎因被文帝梦到而富贵，到头来却没有好下场。

【注析】

《战国策》记载，魏王和龙阳君在一条船上，钓了十多条鱼，龙阳君却哭了。魏王问他为什么，他回答说："我开始钓到鱼时，很高兴，后来又钓到时便想把先前钓到的鱼丢掉。如今我能为王打扫枕头和席子，爵位到了显赫的地步，走在宫庭、道路上，人家都要避开。天下有很多美人，听说我被大王宠幸，也都牵着衣裳归向大王。我就像先钓到的鱼，也要被抛弃了，我怎么能不哭泣呢？"龙阳君，是魏王宠幸的大臣，另一种说法是宠幸的姬妾。西汉的邓通为人摇船，做了黄头郎。汉文帝梦见天上有一个黄头郎推着他，穿着衣带在身后打结的衣服。醒后他四处寻找，终于在渐台找到了邓通，邓通果然穿着那身衣服。皇帝十分宠幸他，赏赐他上万钱财。相面的人为他相面，却说他最后会饿死。当时，文帝把蜀山赏赐给他，封为上大夫，让他自己铸钱用。汉景帝就位，有人告发邓通到境外去铸钱。后来查清了，将邓通的钱财全部没收了，不留一文钱。邓通只得寄食在别人家里，直到死去。

得宠之时思失宠

董贤令色，割袖承恩。珍御贡献，尽入其门。尧禅未遂，要领已分。

【译文】

董贤凭借男色，换来皇帝割袖的恩惠。珍宝御器，都因此进了他的家中。皇帝本想仿效尧的做法将皇位禅让给他，打算还没实现，董贤身首已分家。

【注析】

西汉时的董贤，字圣卿，云阳人，长得很美丽，自己十分得意。他柔和聪明，先做太子舍人，建平四年，进宫当了侍中，后来做到了大司马。汉哀帝很宠幸他，出去时坐高头大马拉的车，回来后有人伺候。他的妻子可以住在殿中，妹妹做了昭仪，父亲董恭做了少府。他一家富贵，震惊朝廷，权力和皇帝差不多。董贤曾经白天和皇帝睡在一起，躺在皇帝衣袖上，皇帝想起床，董贤没有醒，为了不惊动董贤，皇帝就割下了自己的衣袖，他们的关系到了这种地步。皇帝为他在北阙下修了一座大宅，用尽了各种技巧，又赏赐了无数珍宝，都放在这座大宅里。元寿元年，司隶鲍宣上书说："董贤和皇上本没有一丁点儿亲戚关系，但是凭着长得漂亮，会说话朝上爬，皇上赏给他的太多了，用尽了官府的珍藏。进贡的物品，应当只供奉君主一人，现在却都进了董贤家里，这难道是天意和民意么？"有一天，皇上在麒麟殿摆酒宴，席间看着董贤说："我想效法尧让位给舜的做法，怎么样？"这时王谭的儿子王闳上前说："天下是高祖的天下，不是陛下您得来的。天子没有戏言。"皇上不作声，很不高兴。二年，皇帝驾崩，董贤因罪被罢了官，当天便和妻子都自杀了。有人怀疑他是装死，掘出棺材运到狱中检查，尸体就埋在狱中。他的家属被流放到合浦县。官家折卖了他的财产，共有四十三万万。班固在《汉书·叙传》中说："他是什么样的人啊，私自偷来富贵，谋划损害能人，为后世作了警戒。"

明眸皓齿今何在

国忠姊妹，极贵绝伦。少陵一诗，画图丽人。渔阳兵起，血污游魂。

【译文】

杨国忠姊妹几人，富贵到了极点，没有人能和他们比。杜甫的一首诗，写出了这种情景。渔阳起兵，鲜血溅满游魂。

【注析】

唐朝的杨国忠，开始名叫钊，是贵妃的从祖兄。因为贵妃的缘故受到玄宗宠幸，赐改名为国忠。开始做御史大夫，后来升到右相兼任吏部尚书。姊妹都有才色，皇上把她们叫姨，封为秦、韩、虢三国夫人。她们进出宫庭的边门，一块儿承受皇帝的恩泽，权势超过天下人。他们和弟弟杨铦、杨锜五家凡是有什么要求，各府各县极力去办，四面八方都送礼，担心会落后。皇上赐给这五家一样多的物品，他们就互相比赛建房子，看谁建得最壮丽。一间房子的耗费，往往是千万钱。所以杜甫写《丽人行》描述道："就中云幕椒房亲，赐名大国虢与秦。"又说，"炙手可热势绝伦。"天宝十四年，安禄山造反，在渔阳起兵，玄宗逃到四川。到了马嵬驿，将士们十分愤怒，认为灾祸是杨国忠引起的，便杀了杨国忠和韩国夫人，杨贵妃上吊自杀。所以白居易在《长恨歌》中说："姊妹兄弟皆列土，可怜光彩生门户。……缓歌慢舞凝丝竹，尽日君王看不足。渔阳鼙鼓动地来，惊破霓裳羽衣曲。"杜甫《哀江头》中又说："明眸皓齿今何在，血污游魂归不得。"苏轼说："玩味王维的诗，是诗中有画。"现在杜甫这首讲杨家兴衰的诗，也是如此，所以说："少陵一诗，画图丽人。"

死亡之期，不约而至

富贵不与骄奢期，而骄奢至；骄奢不与死亡期，而死亡至。思魏牟之谏，穰侯可股慄而心悸。噫，可不忍欤！

【译文】

富贵没和骄奢约定，可是骄奢自己会来；骄奢没和死亡约定，可是死亡会来。思虑魏牟的告诫，穰侯会双腿发抖心中发颤。唉，能不忍嘛！

【注析】

《战国策》中记载，魏公子牟到秦国游历后，又要往东走，穰侯为他送行，说："先生要离开这儿了，难道没有一句话来教导我吗？"公子牟说："如果你不这样说，我差点忘了告诉你。你知道吗？官职没有和势力约好，势力自己却会来；势力没有和富有约好，富有自己却会来；高贵没有和骄横约好，骄横自己却会来；骄横没和死亡约好，死亡自己却会来。"穰侯说："好！我接受您的教导。"这事见《说苑》与《战国策》，但两处略有些不同。

【评点】

宠幸之意，可以有两种理解，用现代话来说，受信任，有魅力且有能力，也可以看作是会阿谀奉承，讨好了别人。总之，说某某人"受宠"便有些贬意。所以，无论何人，走红时不要张扬，落魄也并不是坏事。杨贵妃一人得宠，姊妹兄弟都沾光，可谓宠极一时，结果马嵬兵变，成为牺牲品。过去的不少妃妾，青春之时受到宠幸，一旦人老珠黄，往往被贬入冷宫。那些拥有功名，颇受重视的重臣，功高震主，有朝一日，得罪上峰，便大祸临头。所以《新唐书·卢承庆传》中说"宠辱不惊"，指的是置得失于度外。而《老子》中则说："得之若惊，失之若惊，是谓宠辱若惊。"又进一步指出：无论得失，都要谨慎处之。

实际上，得宠与失宠，在封建社会中，并不以个人意志为转移，当事人完全受封建统治者的摆布。所以，无论你如何忠心耿耿，都难免在朝夕之间大祸临头。

十五　辱之忍

【题解】

辱，有耻辱、侮辱和玷辱之意，是指一个人在人格上受到某一方面的不公正对待。本章列举张良等人含诟忍辱而终成大业的史实，告诉人们要忍辱负重。

忍辱者能成大事

能忍辱者，必能立天下之大事。圯桥匍匐取履，而子房韫帝师之智；市人笑出胯下，而韩信负侯王之器。

【译文】

能够忍受耻辱的人，必定能成就天下大业。张良在断桥趴在地上拾鞋，终于能获得做帝王之师的智谋；市人耻笑韩信从胯下钻出，韩信却满怀裂土封侯的大志。

【注析】

西汉的张良，字子房，他的祖先是韩国人，大伯张开地、父亲张平都做过韩国的宰相。秦国消灭韩国时，张良还小，没有做官。年轻时到下邳一座断桥下游玩，有一个老头到了那儿故意让鞋子掉到桥下，回头对张良说："小孩，下去给我捡鞋！"张良十分奇怪，想揍他，考虑他老了，便忍下了心头的怒气。到桥下捡起鞋，跪着送给老头，老头伸着脚，让张良给穿上，然后说："这小孩可以教。五天后天亮时在这儿再见面。"张良感到奇怪，就跪下说："好吧。"五天后天亮时，张良去了，老头已在那儿，很生气地说："你为什么来迟了？"又过了五天，鸡叫时张良去了，老头又已先到了，又很生气地说："你为什么又来迟了？"又过了五天，半夜时，张良去了。等了一会儿，老头也来了，高兴地说："应当这样。"老头拿出一本书说："读这本书可以成为君王的老师。"于是就离去了，从此再也没看见过他。天亮后张良看这本书，是《太公兵法》。张良因此感到十分奇怪，认真阅读。后来他按照这本兵法中的计谋辅佐汉高祖夺取了天下。高祖曾经说："在帷幄中谋划，在千里外打胜仗，我不如张良。"张良被看作汉代的三杰之一，被封为留侯。他自己曾说："凭借三寸的舌头，做了帝王的军师，我张良也满足了！"

　　西汉时的韩信是淮阴人，家里贫穷，没有事干，在城下钓鱼。肉铺中有个卖肉的侮辱韩信说："你虽然又高又大，喜欢佩带剑，但心中很怯懦。"他当众辱骂韩信说："你不怕死，就用剑刺我；不能，就从我裤裆下钻出去。"韩信仔细看看，俯身从他胯下钻过，街上人都笑韩信胆小。后来滕公向高祖介绍了韩信，开始高祖不了解他的名气，就让他走了。萧何知道后连夜追上他，回后对高祖说："韩信是天下独一无二的栋梁。你要争得天下，没有韩信不行。重要的人都要拜请一下，选择吉日，要斋戒，设立祭坛，完备礼数方能行。"高祖答应了萧何，就拜韩信为大将。等到天下安定以后，高祖对诸将说："率领百万将士，战斗一定胜利，进攻一定能有斩获，我不如韩信。他是人中的豪杰。"后封他做齐王，以后又降格封他为淮阴侯。后来韩信到楚地，把侮辱自己的少年叫来，封他做中尉，并告诉诸将说："这人是真壮士。他侮辱我时，难道我不能杀了他吗？杀了他我也不能出名，所以我忍受了那种羞辱。"

辱为百病之药

　　死灰之溺，安国何羞。厕中之簧，终为应侯。盖辱为伐病之毒药，不暝眩而曷瘳。

【译文】

　　好像用尿去浇灭尚有余热的灰烬，韩安国该承受多大的羞辱。

厕所中范雎用竹席裹着，他最终被封为应侯。大概侮辱为治病的苦药，不使人昏昏欲睡，怎么能好得了呢？

【注析】

西汉时的韩安国，字长孺，是成安人。最初在梁孝王那儿做中大夫，后来因罪坐牢房，狱吏田甲羞辱他。韩安国说："死灰不会复燃吗？"田甲回答说："复燃就用尿浇灭。"没多久，梁缺少内史，朝廷派使者拜韩安国做梁王内史，田甲逃跑了。韩安国说："田甲不来做官，我就灭掉他的宗族。"田甲光着上身来谢罪。韩安国笑着说："(死灰复燃了)你能够浇灭它吗？"韩安国最后待他很好。

《史记》记载战国时，魏国范雎曾经跟着须贾一块出使齐国，齐王听了他的辩词，给了很多赏赐。须贾怀疑范雎偷偷把国家机密告诉了齐国，回后告诉了魏国宰相魏齐，魏齐十分愤怒，打断了他的胁骨和牙齿。范雎假装死了，魏齐派人用竹席将他卷起来，放在厕所中，让醉汉互相撒尿浇他。后来范雎把实际情况告诉了守卫，才得以逃生。后改姓名叫张禄，随秦国使臣王稽到了秦国，被推荐给秦国昭襄王，做了客卿，后封他做应侯。

《尚书·说命》中说："如果药不能使人昏昏欲睡，他的病就好不了。"这是高宗对傅说的指示。许名奎引用这句话来比喻那些人如果不能忍受难以忍受的事情，就不能成就大业。

受辱勿自悲，终生可有益

故为人结袜者为廷尉，唾面自干者居相位。噫，可不忍欤！

【译文】

为人系袜子的人做了廷尉，别人吐到脸上唾沫让它自己干去的做了宰相。唉，能不忍嘛！

【注析】

西汉时的张释之，字季，是南阳堵阳人。汉文帝时做廷尉。这时有个叫王生的，善于讲述黄老的一套理论，皇上曾经召他进宫，公卿都来了。王生回头对张释之说："替我系袜子。"张释之跪着为他系了袜子。

唐代的娄师德，字宗仁，郑州人。武则天时做江都尉，后升为平章事。他弟弟被提拔为代州刺史。娄师德对他说："兄弟们享受殊荣，受宠得很，这是人们嫉妒的，怎么能避免呢？"他弟弟回答说："从今以后，如果有人将唾沫吐到我脸上，我擦掉它罢了。"娄师德不安地说："这正是我忧虑的。别人将唾沫吐到脸上，是怨恨你，你擦它，正违反了他的意愿，加重了他的怒气。往你脸上吐唾沫，不擦它自己会干，应当笑着接受。"娄师德本着这种原则，做了三十年宰相。

【评点】

能否忍受来自不同方面的奇耻大辱，是检验一个人生存能力和气度的关键。有人宠辱不惊，奋发图强，终又东山再起；有人自甘沉沦，颓废消沉，无声无息。所以，厄运只能摧毁弱者而造就强者。

历史上忍辱负重而又成就大业者除上面所提到的外，还有一些典范。如司马迁在《史记》中曾写道："盖西伯拘而演《周易》；仲尼厄而作《春秋》；屈原放逐，乃赋《离骚》；左丘失明，厥有《国语》；孙子膑脚，《兵法》修列；不韦迁蜀，世传《吕览》；韩非囚秦，《说难》《孤愤》……"这正应了一位西方哲人贝弗里奇所言："人往往是在逆境中才能获得最出色的工作成果。"

所以，一个人在受到不公正待遇时，一是要争取改变逆境，二是要泰然处之，三是要利用这股压力，砥砺情操，潜心向学，也许，坏事可以变成好事。

十六　安之忍

【题解】

这个"安"字可以理解为安逸、安稳之意。本章指出，只有奋发图强，不断运动，才能保持青春活力。

居安思危，处乱思治

宴安鸩毒，古人深戒；死于逸乐，又何足怪。

【译文】

安逸的祸害像鸩酒一般毒，古人以此为戒；安逸享乐会让人死去，这又有什么奇怪的呢？

【注析】

《左传》闵公元年，管仲说："安逸的祸害像鸩酒一样毒，人们不能怀有享受安逸的心思。"这大概是狄人攻打邢国时，管仲向桓公说的这番话，说是不能怀着安逸为乐的心思而不去救邢国，以至祸害中国，也告诫人们小心不能怀有这种心思。

《孟子》说："天要把重大的使命交给一个人时，一定会先使他的心志受折磨，筋骨劳累肚肠挨饿……增加他所不能承受的。这样就可以让他知道在忧患中方能生存、安乐中就会死亡的道理。"这是孟子针对在田野中发现圣人舜，傅说从建筑工中被举荐的议论。但是忧患的人不一定就肯定能生存下去，忧患并小心谨慎，考虑问题深刻，才可以保全生命。安乐不一定就会导致死亡，但是安乐肯定会懒惰，放纵欲望，所以就有了会死亡的道理。

逸居无教，近于禽兽

饱食无所用心，则宁免于博弈之尤。逸居而无教，则又近于禽兽之忧。

【译文】

整天吃饱了饭，什么也不考虑，还不如去下棋。安逸地住着却没有受到教育，这让人忧虑他会不会近似于禽兽。

【注析】

《论语》中记载孔子说："整天吃饱了饭，什么也不考虑，不行啊！不是有下棋的吗？玩一玩也比闲着好。"这是说下棋虽不是贤能的事，也应当学一学，如果有事做不至于放荡行为，这也比一点事不做要好。

《孟子》中说："吃饱饭，穿暖衣，生活安逸却没有受到教育，这就接近于禽兽，圣人忧虑这件事，让契做司徒，教人们伦理道德知识。"这是说人都有遵守法度的本性，但没有教育就会放纵行为，安逸怠惰而失去约束，会离禽兽不远。

岁月如流，建功宜早

故玄德涕流髀肉，知终老于斗蜀。士行日运百甓，习壮图之筋力。

【译文】

刘备为自己腿长胖了而流泪，知道自己将要在蜀国老死。陶侃每天来回运一百个甓，为的是锻炼身体以实现壮志。

【注析】

三国时蜀国先主刘备，字玄德，有一天和刘表一起议事，去了趟厕所回来后，感慨地流下泪水。刘表奇怪地问他为什么。刘备回答说："过去经常身不离马鞍，大腿上的肉都消下去了。如今不再骑马，大腿上的肉都长起来了。日月像流水一样，老将至矣，但是功业还没建立，因此为这个感到悲哀。"

晋朝时的陶侃，字士行，本来是鄱阳人，后迁到庐江的浔阳。陶侃早年孤独贫穷，范逵向庐江太守推荐他，被任为主簿。后来升为广州刺史。他每天早晨搬一百块砖到屋外，晚上又搬回屋内。有人问他原因，他回答说，我正在为中原的事效力，过分悠闲安逸，恐怕不能担当这个重任，所以我坚持锻炼。后来，陶侃总督八个州，声名显赫。

人生一个勤字　胜却万斛珠宝

盖太极动而生阳，人身以动为主。户枢不蠹，流水不腐。噫，可不忍欤！

【译文】

太极运动就产生阳，人的身体以运动为主。转动的门轴不会生虫，流动的水不会腐臭。唉，能不忍嘛！

【注析】

周敦颐《太极图说》说："太极运动就产生阳，动到极点就会静止，静止后就产生阴，阴到极点又运动。一动一静，互为基础。"

北宋时的苏颂说："人一生在于勤劳，勤劳就不会贫穷。转动的门轴不会生虫，流动的水不会腐臭。"

唐朝孙思邈在《养性启蒙》中说："流水不腐臭，门轴不被虫咬，运动的缘故。"

【评点】

流水不腐，户枢不蠹，这个常理似乎人人皆知。但人本性中的那股惰性却总是拖着人静止不前，安于现状，墨守成规。所以管仲称那种以安逸为乐的，无异于毒性甚烈的鸩酒造成的危害。人生在于不断地进取，幸福也就在一个又一个新的目标的实现中降临。俗谚云：学如逆水行舟，不进则退。明智的人总是不断地给自己设计一个又一个新的超越的目标。须知我们是生活在这样一个时代：不前进即意味着倒退。

十七　危之忍

【题解】

临危不惧，处变不惊，是一个人勇气和智慧的体现。本章讲述了谢安、郭子仪等人如何镇定自若，转败为胜的。

临危不惧，方有大将之风

围棋制淝水之胜，单骑入回纥之军。此宰相之雅量，非元帅之轻身。盖安危未定，胜负未决，帐中仓皇，则麾下气慑。正所以观将相之事业。

【译文】

谢安下围棋时不为淝水之战而有所动，郭子仪独自一人骑马闯入回纥军中。这是宰相的雅量，并不是元帅看轻自己的安危。胜负安危还没有决定，主帅已经惊慌失措，那部下一定更害怕。从这里可以判断将相事业能否成功。

【注析】

晋朝的谢安，字安石，孝武帝时做太保。秦苻坚率领百万军队侵犯晋朝，用阳平公苻融等攻打寿阳，胜利后，进攻的士兵驻扎在洛涧、栅淮。谢安哥哥的儿子谢玄、谢石等害怕不敢前进。于是派刘牢之渡河先进攻，谢玄等带领军队横渡淝水，乘势追击，追到了青冈。秦军大败，互相践踏而死去的人布满山野，听见风声鹤鸣都以为是晋军来了。晋军俘获了苻坚乘坐的云母车和无数的仪服器械，接着又攻下了寿阳。捷报传到时，谢安正与客人下围棋。拿到驿站传来的信，知道秦军已失败，收起信放到床上，没有一点高兴的样子，仍然下围棋。客人问他，他缓缓答道："小孩子们已经打败了贼兵。"他的雅量是这样大。

唐朝郭子仪因为平定安史之乱功劳第一，封汾阳王、大元帅。唐代宗永泰元年，仆固怀恩引诱回纥吐蕃兵十万人入侵。皇帝亲自率领六军，驻扎在苑中，要城里的男人都去当兵。老百姓十分害怕，逃跑的人很多。皇帝要驾车到河中去，公卿都很震惊。郭子仪说："现在我们人少，难以战胜敌人。我过去和他们很好，不如我去劝说他们，可以不战而胜。"于是和几个人一块去了，快到回纥军营时，有人大呼"令公来了"，回纥人大惊，太师药葛罗拿着弓上了箭站在队列前。郭子仪不戴头盔，放下铠甲，扔掉枪刀，进入回纥军中。回纥的酋长们都下马，药葛罗向子仪跪拜，郭子仪下了马，和他们在一块饮酒，制定誓约后退回了。所以胡氏说："郭子仪轻骑去见虏兵，胜过了数万军队拼死血战的功劳，不只是虏兵不敢害他而又听他的话离去，而是他的忠诚信义足以感动人而建功立业。"谢安是晋朝的丞相，郭子仪是唐朝的元帅。谢安的镇定，郭子仪的雅量，真正值得崇尚，应当作为模范。

瞬息万变，正试英雄本色

浮海遇风，色不变于张融；乱兵掠射，容不动于庾公。盖鲸涛澎湃，舟楫寄家；白刃蜂舞，节制谁从。正所以试天下之英雄。噫，可不忍欤！

【译文】

在海中航行时遇到大风，张融面不改色；溃乱的军队掠夺射杀，庾亮神色丝毫不变。大浪澎湃，小船当作家；白刃乱舞，没有人可以控制。这正是用来考验天下英雄的时候。唉，能不忍嘛！

【注析】

南齐时的张融，字思光，吴郡人，年少时就很有名。他以船为业，曾经渡海到交州去，在海中遇到大风，始终没有害怕的样子。他一边游泳一边说："干鱼自己能回来，又何必还做肉脯呢！"他又创作《海赋》，文辞很诡怪激烈，和别人不一样。后来他到齐国做事，任参军。

晋朝的庾亮，孝武帝时做太尉。后来和苏峻作战时失败，率领手下十多人乘小船逃跑。敌人混乱中用刀乱砍，用箭乱射，结果误中船夫。全船人吓得面无人色，只有庾亮不动声色，慢慢地说："这只手还能和敌人搏斗。"众人才觉放心。大浪澎湃，把船只当作家，是说张融；白刃飞舞，镇定自若的，是指庾亮。说人能在这艰难险阻的危险时刻做到面不改色，才是真正的英雄豪杰。

【评点】

莎士比亚曾说："患难可以检验出一个人的品格，非常的境遇可以显出非常的气节。"谢安的雅量，体现在捷报传来时，仍然无动于衷。郭子仪的气量，体现在只身入敌营，生死置之度外。郭子仪曾对人言："大勇者，视天下无不可为之事，亦无不可胜之敌。"这是一个人成就大事业的必不可少的优良品德。

临大事而不乱，心中要有必胜的信心，有洞察全局的敏锐，有"明知山有虎，偏向虎山行"的勇气，有"舍得一身剐，敢把皇帝拉下马"的大无畏精神，当然，也需要粗中有细，审慎而后行，这样，才能如毛泽东所说："不管风吹浪打，胜似闲庭信步。"

十八　忠之忍

【题解】

岳母在岳飞的背上刺下"精忠报国"四字，彪炳千古。忠君爱国，化为了中国人的民族精神。中国历史上，历朝历代都有一批这样的英雄。故本章指出：忠肝义胆，千古不灭。不过，忠君这一封建伦理观现在是应抛弃的。我们今天忠于的应是我们的祖国，从这个意义上说，"精忠报国"，也还有其积极的意义。

为国尽忠，臣子大节

事君尽忠，人臣大节；苟利社稷，死生不夺。杲卿之骂禄山，痛不知于断舌；张巡之守睢阳，烹不怜于爱妾。

【译文】

侍奉君主，竭尽忠心，是做臣子的最大气节；如果对社稷有利，无论是死还是生也不能被夺去志气。颜杲卿骂安禄山，舌头断了也不知疼痛；张巡坚守睢阳，烹杀了爱妾给士卒吃也不怜惜。

【注析】

唐朝的颜杲卿，字昕，唐玄宗时安禄山听说他的名声很好，上表推荐杲卿做常山太守。后来安禄山谋反，杲卿率军讨伐叛军，河北各郡都响应他的号召。天宝十五年，叛军攻打常山，杲卿日夜和叛军交战，后来粮食吃完了，器械也用尽了，城池就陷落了。叛军将杲卿押到洛阳，安禄山数落他说："我奏请你做判官，没几年又升为太守，没有对不起你，为什么你反叛了我？"杲卿骂道："你本来是营州放羊的胡人，天子提拔你做三道节度使，有什么对不起你？我世代都是唐朝的臣子，俸禄官爵都是唐朝的，我虽然是你推荐的，难道能跟随你谋反？我为国家讨伐逆贼，恨不能杀了你去向皇上谢罪，怎么能叫反叛？你这个臊野狗怎么不快点来杀我！"安禄山十分愤怒，捆起他用刀割他的肉，他骂不绝口，以致割断了舌头，他还含糊不清地骂，直到死去。后来，他被封谥号为忠节。

唐朝的张巡，邓州南阳人，博览群书，先担任真原令，正值安禄山叛乱，他从雍上起兵讨伐叛贼。后来转移到睢阳，和许远一起守城，多次打败叛军。至德二年，叛军大将尹子琦率军长期围困睢阳，城中粮食吃完了，连茶叶和纸都吃光了，又捕捉麻雀，掘地挖鼠，又都吃尽了。张巡叫出心爱的侍妾，把她杀了煮后给兵士吃。城里人都知道一定会战死，但没有一个人叛变，剩下四百人。叛军登城后，张巡将士病得不能战斗。张巡面朝西跪拜道："臣力气用尽了。活着不能再报答陛下，死后变成厉鬼去杀敌。"睢阳城陷落了，张巡被俘虏，至死他仍面不改色。

忠肝义胆　千古不灭

养子环刃而侮骂，真卿誓死于希烈。忠肝义胆，千古不灭。在地则为河岳，在天则为日月。

【译文】

李希烈让养子千多人拿着刀团团围定颜真卿侮辱怒骂，颜真卿在李希烈面前誓死如归。这样的忠肝义胆，千秋万代，也不会消失。他们的精神在地上像河山，在天上像日月一样万古长存。

【注析】

唐朝的颜真卿，杲卿的弟弟，任平原郡太守。安禄山叛乱，颜真卿组织军队讨伐叛军，各郡都响应他的行动，颜真卿讨伐叛军有功，升为刑部尚书，因此被卢杞忌妒。唐德宗建中四年，正当李希烈谋反攻下了汝州时，皇上问卢杞有什么计策可打败叛军。卢杞回答说："如果有儒雅重臣去向叛军讲明祸福，可以不动用军队使敌人屈服。颜真卿是三代老臣，忠心刚直，名声四海皆知，人们都很信服，正是需要的人。"皇上认为说得对，就派颜真卿前去抚慰。到了后，颜真卿正准备宣读诏书，李希烈派千余养子围绕着他辱骂，并拔出刀比比划划，颜真卿面不改色。李希烈喝令部下退去，让他住下，以礼相待。这时正好叛军朱滔等人都派使节来见李希烈，督促他快点进攻。李希烈把颜真卿叫来，指给他看："四王推举我，不谋而同，我无法再推卸了。"颜真卿说："这是四凶，怎么是四王？"李希烈不高兴，在庭中挖了个坑，说要活埋他。颜真卿笑着对李希烈说："死生已经决定，何必多此一举，快给我一把剑，难道不更让你痛快！"李希烈见这样子只好向他谢罪没有杀他。颜真卿后来自己在叛军中吊死了，谥为文忠。

苏轼写《韩文公庙碑》说："在天上是星辰，在地上是河山。"这里许名奎先生用来比喻颜杲卿兄弟俩的忠义节气，张巡、许远为正义而死，写在史书中，不会被磨灭，难道不是忠肝义胆、万古同在吗？等到这些英灵升到天上，就像日月永放光明而不暗淡，落到地上，就像大河高山一样，奔流耸立而不消失。

莫忘生前身后名

高爵重禄，世受国恩。一朝难作，卖国图身。何面目以对天地，终受罚于鬼神。昭昭信史，书曰叛臣。噫，可不忍欤！

【译文】

享受很多的俸禄，身居很高的地位，世世代代承受国家的恩惠。一旦有患难发生，就卖国求荣。有什么脸去见天和地，最终鬼神也要处罚他。光明正大的史书，写着叛臣的名字。唉，能不忍嘛！

【注析】

《说苑·正谏篇》记载，苏从谏楚庄王说："担任君主的高官，吃着君主的重禄，爱惜生死而不敢进谏，这不是忠臣。"

一旦有患难产生，就卖国求荣，说的是宋朝秦桧这种人。秦桧是宋朝的右相，多次暗地里和金人私通。正当金兵分四路向南进犯时，宋将岳飞在郾城将他们打败，差一点抓住了金兀术。秦桧急忙要皇上把岳飞召回来，金兀术写信给秦桧说："一定要杀掉岳飞才行。"于是秦桧奏请杀掉岳飞和他的儿子岳云。所以吕中说："秦桧卖国求荣，千年之后，说到秦桧，人们都想吃他的肉，这样才能平息鬼神和人民的愤恨。"

五代时王彦章对庄宗说："臣承受梁朝的恩惠，非死不能报答。怎么能早晨侍奉梁朝，晚上又去侍奉晋朝，我活着有什么面目去见天下的人呢？"

最终被鬼神处罚的有唐朝的安禄山，他世世代代承受国家恩惠，做到了三道节度使，后来却谋反，导致瞎了眼，自己人互相残杀。

《新唐书·叛臣传》记载，高骈一家世代担任禁卫，经历了两朝三镇节度使，皇帝很器重他。这时正当黄巢作乱，高骈拥兵自守。没多久，两京被攻陷，高骈企图割据一方，被秦彦杀了。仆固怀恩、李怀光等也都世世代代接受朝廷的高官厚禄，后来都因背叛给斩杀了，都被列入了《叛臣传》。所以说："光明正大的史书，写着叛臣的名字。"正像楚国的梼杌，是百代的恶号。所以五代周太祖对唐主说："叛臣，天下人都痛恨他。"听到的人都应以此作为警戒。

【评点】

中国因为处于内陆，政治结构几千年来都相对稳定，所以中国人的集体意识中的"忠君爱国"思想较其它民族更为深刻。翻开中国历史书，这种"忧国忧民，忠君爱国"的人士如线穿珠，比比皆是。从屈原的"九死其犹未悔"到岳飞刺背明志，从文天祥"人生自古谁无死，留取丹心照汗青"的咏叹到康有为的"抚剑长号归去也，千山风雨啸青峰"的临别赠言，都表现出志士仁人的"忠义"精神，这种"忠义"精神是民族瑰宝，维系着中华民族的统一和团结，是应当发扬和推崇的。

但这种"忠义"思想也暴露出其中封建糟粕的一面。君叫臣死，臣不能不死，也不论这"君"是明君还是昏君。楚怀王听信上官大夫谗言，疏远屈原，顷襄王时，又因令尹子兰之忌，屈原又被流放到江南。他愤而写《离骚》，仍字字句句表白自己，希望有朝一日楚王能召他回宫。岳飞身在抗金前线，明知秦桧陷害他，却不顾众人劝阻，风波亭赴死。这是典型的愚忠行为。

封建统治已一去不复返了，在现代社会中，民主与法制为我们的提供了可靠的保证，我们应当摒除封建的愚忠，忠于祖国，忠于人民，在宪法和法律的范围内，维护正义和公平。在关键时刻，为了祖国和人民的利益，赴汤蹈火，视死如归，这才是大忠大义。

十九　孝之忍

【题解】

孝，一般指好好敬重服侍父母的儿女，也推及对待兄弟的态度。《论语·为政》："孟懿子问孝，子曰：'无违。'"《新书·道术》："子爱利亲谓之孝。"本章便指出"父母之恩与天地等"，如果不孝，则"国有刀锯，天有雷霆"。本章所列，虽有封建伦理的负面因素，但提倡对父母、长辈的孝敬，却是千百年来中华民族的美德。

恩德浩荡，养育之亲

父母之恩，与天地等。人子事亲，存乎孝敬。怡声下气，昏定晨省。

【译文】

父母的恩情，天地一样广大。子女服侍父母要孝顺尊敬。轻声细语，和悦亲切，晚上让父母安寝，早晨向父母请安。

【注析】

《诗经·小雅·蓼莪》篇中说："父亲生下了我，母亲哺育了我……出去回来都抱着我，如今要报答父母的恩德，但这恩德就像天一样浩瀚无边。"朱熹说："父母的恩情是这样大，想用德报答他们，但他们恩情太大，天一样，不知道怎样去报答。"

《礼记·内则》说："子女侍奉父母，媳妇到公婆住所，到了地方后，要轻言细语，说话悦耳动听。"《曲礼》说："凡为人子者，冬温而夏清，昏定而晨省。"说的是孩子侍奉父母的道理，冬天要为他们御寒，夏天要让他们清凉，晚上铺好席子，早晨起来要问好。

最难做儿子的舜

难莫难于舜之为子。焚廪掩井，欲置之死。耕于历山，号泣而已。

【译文】

做儿子的没有比舜最难的了。他的父母焚烧仓库，掩埋水井，想把他置于死地。对此，舜也只是在历山耕种，自己哭泣罢了。

【注析】

舜，是虞帝的名字，姓姚，是瞽叟的儿子。他的父亲凶顽，母亲很坏，弟弟很傲，但舜能够尽孝。

孟子的弟子万章说："舜的父母让他把仓廪修好，却搬走了梯子，他的父亲瞽叟放火烧了仓廪；让他淘井，却用土把井填起来。"据说，瞽叟想杀掉舜，让舜修好仓廪后又抽去了阶梯，从下面放火烧掉了仓廪，舜凭着两只斗笠落下才没有摔死。后来又派舜掏井，下去之后，瞽叟和后妻生的儿子象一块填土到井里，以为把舜杀了。舜从隐藏的空隙中爬出来，又得以不死。

《大禹谟》说：舜当初在历山时，到田里去耕作，每天对着上天哭泣，替父母分担罪行，自我引咎……

做儿子的要忍耐

冤莫冤于申生伯奇。父信母谗，命不敢违。祭胡为而地坟，蜂胡为而在衣？

【译文】

冤枉莫过于申生伯奇。父亲听信母亲的坏话，但也不敢违背父亲的命令。祭祀的肉为什么使地上耸起一座坟，蜜蜂为什么伏在衣服上？

【注析】

春秋时的申生，晋献公的太子。晋献公攻打骊戎，得到了一个戎女，就立他为骊姬。骊姬生了一个儿子奚齐，很受到宠爱，骊姬想立奚齐做太子。她向献公说太子申生的坏话。献公让申生到曲沃居住，公子重耳到蒲城居住，公子夷吾到屈居住。《左传》僖公四年，骊姬想害死太子申生，就对太子说："献公梦见齐姜，你一定要赶快祭祀她。"太子在曲沃祭祀，把祭肉送给献公。献公正在外面打猎，骊姬把肉放在那里。六天后献公来了，骊姬把肉放上毒药献给他。献公用肉祭祀土地，地上耸起了一座坟。骊姬哭泣说："这是太子要害你。"太子只好逃到新城。献公杀掉了他的师傅杜原款。有人对太子说："你分辩一下，君王会明白的。"太子答道："君父没有骊姬就会睡不好、吃不饱。我如果告诉父亲，骊姬必定有罪。父亲已经老了，我本来就不快乐。"于是，他就自己吊死在新城。

尹伯奇，是周朝的卿士，尹吉甫的儿子。侍奉后母十分尽心，他没有衣服和鞋子穿，在雪地上为后母拉车子。后母取去蜂毒将蜜蜂系在衣服上，伯奇看见后，上前想为母亲打走蜜蜂，不料母亲大叫道："伯奇在拉我的衣服。"吉甫因此怀疑伯奇。伯奇无法说明白，因此自杀了。

父顽母嚚，宜当慎处

盖事难事之父母，方见人子之纯孝；爱恶不当疑，曲直何敢较？

【译文】

服侍难以服侍的父母，才看出孩子的真正孝心；不应怀疑父母喜欢和厌恶不当，是非曲直又怎么能去计较？

【注析】

《中庸》里称赞舜是大孝，为什么呢？皆因舜遭到人伦的变化，父亲凶顽，母亲很狠毒，最是为难的事，舜能够尽心侍奉而心中无怨气，别人实在难以做到。所以说："服侍难以服侍的父母，才能看出孩子的真正孝心。"舜、伯奇、申生虽然得不到父母的爱，可他们赡养父母的孝心终身不减弱。难道这不叫真正的孝心吗？

《孟子·万章》说："父母如果喜欢他，他应高兴，永不忘记；父母如果厌恶他，他应勤劳服侍而不怨恨。"

晋国公子重耳因骊姬说坏话而出逃蒲城，后来骊姬又在献公面前说重耳的坏话，派兵讨伐重耳。重耳说："父亲大人的命令不敢计较。"就翻墙逃走了。

子不孝，非所宜

为子不孝，厥罪非轻；国有刀锯，天有雷霆。噫，可不忍欤！

【译文】

做儿女的不孝顺父母，那罪过可不轻；国家有刀锯之法，上天有雷霆震怒。唉，能不忍嘛！

【注析】

《孝经》说："五刑的条款有三千，而最大的罪行是不孝。"所以说"那罪过不轻"。《汉书·刑法志》说："大刑用的是军队，其次用的是斧钺，中刑用的是刀锯。"

【评点】

孝敬父母，是中华民族的美德。正如《诗经》中所写："父兮生我，母兮鞠我。抚我畜我，长我育我，顾我复我，出入腹我。欲报之德，昊天罔极！"

母亲十月怀胎，一朝分娩。辛勤哺育，沤心沥血。我们做儿子的，如果对父母不恭敬，不体贴，便会辜负了他们数年的希望。所以如《诗经》中所写的，父母的恩情像天一样广大，不知道怎样去报答。唐朝诗人孟郊在《游子吟》中曾咏道："慈母手中线，游子身上衣。临行密密缝，意恐迟迟归。谁言寸草心，报得三春晖。"

当然，子女孝顺父母还不仅仅表现在衣食住行上，子女只有在事业上获得成功，父母才会觉得欣慰。作为儿女，这比送给父母金钱和礼物更为重要。

二十 仁之忍

【题解】

仁，是古代儒家的一种含义极广的道德范畴。孔子把"仁"作为最高的道德原则、道德标准和道德境界。他认为"仁"的内容包括恭、宽、信、敏、惠、智、勇、忠、恕、孝、悌等内容，用"己所不欲，勿施于人"和"己欲立而立人，己欲达而达人"为实行"仁"的途径，孔子的"仁学"在哲学性质上属于唯心主义，政治上倾向于保守，但"仁"的思想也有它积极的方面。本章便强调人们要从主观上注重道德修养，"诚心求仁，仁则不远"。

吾日三省，仁义自见

仁者如射，不怨胜己。横逆待我，自反而已。

【译文】

为仁的人就像射箭，不能责怪胜过我的人。别人粗暴地对待我，自己一定要反省有什么地方不对。

【注析】

《孟子》说："为仁的人就像射箭，射箭的人先端正自己，然后发箭。发了箭没有射中，不能怪胜过自己的人，应当反过来责备自己。"这是孟子勉励人为仁的教导。

《孟子》说："有人在这儿，他非常粗暴地对待我，我一定反过来自省：

我一定是有不仁的地方，不仁就会没有礼数。不然他怎么会这样对我呢？"这是孟子勉励人反省自己、修身成仁的教导。

人欲万端，难灭天理

夫子不切齿于桓魋三害，孟子不芥蒂于臧仓之毁。人欲万端，难灭天理。

【译文】

孔夫子不因为桓魋的迫害而诅咒他，孟子对臧仓的诋毁不放在心上。人的欲望虽然很多，但难以灭掉天理。

【注析】

赵岐说："宋国桓魋想陷害孔子，孔子称：'天降德给了我。'鲁国臧仓说坏话阻拦了孟子，孟子说：'臧氏那小子，怎么能使我不见鲁侯呢！'"

孔子到宋国去，和弟子在大树下学习礼教，桓魋恼怒了，派人砍了那棵树，孔子只好离开宋国，所以《论语》中孔子说"天降德给了我，桓魋对我又能怎么样"，是说上天既然已经赋予了我贤德，桓魋怎么也奈何不得我。圣人度量大，待人雍容大方到这样。臧仓是鲁平公的宠臣，《孟子》记载鲁平公将去见孟子，臧仓对平公说："孟子给他母亲办的丧事比给他父亲办的还要隆重。您不要去见他。"鲁平公答应了他。这时刚好有孟子的弟子叫乐正克的告诉孟子说："我先见到了鲁君，鲁君就要来见你，有宠臣臧仓从中阻止，所以就没来。"孟子说："我没有遇见鲁侯，这是天意。臧氏那小子，难道能让我不见吗？"这是说，靠自己是凭道义，靠上天是命中注定。孟子是注意修养自己的，听从天命的，没有一点怨恨留在心中。砍树、说坏话阻挠人家见面，这是人欲；修行并听从天命的，是天理。仔细斟酌一下人欲怎么能够灭掉天理呢！

贾谊《鹏鸟赋》中说："有道德的人没有负累，知道自己命运而不忧虑；那些细枝末节的小事，怎么会让人生疑？"

刚易折，柔难毁

彼以其暴，我以吾仁；齿刚易毁，舌柔独存。

【译文】

你凭的是横暴，我靠的是仁义。牙齿刚强却容易毁坏，舌头柔韧却独自存在。

【注析】

孟子引用曾子的话说："晋楚的富饶我们比不上，但你靠的是暴富，我凭的是仁义。"这是孟子引用这句话来回答景丑氏。说是过去曾子谈到晋楚二大国，你依靠富有，我却靠的是仁。意思是为仁的怎么能屈服暴富的呢！

《说苑》中记载：常枞有病，老子去看望他，常枞张开口问老子："我的舌头在吗？"老子回答说："在。难道不是因为它柔软吗？"又问："我的牙齿在吗？"老子回答说："没有了。难道不是因为它刚强吗？"常枞说："天下事物的道理都说尽了。"如果用刚强的比喻暴富，柔软的比喻仁义，那么刚强的容易坏，柔软的将独自存在。

诚心求仁，仁则不远

强恕而行，求仁莫近；克己为仁，请服斯训。噫，可不忍欤！

【译文】

鼓励自己以忠恕之道去行动，那么寻找仁就没有比它更近的了。为了仁要克制自己的欲望，请记住这个教导。唉，能不忍嘛！

【注析】

《论语》记载颜渊问关于"仁"的问题。孔子回答说:"克己复礼是仁。如果能做到这一点,普天下就归向仁了。"颜渊说:"我虽然不聪明,愿意照你的教导去办。"这是说如果能克制私欲,使自己合乎礼,就是仁了。如果能做到这样,那么普天下的人都能归向仁。孔子又告诉他为仁的要求是:"不合乎礼的东西不要看,不合乎礼的话不要听,不合乎礼的话不要说,不合乎礼的事不要做。"颜渊领会这其中的道理,回答说我虽然不聪明,但愿尽力去实践您的教导。

【评点】

"仁"是儒家思想的核心,它之所以对中国文化产生深远的影响,是因为孔子把整个社会的道德规范集于一体,形成了以"仁"为核心的伦理思想结构,这对于形成中国人的人格产生了某些积极意义。历代志士仁人,"富贵不能淫,贫贱不能移,威武不能屈","无求生以害仁,有杀生以成仁",这种舍生取义的道德操守,成了他们献身精神和牺牲精神的支柱,直到现在仍积淀在中华儿女的思想意识中,因而它实际上已经超越了阶级的局限而成为我们民族的优良品质。

"仁"既然是人们追求的理想境界,那它并非高不可攀,深不可测,只要自己自觉追求,就可以达到。《论语》中说:"我欲仁,斯仁至矣。"荀子也曾说:"圣可积而致,途之人可以为禹。"这种肯定道德选择的主观努力作用,在启迪个人自我意识的觉醒上,有一定的积极意义。

但正如我们前面所说,孔子的"仁学"思想体系有它的二重性。当时,他认为"仁"只有贵族阶级的"君子"中的大多数能够实行,而"小人"——奴隶,由于没有知识,就失去了实行"仁"的条件。他所认为的"仁"的道德准则,是要按奴隶制的原则办事。否则,就达不到"仁"的理想境界。从今天来看,孔子带有一定的阶级偏见,政治上是代表奴隶主阶层的利益。

　　今天，我们理解孔子的"仁学"，要批判其糟粕，汲取其合理成分，在建设精神文明中继承前人的一切优秀成果——包括儒家的仁学思想。

二十一 义之忍

【题解】

义,儒家的伦理范畴,是指思想和行为要符合一定的标准。孔子最早提出"义"——"君子喻于义",孟子进一步发挥了"义",提出"大人者,言不必信,行不必果,唯义所在"(《孟子·离娄下》)。成为封建道德的核心。所以本章指出:义是处理一切事物的最高标准,含有正义、公正、正当的意思。

品德的根本,伦理的原则

义者宜也,以之制事。义所当为,虽死不避;义所当诛,虽亲不庇;义所当举,虽仇不弃。

【译文】

义是适当的意思,用它来处理事务。按照义这个原则应当做的,即使是死也不回避。按照义这个原则应当杀的,即使是亲戚也不庇护;按照义这个原则应当推荐的人才,即使是仇人也不舍弃。

【注析】

义是心中处理事物适当的原则。《尚书·仲虺之诰》说:"按照义来处理事物,按照礼来修身养性。"是说用义来处理事情,事情就能得到适当处理;按照礼来修身养性,心志就很正。

西汉时的谷永,汉成帝时做光禄大夫,他上书王音说:"应当早晚刻苦地遵守伊、吕的大德，杀坏人不回避自己的亲戚，选拔贤人不回避自己的仇人。"这是要王音明白，人立信四方，认真履行这三种行为，就可以长期担任这个重要职务。

《武经七书·文韬》中太公对文王说："你憎厌的人有了功劳，一定要赏赐他；你喜爱的人犯了罪，你一定要惩罚他。"

上面几句话，前面是说义的体，后面是说义的用。体用结合，没有什么办不到的了。

外不避仇，内不避亲

李笃忘家以救张俭，祈奚忘怨而进解狐。

【译文】

李笃忘却自家的安危去救张俭，祈奚忘掉私恨推举解狐。

【注析】

东汉时张俭被人诬陷是叛党中人，灵帝建宁二年时再次抓捕乱党，张俭逃跑时十分困窘，看见人家就投奔。大家都看重他的名行，宁愿家破人亡也收留他。后来他辗转逃到东莱，住在李笃家。外黄令毛钦率兵到他家，李笃把毛钦引进屋，说："张俭天下知名，他逃命是因为没有犯罪。现在即使找到他，你忍心抓捕他吗？"毛钦站起来抚着李笃说："蘧伯玉以自己独做君子为耻，你怎么独自履行仁义？"李笃笑着说："我虽然喜好仁义，你拿一半去吧！"毛钦叹息着离开。李笃领着张俭逃到塞外，他所经过的人家，被诛杀的有十几人。等到党禁解除时，张俭才回到乡里。

《左传》襄公三年，晋国祈奚，在晋悼公时是中军尉，他请求养老还乡。悼公问谁能继任他的职务，祈奚推举解狐，说他能担当这个职务。解狐是祈奚的仇敌，为了国家，他忘掉私仇推举善任的人。

《新序》记载：晋君问谁能继任他的职务，祈奚回答说："解狐可以。"晋君说："他不是你的仇人吗？"祈奚说："君王问的是谁可以继任，又没问谁是我的仇人。"又说:"举荐外人不避仇人,举荐自己人不能避开亲戚。"

执法不严,孰如无法

吕蒙不以乡人干令而不戮,孔明不以爱客败绩而不诛。

【译文】

吕蒙不因为是同乡人违犯命令而不杀,诸葛亮不因为是喜欢的将领失败了而不杀。

【注析】

三国时的吕蒙,字子明。到吴国做事,任偏将军。孙权派吕蒙偷袭江陵,吕蒙下令军士不能在经过老百姓时有什么要求。这时恰巧部下有一个同郡人拿了老百姓的一个斗笠,盖在公家的铠甲上。虽然是因公,吕蒙仍然认为违犯了军令,不能因为是同乡的缘故而废弛法令,于是流着泪斩了他。军中十分震惊,后来都做到了道不拾遗。

三国时蜀国的诸葛亮,字孔明。后主建兴六年,诸葛亮派参军马谡率领军队和魏右将军张郃在街亭作战。马谡违犯了诸葛亮的部署,行动不当,离开了水源驻扎在山上,被断绝了取水道路,张郃打败了他。诸葛亮召回马谡杀掉了他。他亲自去祭奠,流着眼泪,抚养他的遗属,对待他们像自己孩子一样好。蒋琬对诸葛亮说:"过去楚国杀了大臣,晋文公十分高兴。现在天下还没平定却杀了有智有谋的人,难道不可惜吗?"诸葛亮流着眼泪说:"孙武能够战胜天下,是因为法度分明。现在国家四分五裂,战争刚开始,如果废除法令,用什么去讨伐敌人呢?"开始诸葛亮认为马谡才干智谋超过别人,十分器重。刘备死前对诸葛亮说:"马谡说话超过实际,不能重用,你应认真考察他。"诸葛亮没把这话放在心上,任马谡为参军,从早到晚,经常和他讨论。诸葛亮杀掉了马谡,人们都说,马谡是诸葛亮平时熟知的人,到他打败仗,诸葛亮流泪把他杀了,而且抚恤他的后代,这真是为政没有私心呵。后来陈寿写《三国志》称赞诸葛亮:"为政开诚布公,公正尽忠。对时世有用的人,即使是仇人也赏赐，违犯、不及时执行法令的即使是亲人也要诛杀。"

大义灭亲才被人称颂

叔向数叔鱼之恶，实遗直也。石碏行石厚之戮，其灭亲乎？

【译文】

叔向列举叔鱼的罪恶，这实在是古代留下来的正直的人。石碏亲自杀掉石厚，是大义灭亲。

【注析】

《左传》昭公十四年，晋邢侯和雍子争夺鄐地的田地，很长时间都没有个结果。狱官景伯到了楚国，叔鱼掌握事务，韩宣子让他判决旧案子，他判决雍子有罪。雍子把自己的女儿送给叔鱼，叔鱼对邢侯掩盖了雍子的罪行。邢侯大怒，在朝廷上杀了叔鱼和雍子。韩宣子向叔向询问他们的罪行，叔向回答说："三人一样的罪。雍子知道自己的罪行而贿赂买通法官，叔鱼出卖法令，邢侯独断凶杀，他们的罪行是一样的。自己很坏却抢夺人家的好处，这是昏；贪污而败坏官家，这是墨；杀人而毫无顾忌，这是贼。《夏书》说：'昏墨贼杀，是皋陶的刑法。'请听从这个。"于是就杀了邢侯，把雍子和叔鱼的尸首暴露在集市上。孔子说："叔向，是古时候留下来的正直的人。治理国家，制定法律，多次列举叔鱼的罪恶，不因为是一家人而减去一点，这叫'义'。这可以说是正直啊！"史书称叔向治理国家，制定法律，不替亲人隐瞒，这叫"义"。

《左传》隐公三年，卫国庄公的儿子州吁，是姬妾生的，极受庄公宠爱，又喜欢带兵，庄公也不阻止他。石碏进谏道："我听说喜爱孩子就用正确的方法教导他，不要让他走入邪道。"庄公不听。平时，石碏的儿子石厚常和州吁一起游玩。四年，州吁杀掉了桓公自立为王，但不能使人民安定。石厚问石碏怎样才能使君主安定，石碏说："大王应当自己去考察一下为好，陈国和卫国都很和睦，如果去陈国，一定可以得到方法。"石厚和州吁去了陈国。石碏派人告诉陈国说："这二人就是杀害桓公的人，请考虑捉住他们。"陈国人把他们捉住了。卫人让右宰丑在濮地把州吁杀了，石碏派遣宰獳羊肩在陈地把石厚杀了。《左传》称赞说："石碏是纯臣啊。痛恨州吁也跟着痛恨儿子石厚。大义灭亲，说的就是这样的吧！"

行一不义而得天下也莫为

当断不断，是为懦夫。勿行不义，勿杀不辜。噫，可不忍欤！

【译文】

应当决断而不决断，这是一个懦夫。不要去做不义的事，不要去杀无辜的人。唉，能不忍嘛！

【注析】

懦夫指柔弱的人，就是《论语》中所说的"看见维护正义的事不去做的，是没有勇气的人"。南宋王僧绰说："应当决断而不决断，反而遭受更大的混乱。"

《孟子》说："做一件不义的事，杀掉一个无辜的人而获得天下，也不去做。"这是公孙丑问伯夷、伊尹、孔子三个圣人的道有哪些不同和相同时，孟子这样回答他的。意思是说如果做了一件不义的事，杀了一个无罪的人，虽然获得了天下最为重要最为富有的地位，也不去做。这大概是把义当成端正思想的主心骨。

【评点】

"义"是儒家的最高道德标准之一。虽然这种封建道德是为了维护封建伦常，其理论前提多出于忠君孝亲，但在几千年的社会发展中，它已经演化成了我们民族性格之一，已经远远超过了封建伦常的拘囿。从上面列举的李笃、祁奚、吕蒙、孔明等人来看，他们真正做到了"义所当为，虽死不避；义所当诛，虽亲不庇；义所当举，虽仇不弃"。他们的行为即使用今天的标准来衡量，也仍然让人景仰。

在市场经济发展的今天，社会上不可避免地会出现"拜金主义"的浊流，尽管我们不提倡那种纯精神的人格完善，但也要警惕"金钱至上"的腐蚀和威胁。在这种背景为前提下，我们应当肯定"义"这一传统道德。在"义利之争"面前，应有孟子倡导的"舍生取义"的高尚情操。宋代邵雍写过一首《义利吟》："君子尚义，小人尚利；尚利则乱，尚义则治。"在市场经济的大潮裹挟之时，我们应当保持清醒的头脑。如同孟子所说："万钟则不辨礼义而受之，万钟于我何加焉？"

二十二　礼之忍

【题解】

礼，泛指我国古代社会的典章制度和道德规范。春秋时的政治家子产最早把它作为人们行动的规范，孔子则把礼当作"仁"的目的和规范，提出"克己复礼"这个口号。我们今天所谈到对人的要求只是"礼"的涵意之一。本章列举了古代一些遵循礼义的人的范例。

规范人心，定国安邦

天理之节文，人心之检制。出门如见大宾，使民如承大祭。当以敬为主，非一朝之可废。

【译文】

礼是上天意志的体现，是规范人心的标准。出门时要恭敬礼貌，待人如同见长者，领导民众如同身临祭祀一般。应当以尊重为主，礼一天也不能废除。

【注析】

礼是圣人继承上天意志、树立楷模、垂教后世的规范，没有东西能在礼之前的。因为人心是一样的，制定赏罚，使上下等级分别，狂傲的人不能长久，快乐的人不能过头，一点一滴都不超过礼。这是君子恭敬、守节、退让来明晓礼义。所以说："礼是上天的意志的表现，是人心的规范。"

《乐记》说："礼是用来节制民心的。"

《论语》中孔子说："出门要像接待贵宾一样恭敬，役使百姓要像承办大典一样谨慎。"这是回答仲弓询问仁的话。大宾，不是爵位很高的人，是德高年迈的尊者，都是按礼应当敬重的。大祭不是仿效社祭的礼义，是谛祭、尝祭的意思，也都是按礼应当尊敬的。

《孝经》说："使国家安稳，人民生活得很好，没有什么比礼更适当的了。礼就是尊敬。"

《礼记·曲礼》说："不要不尊敬。"《乐记》说："礼一会儿也不能离开我们。"所以说："礼不是一朝就可以废除的。"

有礼之人人皆敬

钮麑屈于宣子之恭敬，汉兵弭于鲁城之守礼。

【译文】

钮麑被宣子对君主的恭敬所屈服，汉朝军队感叹鲁城军民为主人守节而打消了屠杀的念头。

【注析】

《左传》宣公二年，晋灵公做事不像君主，宣子多次进谏，灵公十分讨厌他，就派钮麑去杀他。钮麑早晨去的时候，宣子睡屋的门已经打开了。他穿好衣服正要去朝见君主，趁天色还早，他就坐在那儿养神。钮麑退下去叹息道："他不忘记对君主的恭敬，是人民的主人。残害人民的主人，这是不忠；但丢弃君主的命令，这是不信。既然这样，不如死了吧。"他于是就在槐树上撞死了。

汉高祖五年，天下初定，只有项羽的封地鲁城还没攻下。汉军想去屠杀鲁城，但到了城下，还听见里面弹琴朗诵的声音，看样子是在为主人守节，汉军就拿着项羽的头给他们看。城里的人民见主子都死了，才投降。

尊重礼义的人受到器重

郭泰识茅容于避雨之时，晋臣知冀缺于耕馌之际。

【译文】

郭泰在避雨的时候认识了茅容，晋国大臣在冀缺妻子送饭的时候发现了他。

【注析】

东汉时的茅容，字季伟，陈留人。四十岁时，在田里耕作，碰到下雨，和同伙们一起在树下避雨。众人都歪坐着，只有茅容正襟危坐，十分恭敬。太原人郭泰，字林宗，看见后十分奇怪，就和他谈话。茅容请郭泰到家中去住。第二天早晨，茅容杀了一只鸡做菜，郭泰认为是给他做的，鸡做好后，却送给了他的母亲。自己和客人只用蔬菜一起喝酒。郭泰起身向茅容行礼，说："你贤德啊，超过我很远了。我郭泰尚且减少父母的供养来招待宾客，你能够这样，真是我的朋友啊！"他劝茅容认真学习，茅容最终成就德业。

《左传》僖公三十三年，晋国郤缺（即冀缺）俘获了白狄的儿子。当初，臼季奉命出使，经过冀，看见郤缺在除草，他的妻子送饭给他吃，十分尊敬，互相客人那样对待。臼季就和郤缺一块回了晋国，告诉晋文公这件事，并说："对人尊敬，是积德。如果能尊敬别人，一定就有德；德是用来治理人民的。请您使用他。我听说，出门如同迎见宾客，做事如同去祭祀。"文公任用他为大夫。这一年晋襄公派郤缺讨伐白狄的首领，果然立了大功。

懂礼的人垂范后世

季路结缨于垂死，曾子易箦于将毙。噫，可不忍欤！

【译文】

季路临死不忘系上冠缨，曾子快死时更换睡席。唉，能不忍嘛！

【注析】

季路，字子路，孔子的弟子。《左传》哀公十五年记载，卫太子蒯聩从戚进入了卫国，在厕所里，强迫孔悝结盟，挟持他登上了高台宣誓。有人告诉了子路，子路正打算进门时，门已经关上了。公孙敢在守门，说："不要进去！"子路说："得到了好处就逃跑避难，你快滚！我不能这样，我享受他的俸禄，一定要救他出去。"有人出门时，子路就趁机进去了。太子知道了，就派石乞、盂黡和子路战斗。子路用戈刺他们，被打断了冠缨。子路说："君子死了，帽子也不能掉了。"他系好冠缨从容地赴死了。

《礼记·檀弓》记载：曾子病了，躺在那儿。乐正子春坐在床边的地上，曾元、曾申坐在床脚边，童子拿着蜡烛坐在角落里。童子说："雕饰那么美，又那么光滑，这是大夫的席吧！"曾子说："这是季孙赠给我的，我还没来得及更换。"曾子起身换了席子，说："我得到了符合身份的。"然后就倒地死了。大概换去席子，免除了超越身份的礼节，符合了自己的身份。子路、曾子将死时，都不敢忘掉了礼数，这是可以垂范后世的，遵守礼的人应当以此共勉。

【评点】

中国是礼义之邦，我们前边提到的春秋政治家子产，曾高度概括"礼"是"天之经也，地之义也，民之行也"。另一位政治家管仲则把"礼"和"义""廉""耻"称为支撑国家大厦的柱子。他认为，"四维不张，国乃灭亡"。孔子对"礼"进行全面阐述后，要求人们"非礼勿视，非礼勿听，非礼勿言，非礼勿动"（《论语·颜渊》）。荀子也很重视"礼"，把"礼"当作节制人非分欲望的最好办法。当然，历代哲学家重视"礼"，其中不乏积极因素，但总是从维护奴隶社会和封建社会的统治出发。我们今天强调"礼"，是希望发扬"礼"的道德力量，用来规范行为，加强自身修养，从我做起，做一个有益于社会和他人的高尚的人。这和孔子所提倡的宗法奴隶制的礼制规范并不完全是一回事。

二十三 智之忍

【题解】

一位西方哲人说过："缺乏智慧的灵魂是僵死的灵魂。"大文学家巴尔扎克也称："聪明才智是拨动社会的杠杆。"但本章却告诉人们：聪明才智不要外露。内秀于心，可以成大事。锋芒毕露，易遭嫉妒。实际上是告诉人们，要使自己的聪明才智得以发挥，应当注意方式方法，切不可目空一切，所谓大智若愚者是也。

智小谋大，先敌受害

樗里晁错，俱称智囊，一以滑稽而全，一以直义而亡。

【译文】

樗里和晁错都被人称作智囊，一个因为能言善辩，圆滑乖巧而保全，一个因说直话而被杀。

【注析】

战国时的樗里子，是秦惠王的弟弟，名疾，住在樗里，故名(还有人叫他秦令樗里疾)。秦人称他是"智囊"。昭王七年，樗里子死了，葬在渭南章台的东边，留下遗言说："百年以后，这儿会有天子的宫殿两边夹着我的墓地。"到了汉代，建长乐宫在东边，未央宫在西边，而武库正对着他的墓。秦人谚语说："论力气，有任鄙；论智慧，有樗里。"

西汉时的晁错，颍川人。汉景帝做太子时，晁错担任家令，受到重视，也称作"智囊"。景帝即位后，晁错任御史大夫。当初文帝在的时候，吴王濞假称有病不上朝，晁错多次说吴王有过，可杀。文帝不忍心。到了景帝即位后，晁错又说："吴王引诱天下逃亡的人，企图谋反。现在削弱他的势力也是反，不削弱他的势力也是反。削弱了他立即谋反祸害小，不削弱他谋反晚祸害更大。"又说："楚、赵二王有罪，削去一郡，胶西王有罪，削去六个县。"结果等到景帝接受晁错建议削弱他们势力的时候，这七个国家一同造反。晁错平时和袁盎关系不好，正值上朝，皇帝问袁盎："你有什么计策吗？"袁盎回答说："撤去左右的人。"皇上撤下了左右人后，只有一个晁错还在。袁盎又说："我说的话，大臣不能够知道。"就让晁错也退下了。袁盎这才说："吴国、楚国先后送信来说，晁错擅自支配诸侯领地，削弱夺走他们的土地，所以才造反。只有杀了晁错，恢复诸侯原来的封地，军队才能不流血而返回。"于是，景帝将晁错在东市腰斩了。班固说："晁错小才能，智慧少却谋划大，祸害像机弩发射弓箭，他自己比敌人还先受害。"其实，这种评价不全面。晁错被杀，一是景帝削藩时机、方式不妥，二是景帝为了个人利益，抛弃了晁错，晁错成了牺牲品。

藏才隐智，任重道远

盖人不可无智，用之太过，则怨集而祸至。故宁俞之智，仲尼称美；智不如葵，鲍庄断趾。

【译文】

大概人不能没有智谋，过分使用，便招致怨愤，这样祸害就降临了。所以宁俞的智谋孔子认为使用得最恰当；智谋不如用叶子护住自己根的葵菜，鲍庄子就被砍断了脚。

【注析】

这是说人不能没有智谋，但如果使用智谋太多了，那么别人就都怨恨他，这样就自身遭祸。

宁俞，就是宁武子，是卫国的卿士。《论语》记载，孔子说："宁武子在国家太平的时候就聪明，在国家混乱的时候便装傻。他的聪明别人可以赶得上，他装傻就赶不上了。"据《左传》载，僖公二十八年冬，晋国在温地和诸侯相见，卫侯和元咺争吵，宁武子当时是辅助，卫侯没有获胜。晋人把卫侯捉起来带到京师，放到地牢里面，宁武子任务是送饭送衣。僖公三十年，晋侯派医衍毒死卫侯，宁武子贿赂了医衍，让他把毒药放少些，卫侯没有死。秋天时，晋人释放了卫侯，卫侯才得以返回卫国。

《左传》成公十七年记载，齐国大夫庆克和齐灵公母亲声孟子私通，他和这妇人蒙着衣服坐车进入宫中，鲍庄子见了，把这件事告诉了国武子。国武子去叫庆克来和他讲话。庆克很长时间不出来，并且告诉夫人说："国武子要处罚我。"夫人大怒。后来国武子帮助灵公和别国相会，高无咎和鲍庄子担任警卫。返回时，在将要进门时，夫人将城门关上，逐一检查过往行人。声孟子向灵公告状，说："高无咎和鲍庄子不让君入城，想立公子角为公，国武子知道这个阴谋。"这年秋七月壬寅这一天，灵公下令砍了鲍庄子的脚。孔子说："鲍庄子的智慧还不如葵菜，葵菜还能护住自己的根。"

智者以愚为贵

士会以三掩人于朝，而杖其子；闻一知十之颜回，隐于如愚而不试。噫，可不忍欤！

【译文】

士会因为儿子士燮在朝廷上三次反驳人家不懂谦让而用木杖打他，而听到一件事就能知道十件事的颜回，同孔子说话时从来不反驳，好像很笨一样。唉，能不忍嘛！

【注析】

春秋时的士会，就是范武子。士会的儿子士燮就是范文子。他家世世代代担任晋国的卿士。《国语》记载：范文子晚上退朝，回家后，范武子问："怎么回来这么晚？"范文子回答说："有一个秦国客人在朝廷上提了很多难题，大夫们没有人能回答，而我知道其中三件事。"范武子大怒，说："大夫并非不知道，是谦让长辈。你这个小子凭知道三件事在朝廷上逞能，我不在时，晋国灭亡的日子不会远了。"说着拿木杖打他，把他帽子上面的簪子都敲断了。

颜回，字子渊，孔子的弟子。孔子曾经问子贡："你和颜回谁更聪明？"子贡回答说："我听到一个道理，只能推知两个道理，颜回听到一个道理能推知十个道理。"颜回聪明智慧，能从事情的开头就知道结果，是上等智力的天资，生而知之，仅次于孔子。孔子又说："我和颜回谈话，他从不反驳，好像很笨。我过后想了想，他平时言语行动，是完全可以理解我说的道理，才知道他不笨。"另一天，孔子又假托琴牢说："我不被世人重用，所以我能学到一些技艺。"这是孔子谦虚，说我因为不被世人重用，所以才得以学到一些手艺。这大概是勉励有智慧的人以大智若愚为可贵，不要过分炫耀自己为好。

【评点】

一个人充分发挥自己的智慧是对的，但凡事皆有利有弊，聪明外露，往往也会带来负效应。所以古人云：鹰立如睡，虎行似病，正是它取人噬人之手段，故君子要聪明不露，才华不逞，才有肩鸿任钜的力量。如果才华外露，容易招致周围人的忌恨，正如《红楼梦》中写林黛玉：却不知好高人欲妒，过洁世同嫌。因此古人才有"良贾深藏若虚，君子盛德，容貌若愚"的名言。

我们说"大智若愚"，并不是提倡人们都以"愚"为好，只是说要"虚怀若谷"，不要锋芒毕露，办什么事都想压在别人上头，导致"聪明反被聪明误"。相反，才智内蕴，稳扎稳打，循序渐进的人才更可能实现自己的理想。

二十四　信之忍

【题解】

"信"，和"仁""义""礼""智"共同构成儒家道德的核心，称作"五常"。信，即是诚实、不欺、讲信用之意。儒家称其为"立国治国之根本"。孔子也曾提出"民无信不立"的思想。

民有信国方立

自古皆有死，民无信不立。尾生以死信而得名，解扬以承信而释劫。

【译文】

从古至今人人都有一死，但人没有信用就不能自立。尾生因为信守诺言而死得到扬名，解扬因实践成约而获得释放。

【注析】

《论语》记载子贡询问怎样治理国家，孔子说："粮食充足，军队强盛，人民信任就可以了。"又问万不得已要去掉一样，这三方面中应先去掉哪一方面。孔子回答说："先去掉军队，后去掉粮食。"又说："从古至今，人都有一死，但是没有老百姓信任就不能立国。"这是说百姓以吃饭为根本，不吃饭就会死。但是自古以来谁不会死呢？人是万物的灵长，如果没有了信用来守身，不如死了安心。

《庄子》记载：尾生和一个女子约定在桥下相会，女子没有来。大水来了，尾生没有走，抱着桥柱被淹死了。尾生，又写作微生，《战国策》作尾生高。

解扬是晋国的大夫。《左传》宣公十五年记载，楚国围攻宋国，不能解围。宋国向晋国告急，晋国派解扬到宋国去，告知宋国晋国将会派出所有军队去解救。路上，遇到郑国人把他抓住，将他献给楚国。楚国许诺给解扬很多财物，让他改变命令，让他说"晋国不再来救宋国"。解扬不答应，强迫了多次才勉强同意。楚人要解扬按照楚人要求登上楼来向宋人呼喊。他告诉宋国，晋君将要派兵来救宋国。他没有说楚国要他说的话，楚国人要杀掉他。解扬回答说："君能下达命令，这是义；臣能实践成约，这是信。信能载义行动，这会有利。行义就不能信别的，要信就不能听从两种命令。你要买通我，是不知道我的命令。我答应了你，是为了完成晋君的命令。我死了但完成了任务，是我的福气。我的君主有忠诚的臣子，我算是死得其所，还有什么别的要求呢？"楚国人听了，放他回了晋国。

言而有信，君子之德

范张不爽约于鸡黍，魏侯不失信于田猎。

【译文】

范式和张劭信守分手时的约定，魏侯按时和虞人去打猎。

【注析】

东汉时人范式，字巨卿，是山阳金乡人。少年时在太学求学。和汝南人张劭（字元伯）十分友好。二人回家分手时，范式说："两年后再到这儿，去拜望您母亲。"他们俩共同定下了日期。到了约定的九月十五日时，张劭让母亲杀鸡做饭等候范式。母亲说："分手两年了，又是千里之外见面，你为什么还那么相信？"张劭说："巨卿是言行一致的人，一定不会失约。"果然，范式来了。他俩到了客厅里行礼饮酒，尽兴才分手。范式先为功曹，后来升任荆州刺史。

《战国策》记载：魏文侯和虞人约好一块去打猎。这一天，正喝酒喝得很快乐，天上下起了雨，文侯却要出去。左右人说："今天喝酒喝得很高兴，天上又下起了雨，您还去哪儿？"文侯回答说："我和虞人约好今天去打猎，喝酒虽然很快乐，怎能不去赴约呢？"

导致怨恨是自己种下的祸根

世有薄俗，口是心非。颊舌自动，肝膈不知。取怨之道，种祸之基。诳楚六里，勿效张仪。朝济夕版，由在晋师。噫，可不忍欤！

【译文】

世上有一种浅薄的习俗，叫口是心非。嘴一张一合，内心却不知道在说什么。招致怨恨的原因，正是自己种下的祸根。不要像张仪那样，诳骗楚国只给六里地。早上渡过了河，晚上就修筑工事，是晋国自己无理。唉，能不忍嘛！

【注析】

《战国策》记载：秦惠王准备攻打齐国，却害怕楚国和齐国友好，就派张仪前去游说楚王。张仪说："您如果关闭关塞，断绝与齐国的关系，我一定请求秦王把商於方圆六百里的地方献给您。"楚怀王十分高兴，就派勇士去辱骂齐国，又派一个将军到秦国去接受赠地。张仪说："从某地到某地方圆六里给你们。"楚怀王大怒，攻打秦国。秦与齐国联合，韩国也跟着，楚国军队在杜陵大败。张仪所说的话，不就是"口是心非"吗？

《史记·楚世家》中说，楚国派勇士宋遗北上辱骂齐王。《张仪列传》又记楚怀王发怒，出动军队攻打秦国。秦国反攻楚国，杀了楚将屈匄，取丹阳汉中之地。

《左传》僖公三十年，晋侯、秦伯围攻郑国，郑国烛之武夜晚用绳子系着出了城，拜见了秦伯，说："秦国和晋国围攻郑国，郑国已经知道自己要灭亡了，但你为什么要用郑国的灭亡去增强邻国的力量呢？邻国力量强大，你的力量就会薄弱，况且你曾经得到晋君的口头赏赐，答应赏给你焦瑕之地。他们早上渡过了河，晚上就筑起工事，你难道不知道吗？晋国怎么会满足。"史载，晋惠公曾经被骊姬诋毁，逃亡在外，用黄河边焦瑕五座城许诺给秦穆公，换取回晋的条件，才被立为惠公。后来违背条约，不割地给秦国，导致秦王发怒去攻打他，捉住了晋惠公。先前晋国军队早上渡河回去，晚上就修筑工事来抗拒秦国。这是辜负秦国的恩情，这样的无理，导致秦进攻，晋君被捉。这难道不是"导致怨恨的原因，正是自己种下的祸根"吗？知道这件事的人应当以此为戒。又鲁僖公二十八年，晋国大夫先轸说："背叛人家的好处，违背自己的诺言，这引起了人家的仇恨，我们这方面是没理的，楚国那方面是正直的。"

【评点】

诚实、不欺、讲信用，这是在任何社会都需要提倡的一种美德。这不仅是对人而言，对己也是一种走向人格完善的重要一环。

《论语·阳货》中，孔子说："信则人任焉。"就是指你如果诚实，别人就信任你。现代社会中，凭油嘴滑舌取悦于人的大有人在，但"老实人头上有青天"。诚实的人可能有时吃点小亏，但往往占下的是大便宜。

不欺，也指诚实不乱说。这也是立身进身的根本。试想，一个人巧舌加簧，说话水分多，又何以赢得别人的信任。

讲信用更是现代人应大力弘扬的美德，也是办企业经商者应遵守的信条。任何一个名牌产品，都是靠信誉来争取顾客的。

古人强调做人要"言而有信"，"言必信，行必果"，这是待人立身的根本。如果你曾经有过不符"信"的行为和生活方式，最好尽快加以改正。

二十五　喜之忍

【题解】

喜是人的感情之流露。笑一笑，十年少，当高兴时何尝不应喜在心头。但本章指出，你即使有了成绩，也不能沾沾自喜。

大喜过望遭人讥

喜于问一得三，子禽见录于鲁论。喜于乘桴浮海，子路见诮于孔门。

【译文】

为问一件事而得到三种教益而高兴，《论语》上记载了子禽的这番话。以为孔子要乘筏子渡海，子路为此高兴反而被孔子讥笑。

【注析】

《论语》记载孔子弟子子禽曾经问孔子的儿子伯鱼（名鲤）说："你听到孔子一些不同的言语吗？"孔鲤回答说："没有。"接着他又说："孔子曾站在庭中，我两次从庭前快速穿过。孔子问我说：'你学过了《诗经》和《礼》了吗？'我回答说：'没有。'孔子说："不学习《诗经》，你就不会讲话；不学习《礼》，你就不能立身。'我退下后就学习《诗经》和《礼》。"子禽听了这番话，很高兴，说："我问一个问题，得到了三个答案，听到要学《诗》，要学《礼》，又知道孔子不偏爱自己的儿子。"

子路，姓仲名由，字子路，是孔子弟子。《论语》记载，孔子说："我的主张不能实行的话，我就乘着筏子到海外去，跟随我去的，恐怕只有仲由吧！"子路听到这话后，很高兴。孔子说："仲由的勇敢，超过了我，其他方面就没有什么可取之处了。"孔子感叹自己的主张无法实行，叹息要去渡海，实际上是假托的话，子路却认为实际是这样的，所以很高兴。可是孔子又告诉他说那份勇敢将无处去运用，是说他不能准确判断事务，所以说是被孔子讥诮。

无动于衷，长者之风

三仕无喜，长者子文；沾沾自喜，为窦王孙。

【译文】

三次做高官也不沾沾自喜，是令尹子文；封了侯沾沾自喜的是窦婴。

【注析】

《论语》记载令尹子文三次出任令尹，都没有高兴的样子，三次撤掉他，也没有恼怒的样子。子文姓斗，名穀於菟，楚国的上卿，是执掌权力的人。他三次做令尹这样的高官，却丝毫不喜形于色；三次被罢免，恼怒的心情却一点也没显露出来。这大概是宽厚长者的风度，和那患得患失的人不同。据《左传》庄公三十年，斗穀於菟做令尹，僖公二十五年，楚国任命子文做令尹。

西汉时的窦婴，字王孙，孝文皇后哥哥的儿子。武帝建元二年，封为魏其侯。他喜好宾客，天卜的游士都投奔他。当时桃侯被免去了宰相职务，有人举荐窦婴，太后对皇上说："魏其侯沾沾自喜，行为不定，不配做宰相。"于是终没有被起用。

当喜则喜，无可厚非

捷至而喜，窥安石公辅之器；捧檄而喜，知毛义养亲之志。

【译文】

捷报送到应当高兴时，窥视安石(无动于衷)，能看出他确有当宰相的才能；拿到任命的文书时，毛义喜形于色，其实是赡养亲人的缘故。

【注析】

晋朝的谢安，字安石，孝武帝时任尚书兼太保。太元八年，秦苻坚侵犯，谢安派他哥哥的儿子谢玄去阻击，在淮淝大败了秦军。喜报送到时，谢安正和客人一起下围棋，神色自若，丝毫不为所动。客人走后，谢安进了屋子，才发现过分克制喜悦，不知什么时候把木屐的齿都折断了。他曾经隐居在会稽，当时人就认为其有宰相的器度。

东汉时的毛义，字少节，是庐江人。家中贫穷，因行孝被当地人称赞。当时有一个叫张奉的，羡慕他的为人，去他家拜望他。刚刚坐下，官府的文书到了，任命毛义做安阳令。毛义捧着文书进了屋，喜气洋洋。张奉心里看不起他，后悔不该来见他。后来毛义的母亲死了，他辞了官职守孝。后来朝廷多次征召他当官，他都没答应。张奉叹息说："贤明的人真是深不可测！过去他那么高兴，原是为了母亲高兴的缘故而做出来。"

易浅易盈，小人之心

故量有浅深，气有盈缩；易浅易盈，小人之腹。噫，可不忍欤！

【译文】

人的器量有深有浅，气度有大有小；器量短浅，容易满足的，是小人之心。唉，能不忍嘛！

【注析】

人的器量是有区别的。含蓄宽容恢弘广大的是君子，偏狭窄小的是小人。像令尹子文不喜形于色，不被官职俸禄所动心。谢安、毛义的高兴，是为国君、亲人而表现出来的。这不就是君子吗？像窦婴沾沾自喜，子路听到好话就高兴，怎么能同日而语呢？所以孟子说："没有修养的人像七八月时大雨降到小沟小渠里，一会儿都满了，但马上又会干涸。"朱熹说："人没有实际的善行而突然获得虚名，不能长久。"

【评点】

喜怒哀乐，人之常情，缘何这儿又让人"忍"呢？杜甫闻官军收河南河北，"漫卷诗书喜欲狂"，李白吟诗咏志，"仰天大笑出门去，我辈岂是蓬蒿人"。其实，本章之"忍"，是让人"喜"要适度。不能沾沾自喜，不能自我感觉良好，得意忘形。如果你小有成绩便招摇过市，即有浅薄之嫌，如果你得意忘形于人前，便有自满之疑。一个人，如果胸怀大志，便不会为眼前的小得小失去计较，如果你窥破世事底蕴，便会喜怒哀乐，不形于色。

这种活法太压抑了，有人可能会这样说。我们认为，顺其自然为好。

二十六　怒之忍

【题解】

易怒是人性中一种卑贱的素质。它能使别人遭殃，但受害最大的还是自己。本章便分析了怒气产生的原因，愤怒的危害，制怒的好处。

怒气如燎原之火

怒为东方之情，而行阴贼之气。裂人心之大和，激事物之乖异。若火焰之不扑，斯燎原之可畏。

【译文】

发怒是属东方的性情，易做阴险邪恶的事。分裂人心的和气，导致事物走上极端。像火焰一样如果不扑灭，就会蔓延为可怕的燎原之势。

【注析】

西汉时的翼奉，字小君，是东海人。他研究齐《诗》，喜好律历、阴阳术数。元帝刚即位时，被推荐做待诏。他曾说，"我从老师那儿听说，处理事务一定要知道下边人员的好坏，而知道下情的方法，在于六情、十二律。属北方的性情，好行贪狠，甲子主管它。属东方的性情爱发怒，发怒后就做阴贼的事，是亥卯主管它。凶贪一定产生于阴贼，阴贼也等贪婪来了才使用。"

大和，《易经》中叫"保合大和"，意思是指阴阳会合产生的中和之气。

人承受天地阴阳才生下来，都有这种气。喜悦和愤怒是人的性情，都不能没有。表现出来却有一定的节制，《中庸》中叫作"和"。如果过分发怒，就会破坏心中的和气。至于事物乖张不顺，都是因为怒气过剩所导致。所以《大学》说："心中如果气愤不满，就会得不到正道。"《盘庚》说："像大火在原野上燃烧，不能靠近，还能去扑灭吗？"

权力越大，怒气越要小

大则为兵为刑，小则以斗以争。太宗不能忍于蕴古、祖尚之戮，高祖乃能忍于假王之请、桀纣之称。

【译文】

怒气大可以导致战争和杀人，小可以导致互相争斗。太宗不能克制，才有蕴古、祖尚被杀的事，高祖能够克制，才答应韩信做假王的请求，自己承受将他比作桀纣的恶名。

【注析】

唐太宗贞观二年，河内人李好德心里有毛病，到处胡说，太宗下诏派大理丞张蕴古去察访。蕴古察访后，向皇上奏报好德确实有病，有检验结果，不应当治罪。治书侍御史权万纪上书弹劾张蕴古，说他是相州人，好德的兄弟厚德是相州刺史，所以蕴古有意庇护他，察访不合实际。太宗大怒，把蕴古在街上杀了。后来魏徵审理这件案子，认为蕴古不该杀，皇上便后悔了。万纪等人都有诬陷罪，按照诏令都应处死，虽然命令马上处决，仍然再三复查，才处死。这一年，太宗认为瀛州刺史卢祖尚文武双全，廉直公正，征召其入朝，并告诉他"交趾很久没有合适的人去管理，必须你去镇抚"。卢祖尚嘴里答应，心里不愿意去，皇上派杜如晦等去卢家宣旨，卢祖尚便推辞不去。皇上大怒，说："我派人都不执行，还怎么处理政务！"就下令在朝堂上斩了他，但随之后悔了。过了几天魏徵说："齐文宣帝任命青州长史姚恺做光州刺史，姚恺不肯去，文宣帝十分恼怒，责备他一番。姚恺回答说：'臣先担任大州职务，有功劳没有过错，现在又换到小州去，所以我不走。'文宣帝赦免了他。"太宗说："卢祖尚虽然失去了作为一个臣子的道义，我杀他也太残暴了。从这看来，我不如文宣帝。"

汉高祖四年，韩信派人对汉王说："齐国伪诈多变，是个反复无常的国家，我请求您让我做假王去镇抚它。"汉王十分气愤，大骂道："我被围困在这儿，时时刻刻盼望你来，你现在却想造反了？"张良、陈平悄悄地对汉王说："汉军正是不利的时候，怎么能禁止他自请为王呢？不如趁这时立他为王，让他自己镇守，不然就要发生变化。"汉王醒悟过来，又骂道："大丈夫决定诸侯，应当做真王，为什么要称假王呢？"于是就立韩信做齐王。

汉代宰相萧何说："长安地势狭小，但上林苑中有很多空地，请让百姓进去耕地。"皇上大怒说："宰相多次接受商人的礼物，来替他们要我的苑子。"就派人捉住萧何，命令廷尉给他带上刑具。数天后，王卫尉对皇上说："对百姓有利的事来向皇上请求，这是作为一个宰相应做的事，皇上怎么那样轻易怀疑别人呢？"皇帝不高兴，但还是派人把萧何放了。萧何年纪老了，向来恭敬谨慎，光着脚来向皇上谢罪。皇帝说："宰相你为民请求我的苑子，我不答应，简直是桀纣一样的主子，宰相是贤相。我故意把你抓起来，是想让人知道我的错误。"

吕后善待匈奴

吕后几不忍于嫚书之骂，调樊哙十万之横行。

【译文】

吕后不能忍受匈奴书信中的辱骂，差点调樊哙十万军队去拼杀。

【注析】

西汉惠帝二年，匈奴冒顿日益强大，送信给吕后，言辞十分下流。吕后大怒，准备斩掉来的使者，派兵去攻打匈奴。樊哙说："我愿意领十万士兵去扫荡匈奴。"季布说:"樊哙真应该杀了。从前匈奴在平城把高祖围困住,汉军三十三万人,樊哙做上将军,不能解围。现在胡说十万军队就可以去扫荡匈奴,是当面哄你。况且夷狄是禽兽一样的东西,听到他的好话不值得高兴,听到坏话也不值得发怒。"吕后说:"好!"并命令回信要客气,送给他们车马。冒顿不敢轻举妄动,又派人来谢罪说:"我从前没听说中国的礼义,幸好陛下您免除了我的罪过。"因此献上好马,又要求和亲。

怒发冲冠,家国不利

故上怒而残下,下怒而犯上。怒于国则干戈日侵,怒于家则长幼道丧。

【译文】

居于上位的人发怒就会残害下边的人,下边的人发怒就会冒犯上边。为国家的事发怒就会引起战争,为家庭中的事发怒就会导致伦理丧失。

【注析】

居于上位的人,遇到事情不能容忍,动辄发怒,就会施暴于下边的人,像汉高祖皇后吕氏做太后时那样。如果在下位的人不顾礼义而逞强发怒,定会冒犯居于上位的人。

为国家的事发怒就引起战争,就如孟了说的:"公孙衍、张仪一旦发怒,诸侯都害怕。"这是说二人发怒就会游说诸侯,使他们互相攻伐。又如楚国气愤秦国用商於那片土地诳楚国,而攻伐秦,晋国气愤齐国隔帏讥笑腿跛而出兵之类的事情。在家庭中,如不能互相谅解,父子互相杀害,兄弟互相争斗,夫妻互相反目等,这样,就会使家庭失去伦常。

发怒时要考虑后果

圣人有"忿思难"之诫，靖节有"徒自伤"之劝。惟逆来而顺受，满天下而无怨。噫，可不忍欤！

【译文】

圣人有"发怒时应思祸难"的告诫，靖节有"何必因发怒伤害身体"的劝勉。只有逆来顺受，行为周到才不会有怨恨。唉，能不忍嘛！

【注析】

忿，发怒的意思。难，祸患的意思。《论语》记载，孔子说君子有九思，其中第八是"忿思难"，是说人如果有发怒的时候，应当考虑以后有患难，这样来抑制愤怒，免得日后带来祸害。

靖节，是陶潜的号，他有诗说："怒气剧炎火，焚和徒自伤。触来勿与竞，事过心清凉。"

孟子说："如果有人用横暴的态度对待我，君子就会自我反省，我是不是做错了事。"

【评点】

每个人程度不同，都有发怒的时候，但不知是否知道发怒的危害。第一，发怒影响你的工作。美国总统林肯认为：人的各种精神机能，必须完全自在，不受纷扰，才能在活泼健壮下发挥它最大的功能，一切思考始能集中、清楚、敏捷而合逻辑。假使你为忿怒所激，为烦恼所苦，还能做成功什么事？第二，发怒对身体有害。法国文学家大仲马认为：发一次怒对于身体的损害，比发一次热还厉害。所以一个常常心怀不平的人，不能得到健康的身体。第三，发怒伤害了对方，为你种下了仇恨的种子。我们从前边的论述也可以看出：唐太宗发怒杀掉了张蕴古，悔之莫及。

人一旦发了怒，应当怎样恢复理智，制止怒气呢？古代人有一些"妙方"。古罗马的辛尼加说："当别人愤怒时，你就冷静观察那是怎样的一副德性。"德国的一句谚语是：沉默是对愤怒最好的回答。美国的普拉斯提醒人在胸前挂一面镜子，看看发怒时自己的丑态。吕后忍受匈奴的辱骂，避免了一场战争。刘邦允诺了韩信请封齐王的要求，避免了内讧。

韩愈说："行成于思毁于随，业精于勤荒于嬉。"一个人要想成功，必须克服愤怒。否则你的一切努力都会因理智的丧失而化为灰烬。

二十七　疾之忍

【题解】

本章论述疾病，谈了两个方面：一指生理上的疾病；一借指人际关系上的。本章主要谈前者，谈了生病的原因，治病的方法，以及对待疾病的态度。

阴阳失调产生疾病

六气之淫，是生六疾；慎于未萌，乃真药石。

【译文】

不节制六气就会产生六种疾病；人如果能在没病时就小心谨慎，才是真正的治病良药。

【注析】

这是古代朴素的辨证思想。

《左传》记载，昭公元年，晋侯得了病，到秦求医。秦国派医和来诊视。医和说："天下有六种气，过度了就会产生六病。六气，指阴、阳、风、雨、晦、明，它们超过一定度就会有灾害。阴气多了产生寒病，阳气过分产生热病，风过多四肢生病，雨过多会肚子痛，晦气多了就迷惑不清，明气多了就有心病。"

信巫不信医，愚人之为

曾调摄之不谨，致寒暑之为衅。药治之而反疑，巫眩之而深信。卒陷枉死之愚，自背圣贤之训。

【译文】

由于衣食调理不当，行为不谨慎，导致冷热前来侵犯。用药物治疗反而怀疑，对巫术却深信不疑。最后因愚昧而死，完全是自己违背了圣贤的教训。

【注析】

一个人如果衣食调理不当，持身不谨，以致有暑热风寒进入体内而生病。药是圣贤制造出来让人们治病的，可是愚蠢的人不相信医药却相信巫术，这违备了圣贤的教训。《宋鉴》记载，江西民间崇尚鬼神，夏竦在洪州当官时，搜查出一千九百多家巫觋，勒令他们还俗务农，并将那些淫祠都给捣毁了。

《史记》中记载扁鹊论述疾病说："疾病有六种不可治：骄横不讲理，这是一不治；轻视身体，重视财物，这是二不治；衣食不当，这是三不治；阴阳混乱内气不定，这是四不治；形体瘦弱，不能吃药，这是五不治；信巫不信医，这是六不治。有其中一种情况，就很难治疗了。"

守之以一，养之以和

故有病则学乖崖移心之法，未病则守嵇康养生之论。

【译文】

所以有病就学张乖崖断绝各种欲望的转移心性的方法，没有病就遵照嵇康养生的办法。

【注析】

移心法是宋朝张咏提出的。张咏号乖崖，曾做过工部尚书。他镇守四川时，有一个叫李畋的，被疟疾折腾得很苦。张咏告诉他："人如果能在病中转移心思，像面对着君王和父亲一样，既害怕又谨慎，安静下来后，病自然就好了。"

晋朝的嵇康，字叔夜。他恬淡安静，清心寡欲，宽容随和，有大气度。他曾被任为中散大夫，写有《养生论》。书中以清静虚无，少想寡欲为主。其中写道："懂得名位是伤害德性的东西，所以就忽视而不钻营，了解到东西多了会危害心性，所以就放弃不理它，心境旷达没有忧虑，宁静没有思虑最好。"他又说："用始终如一来自守，用和气恬静来养身。"

有病早来医

勿待二竖之膏肓，当思爱我之疾疢。噫，可不忍欤！

【译文】

不要等到病入膏肓之时才求医，应当充分重视危害健康的疾病。唉，能不忍嘛！

【注析】

《左传》记载，成公十年，晋景公生了病，向秦国求医。秦国派了医生缓前去。缓还没有到，景公梦见疾病是两个小鬼在捣乱。一个说："那个人医术高明，他动手，恐怕会伤害我们，快跑吧！"另一个说："我们躲在肓的上面，膏的下面，他能把我怎么样？"医生缓到晋国后，看了景公的病后说："病不好治了。病根在膏肓之间，无论使用什么药物和方法，都到不了膏肓之间，治不了了。"景公说："真是一个高明的医生。"便送了一份厚礼给他，缓一回去，景公就死了。

春秋时，鲁国有三个大夫，一个叫季孙，一个叫臧孙，一个叫孟孙。季孙很喜欢臧孙，而孟孙却对臧孙不好。后来孟孙死了，臧孙说："季孙喜欢我，对我来说却是危及健康的病；孟孙对我不好，却是治病的药和针砭。再好的病，也不如再差的砭。砭再差，总能治病，总对我有利。病再好，却只能增加我身体中的毒素。孟孙死了，我的死期也不远了。"

【评点】

有一位哲人曾说过：生命，是两个永恒之间的一片狭谷，两朵黑云之间的一次闪电。人生苦短，在历史长河中，如白驹过隙一般。所以，我们应当热爱生命，珍惜生命，应当用尽全力抵御病魔的侵扰。

病乃六气所凝，不过是中医传统的阴阳辨证观点，现代科学在探索人自身的奥秘中，已经前进了一大步。但科学可以治疗某些生理的疾病，还不能完全解决产生疾病的精神因素，因此，每一个人都应当像嵇康那样，在心理上树立抗拒疾病的长城。俗话说"心宽体胖"，指的便是那种清心寡欲，恬淡无为的境界。"笑一笑，十年少；愁一愁，白了头"，也说的是人应达观开朗，不可鸡肠鼠肚，斤斤计较。同时，"乐不可极，欲不可纵"，人如果整天耽于淫乐之中，会大伤元气，为了争名夺利绞尽脑汁，也对身体不利。

二十八　变之忍

【题解】

在千钧一发，危若累卵之际，如何处变不惊，安之若素？本章便告诉你处置的方法。

未雨绸缪，有备无患

志不慑者，得于预备；胆易夺者，惊于猝至。

【译文】

心里不能被外界震慑的，得力于早有准备。勇气容易消失的，是因为变故突然降临而感到惊慌。

【注析】

《说苑·丛谈篇》中说："军队不先部署好，就没有办法迎敌；计划不先考虑周详，就无法应付仓猝的变故。"

《宋史》中说："军中有一个范，西域的敌人听见这个名字就要被吓破了胆。"范即范仲淹。

人有勇敢和怯懦的两面

勇者能搏野兽，遇蜂虿而却走；怒者能破和璧，闻釜破而失色。

【译文】

勇敢的人能和凶猛的野兽搏斗，遇到蜂蝎却立即逃走。愤怒的人能撞破和氏璧，可听到锅破的声音却大惊失色。

【注析】

苏东坡《黠鼠赋》中说："有勇气撞碎千金之璧的人，却在锅破的时候大吃一惊。能够和猛虎搏斗的人，却害怕蜂蝎。"

西晋人邹湛对晋武帝说："蜂蝎钻进你的衣袖，勇士也感到害怕。野地里碰到了猛兽，只要手上有武器，一般人也不会有惧色。"

《战国策》记载，秦昭王听说赵国得到了楚国的卞和璧，便借口要拿十五座城市去换，赵国派蔺相如带着和氏璧前去，到了秦国后，秦王并无诚意拿出城市交换。蔺相如怒发冲冠，退到柱子下站定，说："我要让我的头和璧一齐撞碎到柱子上。"秦王没办法，只好隆重送蔺相如和卞和璧回赵国，蔺相如后来做了上卿。

临危不惧，大将之风

桓温一来，坦之手板颠倒；爰有谢安，从容与之谈笑。

【译文】

桓温出现时，坦之吓得手板都拿颠倒了；只有谢安，神色自若和桓温谈笑。

【注析】

晋朝大司马桓温来朝见皇帝，孝武帝诏令尚书谢安和侍中王坦之到新亭去迎接他。当时首都流言很多，传说桓温来后，就会杀王坦之和谢安。坦之十分害怕，谢安仍如平常，神态安详。桓温到了后，文武百官都拜倒在路旁。桓温摆开武装卫士，接见百官。坦之吓得汗水浸湿了衣服，上朝的手板也拿颠倒了。谢安则态度从容，坐在自己的位子上，对桓温说："我听说诸侯的责任，就是把守国家的边疆。你何必在屏风后布置那么多士兵呢？"桓温笑着说："这是不得已啊！"就命令埋伏在屏风后的士兵撤下。桓温和谢安说说笑笑，直到太阳西坠。

勇怯分明的大将军

郭晞一动，孝德彷徨无措；亦有秀实，单骑入其部伍。

【译文】

郭晞一有举动，孝德便彷徨不定，不知怎么办；只有秀实，一个人闯进了郭晞的队伍中。

【注析】

唐朝副元帅郭子仪的儿子郭晞驻扎在邠州，他纵容士卒做坏事。节度使白孝德害怕他，不敢吭声。段秀实自荐为都虞候。郭晞军中的士兵到街市上拿酒，刺伤了卖酒的老头，打坏了酿酒的工具。秀实集合士兵，抓住了闹事的人，把十七个为非作歹的士兵全砍了头，并把砍下来的头戳在枪尖上，放在街门口。郭晞的队伍听说后，闹闹嚷嚷，全副武装要来报复。孝德害怕极了，秀实说："不要紧，我去解决这个问题。"他挑选了一个跛脚的老头牵马，到了郭晞的营门口，全副武装的士兵出来了，秀实笑着往里面走，说："杀一个老兵，何必全副武装呢？我把自己的头送来了。"郭晞出来后，秀实责备他说："你父亲功劳充塞天地，你应当保持这分荣誉。现在你却放任士兵为非作歹，以致出了乱子，那样罪过将会涉及到你父亲。到那时，郭家的功名留下的还有多少呢？"话没说完，郭晞就一再拜谢说："幸亏你指教我，怎么敢还不听你的话呢！"于是喝叱左右士兵，都放下武装，有敢再起哄的杀头。秀实请求留宿在军营中，第二天，二人一起，到白孝德的住处，请求谢罪改过。

神态自若者化险为夷

中书失印，裴度端坐；三军山呼，张咏下马。噫，可不忍欤！

【译文】

中书丢失了官印，裴度安坐不动；三军大声高呼，张咏也下马呼喊。唉，能不忍嘛！

【注析】

唐朝的裴度，字中立，唐敬宗时担任司空、同平章事。有一天，手下人突然对他说："官印丢了。"听到这个消息很多人都大惊失色，裴度却像平常一样喝酒，一副若无其事的样子。手下人一会儿又说："官印已经找到了。"裴度也不回答。有人问裴度为什么这样。裴度说："印肯定是小官吏偷走了，去印书券，如果追急了，就会投到深水或大火中，如果追查得不急，他就会还回来。"别人听了都佩服他的度量。

宋朝人张咏，真宗时官至工部尚书。驻守蜀地时，战争刚刚结束，人人都心怀二意。有一天，张咏阅兵时，刚出来，众人就三次大声高呼。张咏下了马，向着东方也大呼三声，接着又骑马阅兵。众人不敢再闹了。有人把这事告诉魏公韩琦。韩琦说："我要是碰到这种事，也不敢像张咏那样办。"

【评点】

在突然的变故面前手足无措者，往往是事前毫无思想准备。古人说："有备无患。"便是指出平时多做准备的好处。自古以来不少名将驰骋于千军万马之中仍泰然自若，出入九死一生之中仍悠闲自得，便是"审知彼己强弱之势，虽百战实无危殆"。所以《孙子兵法》把"谋攻"放在首篇，便是强调战争的策划尤为重要。

所以我们做任何事，之前都要做最坏打算，多设计几套应变方案，一旦有变故，也不至于手忙脚乱。

二十九　侮之忍

【题解】

一个人遇到不公正对待时，应当如何处置？如何在心理上保持平衡？本章指出：应"大肚能容"。

自古盛衰皆有时

富侮贫，贵侮贱，强侮弱，恶侮善，壮侮老，勇侮懦，邪侮正，众侮寡，世之常情，人之通患。识盛衰之有时，则不敢行侮以贾怨；知彼我之不敌，则不敢抗侮而构难。

【译文】

富有的欺侮贫穷的，高贵的欺侮下贱的，强大的欺侮弱小的，凶恶的欺侮善良的，勇敢的欺侮懦弱的，邪恶的欺侮正直的，人多的欺侮人少的，这是人间的常情，人所共有的毛病。要知盛和衰都是一时的事，就不敢欺侮别人积下怨恨；知道彼我之间力量悬殊，就不会强行反抗而结仇交战。

【注析】

有钱叫富，无钱叫贫。有爵位叫贵，无爵位叫贱。世间的常态，是有钱有势的欺负无钱无势的，力量强大凶恶的人欺负力量微弱心地善良的人。所以古灵陈先生做仙居县令时，教导他的人民说："人不要以恶凌善，不要凭着财富欺负贫穷。要知道盛和衰都是一时的事，人与人之间总有力量不对等的时候。"

卧薪尝胆方能成就大事业

汤事葛，文王事昆夷，是谓忍侮于小；太王事獯鬻，勾践事吴，是谓忍侮于大。忍侮于大者无忧，忍侮于小者不败。当屏气于侵夺，无动色于睚眦。噫，可不忍欤！

【译文】

商汤侍奉葛，文王侍奉昆夷，这是忍受小的力量的侮辱。太王侍奉獯鬻，勾践侍奉吴国，这是忍受强大的力量的侮辱。能忍受强大的一方欺负就没有忧患，能忍受弱小的一方欺负永远不会失败。应在别人侵略掠夺时屏声息气，不要为一个小小的眼神也生气。唉，能不忍嘛！

【注析】

孟子说："只有仁者才能以大事小，所以成汤侍奉葛，文王侍奉昆夷。只有智者能够用弱小侍奉强大，所以太王侍奉獯鬻，勾践侍奉吴国。凭着强大的侍奉弱小的，是乐天的人；以弱小的侍奉强大的，是敬天的人。乐天的，保有天下，敬天的，保有封国。"汤，是汤王。他做诸侯时，和葛伯作邻居。葛伯游手好闲不祭祀，汤王给他送去牛羊，葛伯杀掉牛羊吃了，仍然一如既往，成汤又派人替他耕种。文王，就是周文王。昆夷，是西边的少数民族。文王当西伯，住在岐山时，和西戎很近，经常受到西戎的侵略。文王不和它计较，只是修养自己的道德去感化他。太王，指文王先祖古公亶父。过去太王住在邠时，势力还不十分大，獯鬻多次侵犯，太王送去钱财珠宝牛马，还是不能免受侵犯。太王就离开邠，到岐山下居住。到了他的后代文王武王时便掌握了天下。勾践，越王。吴国在夫椒打败了越国军队，在会稽俘虏了勾践。勾践派大夫文种到吴国去求和。种用双膝行走，跪拜叩头，表示愿意做吴国的附庸，并向吴国献上美女珠宝。吴王于是赦免了勾践。勾践回国后，晚上枕着武器睡觉，每天尝一口苦胆的味道，以示报仇的决心，同时努力教导他的人民，最终势力壮大，灭掉了吴国。勾践和太王，都是有智慧的人，能够审时度势，终究建立了大业。

【评点】

当你地位低贱，或者被人欺侮的时候，你应当怎么办？是自怨自艾，悲观消沉，还是冒死一搏，图一时之快？有人认为，以强凌弱，以大欺小，这不仅是动物界弱肉强食之规律，也是人类的常情。《菜根谭》中说："饥则附，饱则扬，燠则趋，寒则弃，人情通患也。"别人对你如此，你一旦得势，是否也会自觉不自觉的"事态有冷暖，人面逐高低"呢？所以我们应当记住古人所说的："觉人之诈不形于言，受人之侮不动于色，此中有无穷意味，亦有无穷受用。"

大着肚皮容物，立定脚跟做人。我们不要为小事与人斤斤计较，当我们自己地位变化后，也不要"好了伤疤忘了痛"，去欺负弱者。

三十 谤之忍

【题解】

谤，指说别人的坏话或指责别人。本章分析了诽谤的来源，以及如何对待诽谤等问题。

日月行天，万古长明

谤生于仇，亦生于忌。求孔子于武叔之咳唾，则孔子非圣人；问孟轲于臧仓之齿颊，则孟子非仁义。

【译文】

诽谤来自于仇恨，也来自于忌妒。如果孔子计较武叔的诋毁，那么孔子就不是圣人。如果孟轲计较臧仓的胡言，那么孟子也非仁义。

【注析】

《论语》记载，叔孙武叔非议孔子，子贡说："仲尼是不能诋毁的。仲尼像太阳和月亮一样，没有谁能和他相比。有些人想自绝于日月，对日月有什么损伤呢？"这是说孔子如同日月行天，千秋万代长明。人们虽然想诋毁日月，可是又怎么能损害它的光芒。

一身清白反遭谤

黄金，王吉之衣囊，明珠，马援之薏苡。以盗嫂污无兄之人，以笞舅诬娶孤女之士。

【译文】

黄金，其实是王吉的一袋子衣服，明珠，其实是马援的薏苡。用和嫂子私通的罪名去污蔑没有兄长的人，用殴打岳父的罪名去诬蔑娶了孤女的人。

【注析】

西汉的王吉，字子阳，是琅琊皇虞人。年幼时勤奋好学，通晓经典，被举为孝廉。他先是做昌邑中尉，汉宣帝时做谏议大夫。他儿子王骏做御史大夫，王骏的儿子王崇做司空。祖孙三代都以清廉著称，但都喜欢车马衣服，车马衣服都十分时髦漂亮。可是每当搬家时，装运的只有一袋子衣服。天下人钦佩他的清廉，却又对他过分奢侈感到奇怪，所以民间传说王吉能制作黄金。

东汉马援，字文渊。光武帝时征伐交趾，被封为伏波将军，又封为新息侯。在交趾时，他曾经吃过薏苡的果实，因为吃薏苡能够强壮身体、战胜瘴气。从交趾返回的时候，马援特意运了一车薏苡回来。等到他死了后，有人给皇帝上书，诬说马援从交趾拉回的是一车明珠、文犀。皇帝听了很愤怒，马援的妻妾儿女因此很害怕，赶到皇宫前请罪诉说冤屈。当时有一个做过云阳县令的朱勃上书说："马援为朝廷服务二十二年，北边征讨沙漠以外，南边渡过江海，多次碰上有害的气体，病倒在军营中。天下人没有听说他有什么过失，他的部下没有听说他有可非议的地方。现在他一家老小连门都不敢出，马援死了，安葬时他们连墓地都不敢去。埋怨和气愤都出来了，宗族和亲戚都感到害怕。我现在为这件事感到伤心。圣明的君主在赏赐臣下时应当慷慨，使用刑罚应当谨慎小心。高祖曾经送给陈平四万斤黄金用来离间楚国，不问他是怎样使用这些钱的，更不会为钱谷一类事怀疑他。"皇帝看了他的奏书，怒气稍微消了些，派人去抚慰马援家。所以后汉吴佑谏言他的父亲吴恢说："过去马援因为薏苡引起别人的诽谤，王子阳因为一袋衣服而得到不好的名声。对于招致嫌疑的事，先贤总是很谨慎。"

西汉时的直不疑，景帝时做御史大夫。有人诋毁他和嫂子私通。不疑说："我并没有兄长。"然而别人始终不信他的话。

东汉时的第五伦，字伯鱼，光武帝时做会稽太守，后来改任蜀太守。皇帝和他开玩笑说："听说你打你的岳父，而且从不去你妻兄家吃饭，有这回事吗？"第五伦回答说："我三次娶妻，都没有岳父。我小时候被冻受饿，一斗米值一万钱，实在不敢随便跑到人家家里吃饭。"

《三国志》记载，魏武帝曹操说："互相勾结，形成一个小团体，是先圣所痛恨的。听说冀州风俗，父子不在一起，互相说长道短。过去直不疑没有兄长，世上人说他和嫂子私通，第五伦娶孤女，有人说他打岳父。这都是把白的当成黑的，欺天欺君的人。"

诬陷他人的家伙虎豹都不吃

彼何人斯，面人心狗。荆棘满怀，毒蛇出口。投畀豺虎，豺虎不受。人祸天刑，彼将自取。我无愧怍，何慊之有？噫，可不忍欤！

【译文】

这是些什么人啊，人面兽心。满肚子的荆棘，毒蛇从嘴里往外钻。把他们扔给豺虎，豺虎都不吃。如果遇到天灾人祸，那是他自作自受。我没有做什么亏心事，有什么遗憾的呢？唉，能不忍嘛！

【注析】

《诗经·小雅·何人斯》中说："那是些什么人呢，心肠这么狠毒？"

孟郊诗中说："古人的形容像野兽，却都有圣人的道德。现在人的形状像人，野兽般的心肠却无法猜测。看起来笑未必是和善，看起来是哭却不一定是悲哀。在口头上表示是朋友，肚子里却长满了荆棘。好人常常根据正道行事，所以和世上的流俗不同。恶人胡言乱语，只要能得利就不顾仁义道德。"

陈朝的司马申，字季之，是河内人。太建年中做秣陵县令，又升放东宫通事舍人，经历了三个皇帝。他在宫中掌握机密，一贯作威作福。他性情残忍，喜欢无中生有。诬陷朝廷上的正人君子，许多人都受到他的陷害。有顶撞他的，他一定用谣言诬陷对方。如有依附他的，他一定找机会去提拔。他曾经白天在尚书省睡觉，有鸟啄他的嘴，血流了一地。当时人认为这是因为他诬陷好人的结果。

《诗经·小雅·巷伯》中说："把那个诬陷人的家伙，扔给豺虎吃，豺虎都不吃。"又说："把那个诬陷人的家伙投到北边去，北边也不接受，会再扔回来。"

孟子说："上不负天，下不负人。"又说："你靠你的官职，我靠我的仁义，又有什么遗憾呢！"

【评点】

遭人诽谤是一件令人烦恼的事。何况那流言如溜墙的风无孔不入，搅得你心神不安。何况三人成虎，十夫揉椎，众口所移，毋翼而飞。所以，对待流言和诽谤，实在是考验一个人的意志和忍耐力大小的试金石。我们最好的办法是不予理睬，俗话说："真的假不了，假的真不了。"正如郑板桥那《竹石》诗中所写："咬定青山不放松，立根原在破岩中。千磨万击还坚劲，任尔东西南北风。"如果你不予理睬，那谎言自会不攻自破。

对付诽谤你不要暴跳如雷，如果有机会，你不妨巧妙地揭穿他们的鬼把戏，用子之矛攻子之盾。谎言像雨天的霉菌，最怕拿到太阳下面晒。

散布流言是一个遭人诅咒的恶习。但有人喜欢道听途说，无意之中伤害了别人。如果你有这个毛病，最好的办法是：凡事少说为佳。

三十一　誉之忍

【题解】

誉，夸奖、赞美之意。本章指出，不要轻易夸奖别人，那有阿谀之嫌，也不要喜欢别人奉承。古时君子，闻过则喜。

喜欢奉承的人最愚蠢

好誉人者谀，好人誉者愚。夸燕石为瑾瑜，诧鱼目为骊珠。

【译文】

喜欢表扬别人的是阿谀奉承，喜欢别人夸奖的其实是愚蠢。这就像称赞燕石是宝玉，诧称鱼目为骊珠。

【注析】

子思回答公丘懿子说："不明辩事情的是非而喜欢别人赞扬自己的人，是再糊涂不过的了。不考虑是否合于礼义，而一味地阿谀奉承，没有比这更谄媚的了。"

誉，就是赞扬别人好的方面而言过其实。谀，就是不根据是非原则来说话，这是谄佞阿谀。燕石，就是石燕。风雨中飞翔像真的燕子一样，停下来就变成了石头。《新序》载：宋国有一个傻子得到了一块燕石，把它当作宝贝，用十层皮的柜子装着，别的人看见后，都掩口而笑，说："这是燕石，和砖瓦没什么不同。"瑾瑜，是美玉。骊珠，《庄子·杂篇》中说："河上公家里穷，他的儿子在河里得到了一颗价值千金的宝珠。他父亲对儿子说：'宝珠在骊龙的下巴下面，你能得到它，是因为他睡了。假若它没有睡着，你怎么能得到它呢！"

柳宗元在《上权德舆启》一文中说："揣着燕石去游览昆仑山的玄圃，带着鱼目去游览大海，只会受到讥笑，对我又有什么帮助呢？"李白《鸣皋歌》中说："小虫子嘲笑大龙，鱼目混作珍珠。丑女穿着漂亮的衣服，西施却背着柴草。"

这些都是说，是非颠倒，美丑混淆，是人们错误判断导致的。

夸奖的背后

尊桀为尧，誉跖为柳。爱憎夺其志，是非乱其口。

【译文】

把桀尊称为尧，夸赞盗跖为柳下惠。这是因为爱憎不分丧失了立场，是非混淆嘴里乱说。

【注析】

尧，传说中的唐帝。书传中说他聪明异常，光耀天下，遵从天地，能修养自己美好的道德。史书称赞他仁义像天一样广大，智慧像神一般。桀，夏朝的君主。史书说他贪婪残暴，宫殿用美玉建造，耗尽了人民的财产。《尚书》说夏桀罪行很多，是上天把他杀死了。如果把他尊称为尧，难道不是是非不分了吗？贾谊《吊屈原赋》中说："圣贤反逆，方正颠倒，说卞随、伯夷为人混浊肮脏，盗跖、庄𫏋却又清廉。"卞随，商汤王要把天下让给他，卞随不接受。这件事记载在《庄子》里边。伯夷，他不要国君的位置，却逃到山上饿死。他们都是古时候的清廉人士。孟子说圣人是清明的，现在有人反而说他们肮脏。盗跖、庄𫏋，他们是秦国和楚国的大强盗，现在有人反而说他们是清廉的人。柳，指柳下惠。孟子称他是贤人里有祥和之气的人。现在反倒把盗跖当作柳下惠，难道不是是非颠倒吗？

《史记·韩非子传》中太史公史马迁说：古时候弥子瑕曾经受到卫国国君的宠爱，卫国的法律规定，私下偷驾国君车辆的，要被砍去双脚。弥子瑕的母亲病了，他假传国君命令驾着国君的车子回了。国君知道这件事后称赞他说："孝心啊！为了母亲的病而不惜犯下砍去双脚的罪。"弥子瑕又和国君一块游果园，他摘了一个桃子吃，觉得很甜，便把吃剩下的一半送给国君吃。国君说："这是爱我啊！忘记了自己却想着我。"等到弥子瑕年老了，国君也就不喜欢他了，就得罪了国君。国君说："这个人曾经盗乘我的车子，又把吃剩的桃子给我吃。"所以弥子瑕先受到宠爱而后成为罪人，这不就是混淆了是非吗？

世有伯乐，方有良驹

世有伯乐，能品题于良马；岂伊庸人，能定驽骥之价。

【译文】

世上只有伯乐，能够看出马的优劣；岂是那些个庸人，能够定马的价值。

【注析】

伯乐，是古时候善于相马的人，名叫孙阳。伯乐二字，是天上星宿的名，主管马匹，而孙阳能够相马，所以取了这个名字。苏代对淳于髡说："有一个卖马的人，连续三天站在市场上，没有人理睬他。等到伯乐看到后，临走又回头看了一眼，一天之内，那马价格就涨了十倍。"所以韩愈的《杂说》说："世界上有了伯乐，然后才有千里马。"

面刺者可交，面誉者不忠

古之君子，闻过则喜。好面誉人，必好背毁。噫，可不忍欤！

【译文】

古代的君子，听到别人说自己的过失就高兴。凡是好当面称誉别人的，必然喜欢背后诋毁别人。唉，能不忍嘛！

【注析】

孟子说："子路听说别人说他有过失就高兴，大禹听到好的建议，就对提出建议的人行礼。"

《庄子》记载，盗跖答孔子说："我听说，喜欢当面赞扬别人的人，也喜欢背后诋毁别人。"

【评点】

一个人需要鼓励，尤其是事业刚刚开始，或者遇到挫折的时候，但是，称赞如果过了头，对于唱赞歌的人而言，不是有意讨好，便是一种讽刺。对于被赞颂的一方而言，如仍然沉醉在颂歌声中，则有傻瓜之嫌。英国的培根曾说："因此人们常常受到欺骗，宁肯把称赞赠予伪善，所以名誉有如江河，它所漂起的常是轻浮之物，而不是确有真份量的实体。"他又说："即使好心的称赞，也必须恰如其分。"所罗门曾说："每日早晨，大夸你的朋友，还不如诅咒他。要知道对好事的称颂过于夸大，就反会招来轻蔑和嫉妒。"

赞扬人是一门艺术，这需要洞察力和创造性。被人赞扬也是一种享受，这要看赞扬是否适度。

三十二　谄之忍

【题解】

谄，巴结奉承之意。本章有两层意思：君子不为谄媚所动；谄媚者不为人齿。

巧言令色，仁义丧失

上交不谄，知几其神。巧言令色，见谓不仁。

【译文】

和有地位的人打交道不阿谀奉承，掌握关键时机像神仙一样。花言巧语，察颜观色的，别人都会说他不仁。

【注析】

《易经·系辞》说："知道关键的地方，大概是神仙吧！君子和比自己地位高的人相交往，不阿谀逢迎，和比自己地位低的人交往，也不轻慢。"《庄子·渔父》说："揣摸别人的心思来说话就叫谄。"

《论语》说："花言巧语，察言观色，仁就少了。"意指：把话说得好听，颜面和悦，尽力打扮外表来取悦别人，那么人的欲望得到放纵而本心的仁德就没有了。

忠言逆耳利于行

孙弘曲学，长孺面折；萧诚软美，九龄谢绝。

【译文】

公孙弘学歪门邪道，辕固当面教训他。汉武帝想为所欲为，汲黯当面指出他的过失。萧诚好美言，张九龄感谢李泌的告诫，而与萧诚绝交。

【注析】

西汉公孙弘，汉武帝时因对策被选拔为金马门待诏。当时有齐国人辕固，已经九十多岁了，也以贤良的名义被征召到长安。公孙弘十分敬畏地对待辕固。辕固说："你要追求正义，要正派说话，不要学歪门邪道。"

西汉时的汲黯，字长孺，为人性情倨傲，很少讲情面，经常当面批评人，且不能容忍别人的过失。汉武帝广招文学人士时，曾说我想如何如何。汲黯回答说："陛下心里欲望太多，表面上又实行仁义。何必要装出行唐虞政治的样子呢？"皇上大怒，朝也上不了，回去后对左右人说："太过分了！汲黯太愚憨了。"汲黯说："皇帝设置公卿辅弼大臣，难道只希望这些人根据君主的意思说话，致君主于不义之地吗？"

唐朝张九龄和严挺之、萧诚的关系都好。严挺之讨厌萧诚的谄佞，劝张九龄不要和他来往。张九龄不解，忽然自语道："严挺之太固执，萧诚柔和可亲。"李泌当时在旁边，说："您以一个平民百姓的身份当上宰相，难道也还喜欢说好话的人吗？"张九龄听了，吃了一惊，忙谢李泌能直言相告。

谄媚者千古有愧

郭霸尝元忠之便液，之问奉五郎之溺器；朝夕挽公主车之履温，都堂拂宰相须之丁谓。书之简册，千古有愧。噫，可不忍欤！

【译文】

郭弘霸尝魏元忠的便液，宋之问进捧张易之的便器；赵履温早晚为公主挽车，丁谓在都堂上为寇准拂去胡须上的汤渍。这些行为记在史册上，千秋万代都感到惭愧。唉，能不忍嘛！

【注析】

唐朝郭弘霸凭着阿谀逢迎为武则天做事，当上了御史。当时御史中丞魏元忠生病，他的部下同事都去看望。弘霸一个人最后去，主动要求看一下魏的小便，并用手指沾来放在口里尝了尝，以判断病的轻重。尝后他很高兴地说："味甜就坏事，现在味苦，没有多大问题。"魏元忠讨厌他的谄媚举动。

唐朝的宋之问，字延清，汾州人。武则天时为尚方监丞、左奉宸内供奉。这时张易之和武则天的关系很暧昧，当时人称五郎。可是宋之问却全心全意地投靠张易之，以至于张易之大小便时，宋之问为他捧着便器。后来张易之失势，宋之问也被贬到泷州。

唐朝安乐公主和太平公主仗着势力干预朝政，接受别人的贿赂后为人谋职。她们用墨写官职名，斜封后送到中书省予以任命，靠这样得到官职的人被当时人称斜封官。到了睿宗景云元年，临淄王起兵讨伐韦氏等人，牵连到安乐公主，其和同谋人一起被斩首。这时有个司农卿赵履温，为讨好安乐公主，曾经脱掉朝服，用脖子牵着公主的牛车。公主死后，赵履温飞快地赶到承天门，手舞足蹈，高呼万岁。声音还没落，临淄王也杀掉了他父子。老百姓痛恨他大兴劳役，割掉他的肉才离去。

　　赵宋真宗时，寇准做宰相，丁谓做参政，曾经一起在中书省吃饭，汤洒上了寇准的胡须，丁谓站起轻轻为他擦掉。寇准笑着说："参政是国家的大臣，居然给上司抹胡须！"丁谓感到十分惭愧，于是两人便有了隔阂。

【评点】

　　谄媚是最危险的大敌，因为明知是虚假，下意识里却还是相信它。正像莎士比亚说："犀牛见欺于树林，熊见欺于镜子，象见欺于土穴，人类见欺于谄媚。"喜欢被人谄媚与阿谀是所有疾病中最流行与最恶性的一种疾病。所以元代许衡说："人君不察，以谄为恭。"谄媚对于人无疑是裹着蜜糖的砒霜，是诱骗无辜之人的圈套和陷阱，它会引导你发展你的弱点，走进死胡同，从最高的地位上跌下来。所以，我们要防止被谄媚者包围，忠言逆耳利于行，良药苦口利于病。

　　从另一角度讲，一个人不要轻易奉承讨好别人。郭弘霸、宋之问、丁谓等人的奴颜婢膝，为世人不耻，贻笑后人。《易经·系辞下》论及为人处世的准则时说："上交不谄，下交不渎。"我们应当取这种处世态度。

三十三 笑之忍

【题解】

本章指出笑也要适当，不能得意忘形，也不要笑不可测，另外，开玩笑不能过分，否则会导致祸害。

笑得适当别人才不讨厌

乐然后笑，人乃不厌。笑不可测，腹中有剑。

【译文】

快乐时才发笑，别人就不会讨厌。笑得无法猜测，则是心像剑一样凶。

【注析】

《论语》载，公明贾对孔子说："快乐的时候才发笑，人们不讨厌他的笑声。"这是说，笑得恰到好处，那么，别人就不会讨厌。

唐朝的卢杞，德宗时为宰相。当时人说卢杞口里有蜜，心中有剑，阴险奸邪，但因为他嘴巴甜，别人不知他笑什么。

一笑而引祸丧身的美人

虽一笑之至微，能召祸而遗患。齐妃笑跛而郤克师兴，赵妾笑躄而平原客散。

【译文】

虽然笑声很轻微，却能招致祸害留下后患。齐国妃子笑别人跛脚而导致郤克派军队来攻打，赵胜的妾笑人瘸子而导致平原君的门客散去。

【注析】

《左传》记载，宣公十七年，晋国派郤克到齐国去参加盟会。齐顷公掀开帐幔，让妃子看郤克进宫，妃子却在房中笑。郤克十分恼怒，发誓说："如果我不能出这口气，就不渡河回国。郤克回来后，请求攻打齐国。宣公十八年，晋国讨伐齐国，齐国用公子弥作为人质。成公二年，晋国军队战败了齐国军队。齐侯派宾媚人用纪甗、玉磬和土地贿赂晋国，晋国不答应，说："一定要用萧同叔子做人质才行。"成公三年，齐侯来拜见晋君，快要送上玉器的时候，郤克上前说："你们这次来，是为了妃子那一笑。"意思是说齐侯是为妃子笑郤克来赔礼的，不是来为了修好关系。

战国时的赵胜，号平原君。他家的楼紧挨着百姓房子。邻居有一个跛子，正一瘸一瘸地去打水。平原君的美人住在楼上，看见后，大声取笑。第二天，跛子到平原君家里去，请求说："我听说您喜欢士，士不远千里前来，认为您看重士轻视妾。我不幸残废，可您的后宫看见后却取笑我。我希望能得到笑我的人的头。"平原君回答说："行。"又笑着说："看这个小子，因为我的美人笑了一次的缘故，就想杀我的美人，不是太过分了吗？"他最终没有杀掉那个美人。又过了一年多，他门下的宾客渐渐都走了。平原君觉得很奇怪，就去打听，一个人回答他说："因为您不杀那个笑跛子的美人，别人说您爱美人而轻才士，所以宾客都走了。"听了这番话平原君感到很惭愧，就杀了那个笑跛子的美人，到隔壁跛子家去谢罪，后来才士又都回来了。

开玩笑结下了冤仇

蔡谟结怨于王导，以犊车之轻诋；子仪屏去左右，防鬼貌之卢杞。

【译文】

蔡谟和王导结下了怨仇，是因为就牛车开玩笑而已；郭子仪让左右退下，是防止得罪长得很丑的卢杞。

【注析】

晋朝的王导，是王览的孙子。他的妻子曹氏，嫉妒心强且十分凶悍，王导很怕他，偷偷地把众妾安置在别的房子里。曹氏知道后就要前去，王导担心众妾受到侮辱，就赶快驾车先去。他害怕迟到，就用手上的麈尾柄打牛。司徒蔡谟听说后，便戏弄王导说："朝廷准备赐给您一些东西。"王导没有听出弦外之音，连声表示不敢不敢。蔡谟说："没听说赐给别的什么，只有短的车辕、一驾牛车和长柄麈尾。"王导这才明白，大怒道："我过去和群贤在洛中游玩，哪里听说过这个蔡克的儿子！"从此两人结下了怨仇。

唐朝的卢杞，是德宗时的宰相。这人长得很丑，脸色像蓝颜料。郭子仪每次会见宾客，妻妾都在旁边。一次，卢杞前去探视，郭子仪把所有的妻妾丫环都撤走。有人问其中的缘故，郭子仪说："卢杞外貌丑而心地阴险，女人看了肯定发笑，某一天卢杞得势，我全族都要被杀光了。"

笑人等于笑己

人世碌碌，谁无可鄙？冯道《兔园册》，师德田舍子。噫，可不忍欤！

【译文】

人世间庸庸碌碌，谁没有一点可鄙的地方？冯道因为《兔园册》贬刘岳之官，娄师德却不记恨李昭德说他是庄稼汉。唉，能不忍嘛！

【注析】

五代冯道，字可道，瀛州人，他是农夫出身，却始终担任宰相、三公、三师之位，历经五代八个姓氏不同的皇帝。一次入朝时，任赞、刘岳在后相随，冯道数次回头张望，任赞问刘岳说："他回头干嘛？"刘岳讥讽道："恐怕是丢了《兔园册》吧。"冯道大怒，将刘岳贬为了秘书监。《兔园册》，唐虞世南奉敕所撰，为乡村儒师教授农夫孩子诵读所用之书。

唐代娄师德，武后时相国，为人宽厚谨慎，别人对他有所冒犯他都不计较。曾与李昭德共同入朝，娄师德因体胖而行路迟缓，李昭德不耐烦地说："我被农夫耽误了。"娄师德笑道："我不为农夫，谁能当农夫？"

【评点】

"笑一笑，十年少；愁一愁，白了头。"一个人不能没有欢乐的时刻，文学家王尔德说过："快乐如药石，具有治病的功效。"我们都应具有乐天知命的个性，去医治忧郁的病魔，应该笑着面对生活，不管一切如何。

但笑也是一门艺术，你不能在大庭广众中旁若无人地笑，那样别人会认为你缺少教养。你不能在别人痛苦时去笑，那样别人会认为你冷漠，甚至产生误解。你不要过分地发出笑声，那会破坏你的美感。无论是"巧笑倩兮，美目盼兮"，还是"仰天大笑出门去，我辈岂是蓬蒿人"，都要适度适时。

记住戴尔·卡耐基这句话——

生活就象一面镜子，你对它哭，它就对你哭，你对它笑，它就对你笑。

三十四　妒之忍

【题解】

妒意是人性中卑劣的情愫之一。它象一个绿眼的妖魔，谁被它玩弄，谁便会陷入痛苦之中。本章分析了嫉妒产生的根源和危害。

嫉妒是私欲的产物

君子以公义胜私欲，故多爱；小人以私心蔽公道，故多害。多爱，则人之有技若己有之；多害，则人之有技媢疾以恶之。

【译文】

君子用公理战胜私欲，所以多爱心；小人因为私欲遮蔽了公道，所以多害人之心。多爱人之心，则别人有才能，好像是自己有一般；多害人之心，别人有才能就嫉妒并且讨厌。

【注析】

《论语》记载，孔子说："君子明白道义，小人通晓私利。"道义，是遵循天理的结果；私利，是人心的欲望。君子遵循天理，便没有人欲的私心，所以能广泛地爱别人。小人放纵私欲，不明白天理，所以多嫉妒厌恶别人。荀子说："君子能够用公理去战胜私欲。"

《尚书·秦誓》说："假如有一个耿介的人，虽然没有什么才能，他的心肠好，就会胸怀宽广。别人有才能，好像自己也有才能。对别人的美德，总是真诚地爱慕。"这是说假若一个耿介刚直的人，看见别人有才能，好像自己也有这才能。看见别人有美德，就真诚地爱慕。这是以天下为公的胸怀，是真正能容纳有才有德的人。所以说爱心多的人能克服私欲。至于有些人，用私心去抹杀天理，看见别人有才，便妒忌厌恶。看见别人有美德，就反对他妨碍他，这样的人不能容有才有德的人。所以《大学》中说，这种妒忌贤能，损害国家的人，应当放到边疆无人居住的地方，不让他们住在内地，这是对他们深恶痛绝的缘故。

嫉妒导致人间悲剧

士人入朝而见嫉，女人入宫而见妒。汉宫兴人彘之悲，唐殿有人猫之惧。

【译文】

士人进了朝廷做官便遭到嫉恨，女人进了宫中便遭到妒忌。汉宫中有"人彘"的悲剧，唐朝宫庭中有对"人猫"的恐惧。

【注析】

汉朝的邹阳，汉景帝时人，在吴国做官时，他曾经上书谏吴王，吴王不听，邹阳便离开吴国到了梁孝王那里。在梁孝王那里，他又被人诬陷下狱。他在狱中上书说："女人不论美丑，入宫便会受到妒忌；士不论贤还是不贤，入朝便遭到嫉恨。"

汉朝吕后妒忌高帝宠幸戚夫人，就用毒药害死了赵王如意，斩断了戚夫人的手和脚，挖去了她的眼珠，弄聋了她的耳朵，又让她喝了哑药，让她住在厕所里，把她叫"人彘"。吕后叫汉惠帝来看，惠帝十分吃惊，大哭了一场，并因此得病。

唐代的李义甫，瀛州人，唐高宗时任参知政事，参预朝政。他外貌很谦恭，和人说话，总是和蔼地微笑。实际上狡猾刻毒，暗地里中伤别人。人说他笑里藏刀，柔能害人。人们叫他李猫，又叫人猫，后来他被流放到隽州死去。

因人妒忌而丧身

萧绎忌才而药刘遵，隋士忌能而刺颖达。僧虔以拙笔之字而获免，道衡以燕泥之诗而被杀。噫，可不忍欤！

【译文】

萧绎因妒忌才能而毒死刘之遵，隋朝的儒士妒忌孔颖达的才能就想刺杀他。王僧虔故意展示拙笔而幸免于难，薛道衡因为写了首燕泥的诗而被杀。唉，能不忍嘛！

【注析】

南朝梁代刘之遵，字思贞，南阳人，梁武帝时为太常卿。之遵博学多才，很会写文章，曾经担任过湘东王萧绎长史。他在一次回江陵经过夏口时，萧绎因平时妒忌之遵的才能，偷偷送药将他毒死了。可是萧绎自己又给之遵写了墓志铭，并给刘家送了很多礼物。

唐朝的孔颖达，字仲达，冀州人。八岁时上学，每天能背诵千余字的文章。长大后，善于写文章，精通天文历法。隋朝大业初年，举明经高第，授博士。炀帝召天下儒官汇集东都，命学士和他们辩论，孔颖达答得最出色，年纪又最小。那些年纪大资历深的儒官耻于在他之下，暗地派人刺杀他，孔颖达躲在杨元感家才逃过这场灾难。到了唐太宗即位时，孔颖达多次进谏忠言，被任命为国子司业，又拜为祭酒。太宗到太学时，叫孔颖达讲经书。太宗认为他讲得好，下诏书奖励他。孔颖达后来弃官归家而死。

南朝宋的王僧虔，是王导的孙子。文帝时做太子中庶子，武帝时为尚书令。年纪很轻时便以善写隶书闻名。宋文帝看到他写在白扇子上的字，赞叹道："不仅字超过了王献之，风度气质也超过了他。"当时孝武帝想一人以书名扬天下，僧虔便不敢露出自己真迹。大明年间，常常把字写得很差，因此才免于遭难。

隋朝的薛道衡，字玄卿，是河东汾阳人，六岁时就成了孤儿，特别好学。

十三岁时，便会讲《左氏春秋传》。高祖时做内史侍郎，炀帝时任潘州刺史，大业五年被召还京。他呈上他写的《高祖颂》后，炀帝不高兴，说："都是些漂亮的词藻。"任命其为司隶大夫。炀帝自认文才高而看不起天下之士，不想让他们超过自己。御史大夫说道衡自负才气不听训示，心里没有君王。炀帝就借机派人绞死了道衡。天下人都认为道衡死得冤枉，临死的时候，炀帝问道衡："你还能写出'空梁落燕泥'的诗句来吗？"这句诗，是薛道衡《昔昔盐》中的一句。

【评点】

嫉妒是人的一种常情，不承认这种常情是对自身的无知，放弃嫉妒心便是对这种常情的超越。

嫉妒之心在不同人身上有不同的情况：对心胸狭窄、行为卑鄙的人而言，嫉妒是毁灭自己、损害别人的武器；对有知识，有理想的人而言，嫉妒却可以化为竞争力。

嫉妒是人的一种情欲，不善于克制这种感情的人，一般总是不幸的。而且这种不幸总是成双倍地呈现，因为他们既折磨别人，又折磨自己。他们不能从自身的优点中取得养料，就必定要找别人的缺点来作为养料，如果找不到别人的缺点，肯定会用败坏别人幸福的办法来安慰自己。他们总是通过发现别人的不愉快，来使自己得到一种愉快。

嫉妒往往会发展成为一种消极的情绪，美国的马克斯韦尔·莫尔兹曾说："它驱使你离开自我，阻止你达到高尚、完善的自我。嫉妒能使人变得卑下、猥琐，甚至不再模仿他人。你会因此而怨天尤人，失去理智，更不会懂得公正待人。"他又指出了治疗嫉妒的良方：树立自信心，这是才智和谦恭的开端，这是宽恕自己以往的过失并从中振奋的开端。

是的，我们应当克制嫉妒这种令人不易觉察的情欲，并防止因嫉妒而丧失理智，萧绎妒贤而药死刘之遴，隋朝学士妒忌孔颖达的才能而刺杀他，都是一种妒贤嫉能发展到极端时的一种表现。嫉妒这种人人皆有的心理反应，我们应当把它化为一种善意的竞争和努力。

三十五　忽之忍

【题解】

忽，指轻视忽略之意。本章用古人的教诲和历史事实说明，必须防微杜渐，防患于未然。

轻者重之端，小者大之源

勿谓小而弗戒，溃堤者蚁，螫人者虿。

【译文】

不要因为事情小就不戒备，使堤坝溃决的是蚂蚁，螫人的是蜂蝎。

【注析】

《关尹子》说："勿轻小事，小隙沉舟；勿轻小物，小虫毒身；勿轻小人，小人贼国。"东汉陈忠上疏说："我听说轻是重的开始，小是大的源头。所以长堤溃于蚁穴，真气露于针眼。所以精明的人谨小慎微，有智慧的人知道关键。不禁止小偷，就会招来大盗。"

唐柳宗元《为裴中丞上裴相乞讨黄贼状》说："蜂蝎很小，却能害人，一定要剪伐扑灭，才能形成和平。"

千里长堤，溃于蚁穴

勿谓微而不防，疽根一粟，裂肌腐肠。

【译文】

不要认为事情很小而不防备，恶疮开始不过像一粒粟米那么大，最后却能使肉烂肠断。

【注析】

疽，指恶疮，刚发作时只不过像一粒粟米。早治疗就容易好，治迟了就难愈。以至于皮破肉裂，肠胃腐烂，一直到死。

宋朝的张浚看到秦桧欺君误国的阴谋渐渐明显，于是告诉皇帝说："现在的形势，好像在身体的要害地方长了一个疮，不把它的脓挤干，就不会好。挤迟了就祸大而且难治，挤快些就患轻而易治。"

福生于微，祸生于忽

患尝消于所慎，祸每生于所忽。与其行赏于焦头烂额，孰若受谏于徙薪曲突。噫，可不忍欤！

【译文】

如果谨慎，祸害也会消灭，如果轻视忽略，祸害就会产生。与其说赏赐那些因救火而烧得焦头烂额的人，不如当初接受别人的建议搬走薪柴，改造烟囱。唉，能不忍嘛！

【注析】

祸害常常因为谨慎而消灭。这就像《易经·坤卦》中说的："括囊，无咎。"慎，不害也。是说只有阴没有阳，就不能相辅相成，但如果谨慎一些，就没有害处。唐太宗也曾对群臣说："常恐骄奢生于富贵，祸乱生于所忽。"

西汉时，霍光专权，茂陵徐福上疏说："霍氏做的太过分了，陛下就是宠爱他，也应当及时抑制他的气势，不要让他自取灭亡。"书上了三次，也没有动静。到汉宣帝地节四年，霍氏一家因为阴谋造反而被杀，于是便封赐那些告发霍光的人都为列侯。这时，有人替徐福鸣不平，上书说："我听说有一个人经过一家人房子时，看见他的灶屋烟囱笔直，旁边堆了不少柴草。客人对这家主人说：'要赶快换一个拐弯的烟囱，搬走柴草，否则就会发生火灾。'主人不听从劝告，没多久果然失火。邻居都去救火，幸好扑灭了，于是这家人杀牛备酒，感谢他的邻居，被火烧伤的坐在席的上首，其余的则按救火功劳的大小依次坐位，就是没请那个建议换烟囱的人。有人对主人说：'假若过去听了那个过路人的话，现在便不会耗费酒肉，而且不会发生火灾。现在你论功请客，为什么建议换烟囱搬柴的人不沾光，而救火时烧得焦头烂额的人成了上宾呢？'主人因此醒悟过来了，就把那个说换烟囱的过路客请来了。现在徐福曾经多次上书指出霍氏有叛乱的打算，应当早早地杜绝。假使徐福当初的建议能够实行，那么君王就不需用封侯赐土来制止叛乱，而且霍氏一家也不会因为造反而遭诛灭。事情已经过去了，只有徐福默默无闻，有功不赏。希望陛下明察。"于是皇帝赐了十匹帛给徐福，并给了他一个郎官的职位。

【评点】

我们无论做人做事，都不能忽略细微末节之处，尤其是祸害的产生，都有它的萌芽和发展状态。那个拒绝改建烟囱的人和不听徐福劝谏的皇帝，以惨重的代价才明白事理。他们幸好都没有发展到不可收拾的地步，否则悔之晚矣。周武王曾对召公等人说："绵绵不绝，蔓蔓若何？豪末不辍，将成斧柯。"这就说明对灾祸的苗头、征兆不加以警惕，后果将无法设想。所以《淮南子·缪称训》中说："积羽沉舟，群轻折轴，故君子禁于微。"即指君子要从细小的事情上严格要求自己。三国时，诸葛恪劝孙奋时曾说："福来有由，祸来有渐，渐生不忧，将不可悔。"诸葛恪上书之意是希望他谨慎行事。中国有一句俗话也说："小心没有多余的。"一个人安身立命，成家立业，道路坎坷，如一失足则成千古恨，所以，应牢记上面这些教导，那样，便可如《老子》所言："慎终如始，则无败事。"

三十六　忤之忍

【题解】

忤，违反，背逆之意。一般指下忤上，儿女不孝顺父母。本章意在指出，对别人的不恭，一定要加以宽恕。

得饶人处且饶人

驰马碎宝，醉烧金帛，裴不谴吏，羊不罪客。

【译文】

骑马打碎了宝物，喝醉了酒烧毁了金帛，可是裴行俭不谴责部下，羊侃不责怪客人。

【注析】

唐朝的裴行俭，字守约，唐高宗时任吏部尚书。他家里有一匹皇帝赐的好马和很珍贵的鞍子。部下私自骑马出去，马摔了一跤，跌坏了鞍子，很害怕，就逃走了。裴行俭派人把他找回来，不过分责怪他。又一次，他曾经率兵平定都支、李遮匐，获得了不少瑰宝。于是就举行了一次宴会，把珍宝拿给所有客人看。其中有一个玛瑙盘，直径有二尺大，很漂亮。手下军士不小心跌了一跤，将盘子摔碎了，他吓得不得了，头叩得都流了血。裴行俭笑着说："你不是故意的。"他一点也没责怪军士。

南朝梁时的羊侃，字祖忻，泰山梁父人，起初担任北魏泰山太守。因为他的祖父羊规曾经担任过宋高祖的祭酒从事，所以羊侃有回到南方的念头。南返的途中，他在涟口摆酒席。有一个客人叫张孺才的喝醉了，在船上失了火，烧了七十多艘船，烧掉的金银财物不计其数。羊侃听说后几乎不放在心上，命令继续喝酒。孺才既惭愧又恐惧，就逃跑了，羊侃派人安慰他，并叫他回来，待他仍像从前一样。羊侃后来回到梁武帝身边，做了军司马。

见忤不怪，大家风度

司马行酒，曳遇坠地。推床脱帻，谢不瞋系。诉事呼如周，宗周不以讳。是何触触生，姓名俱改避？

【译文】

司马周馥斟酒，裴遐没及时喝，司马于是把裴遐拖到了地上。蔡系为争位子，将谢万的帽子和头巾快弄掉了，谢万也没有责怪蔡系。投诉冤情直接呼叫尚书宗如周的名字，宗如周也不觉得他犯了忌讳。熊安生为何要自称触触生，为避高官讳把自己的姓名都改了呢？

【注析】

晋朝裴遐在东平将军周馥的家里做客，裴遐和别人下围棋，周馥的司马代主人向客人行酒。裴遐正玩在兴头上，行到他面前时，他没有马上喝。司马有些不高兴，就顺手拖了裴遐一下，裴遐没注意，结果跌到地上去了。裴遐慢慢起来回到座位上，举止像平常一样，表情安详，仍像开始一样玩。事后王夷甫问他："当时为什么表情没有变化？"裴遐回答说："我当时很糊涂。"

北魏度支尚书宗如周，有人来向他申诉冤情，因为宗如周曾经作过如州官，那人就说："我有一件很冤枉的事，来向如州官投诉。"如周说："你是什么人，敢直接叫我的名字？"那个人谢罪说："只听人说如州官在如州，不知道如州官叫如周。早知如州官名如周，就不把如州官叫如周。"如周大笑说："你自己作检讨，反而进一步侮辱我。"众人知道后都佩服他的雅量。

北朝经学家熊安生，某次活动时，将要通报姓名，忽见对面站着徐之才、和士开二人，徐之才名"雄"，和士开名"安"，为了避这两位高官的讳，竟自称"触触生"，结果被众人当笑话讲。

人有不及，可以情恕

盖小之事大多忤，贵之视贱多怒。古之君子，盛德弘度，人有不及，可以情恕。噫，可不忍欤！

【译文】

大概身份低的人侍奉身份高的人多冒犯，高贵的人看待低贱的人多恼怒。古时候的君子，道德高尚，气度宽弘，别人有不周到的地方，能给以宽恕。唉，能不忍嘛！

【注析】

晋朝的卫玠，字叔宝，在晋作太子洗马。他风度优雅，善于清谈，常常对人说："别人有不周到的地方，情理上可以宽恕；别人无理来打扰你，你可以向他讲道理。"

【评点】

对待雇员，对待下属及年轻人，我们应当允许别人犯错误，也应具有大肚量，宽恕容人。在日常生活中，这类事会常发生。做人的基本原则是，不要责难他人所犯下的轻微小过，更不能对他人过去的不是耿耿于怀。如果能达到这一点，不仅可以培养自己的品德，避免无谓的烦恼，也可以避免意外灾祸。

十六国时，胡人部落首领沮渠罗仇等率军随后凉主吕光征河南，吕光前军大败。一部落首领劝罗仇率众叛离，罗仇便说："宁人负我，无我负人。"在十六国时期的军阀混战中，这种标榜当然是虚伪的，但从一个人立身处世来说，却是可贵的品德。所以我们处世待人要抱

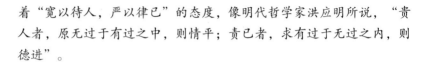

着"宽以待人，严以律己"的态度，像明代哲学家洪应明所说，"责人者，原无过于有过之中，则情平；责己者，求有过于无过之内，则德进"。

三十七　仇之忍

【题解】

对待仇人，应持何种态度呢？本章认为，还是以宽恕为好，不要轻易与人结仇，君子之风，是"攻人勿过严"。

冤仇宜解不宜结

血气之初，寇仇之根。报冤复仇，自古有闻。不在其身，则在子孙。人生世间，慎勿构冤。小吏辱秀，中书憾潘。谁谓李陆，忠州结欢？

【译文】

血气方刚的时候，种下了仇恨的种子。互相报复，从古至今都听说过。不及本人，便在子孙后代。人生在世，不要轻易结下仇怨。小官吏孙秀终于报复了潘岳，中书郎吕壹与潘濬结怨而终被治罪。有谁相信李吉甫和陆贽在忠州会释怨而结交成友好的关系？

【注析】

《论语》记载，孔子说："血气方刚的时候，要防止互相争斗。"

韩愈在《复仇状》中说："儿子为父亲报仇，《春秋》《礼记》《周官》等书，没有什么书对这种复仇表示非议或认为有罪。如果不准复仇，就伤害了孝子的感情，而且违背了先王的教导。如果允许复仇，人们将会根据法律杀人，无法控制局面。"

孟子说："杀别人的父亲,别人也杀你的父亲;杀别人的兄长,别人也会杀你的兄长。就象吴国报复越国檇李之辱,越国洗雪吴国会稽之耻一样。"

晋朝的孙秀担任小官吏时,潘岳多次挞伐他。到了淮南王司马允讨伐赵王司马伦没有成功而死以后,孙秀便说潘岳追随司马允作乱。于是朝廷便杀了潘岳和他的一族人。

唐朝的李吉甫,凭着祖上的地位,补了一个太常博士的官。李吉甫非常熟悉典章制度,李泌、窦参都很重视他的才干,待他很不错。当时陆贽怀疑他们几个人结党营私,于是奏请皇帝,派李吉甫任明州长史。后来陆贽被贬到忠州,宰相想加害陆贽,就调李吉甫做忠州刺史,让他心安理得地报仇。李吉甫到了后,却放下了个人恩怨,和陆贽建立了良好关系,人们都佩服他的气量。

一时的气愤种下了他日的祸根

霸陵尉死于禁夜,庾都督夺于鹅炙。一时之忿,异日之祸。

【译文】

霸陵尉因为夜里禁止李广行走而丧身,庾悦因为烤鹅肉而失去了都督职务。一时的气愤,种下了他日的祸根。

【注析】

西汉时的李广,是陇西成纪人,为汉朝将领,和匈奴打仗时,李广负伤后被匈奴捉住了。匈奴用网把李广装起来,放在两匹马中间躺着。走了十多里路,李广装死。他偷偷看见旁边有一个少年骑着一匹好马,便突然腾身而起,跃上那个少年的马。抢过少年的鞭子拼命打马,飞快地向南方跑,逃回了汉朝。李广回汉后被判死罪,用钱赎了一条活命,贬为平民百姓,隐居在蓝田南山中,靠打猎为生。夜里和别人在百姓家喝酒,回来经过霸陵亭。霸陵尉喝醉了,呵斥李广停下。李广的随从说:"这是从前的李将军。"霸陵尉说:"现在的将军晚上都不准走路,何况从前的将军!"就把李广扣留在亭中,到了天亮才放他。过了不久，匈奴侵入辽西，杀了辽西太守。皇帝又让李广担任右北平太守，李广请求让霸陵尉从军，到了军中便将他杀了。李广向皇帝上书，请求原谅，皇帝也没有怪罪。

晋朝的庾悦，安帝时任江州刺史，刘毅做豫州都督。当初，刘毅住在京口，家里十分贫穷。有一天，和一伙朋友在东堂玩，司徒长史庾悦来了，占了刘毅等人玩的地方。他地位高，众人都避开了，只有刘毅不走。庾悦吃的食物很丰盛，就是不给刘毅吃。刘毅找庾悦要烤鹅肉吃，庾悦说："今年还没有孵出小鹅，哪有鹅肉送给你。"刘毅因此怀恨在心。后来庾悦做江州刺史，刘毅便要求以豫州都督的身份兼管江州，皇帝同意了刘毅的要求。刘毅又奏请皇帝，说江州在内地，治理民众是本分，不应当驻扎军队消耗民财。于是把庾悦调到豫州去镇守，临走时，庾悦府中三千文武，都全部划归刘毅府上。庾悦忿忿不平，气恼而死。

一言不慎，何至丧身

张敞之杀絮舜，徒以五日京兆之忿。安国之释田甲，不念死灰可溺之恨。

【译文】

张敞杀掉了絮舜，是因为他说张敞只能做五日京兆尹。韩安国原谅了田甲所为，不计较他"溺死灰"的羞辱。

【注析】

西汉时的张敞，字子高，河东平阳人。宣帝时担任京兆尹，善于办理盗窃一类案件。甘露元年，朝廷杀了杨恽。公卿中有人上奏皇帝说张敞是杨恽一伙，不应留在这个位子。皇上爱惜张敞是个人材，没有把这话当回事。张敞派手下絮舜去调查一桩案子，絮舜因认为张敞应当免职，不愿去为张敞效力，私下回了家。有人劝絮舜，絮舜说："他只能做五天京兆尹了，怎么能再来查办案件。"张敞听说了这句话，就把絮舜关进了监狱，日夜拷问，竟把他给逼死了。到立春时，碰上皇帝派的调查冤案的官员出巡，絮舜家里人抬着他的尸体哭诉。官员向皇帝奏说张敞乱杀无罪的人，就把张敞贬为老百姓。过了数月后，冀州一带出了大盗，皇帝考虑到张敞有这方面才能，召回张敞，又任命他做冀州刺史。

西汉韩安国因犯错入狱，狱卒田甲以"溺死灰"之言羞辱他，待到韩安国复职时，他原谅了田甲的所为，显示他不计仇怨的广阔胸襟。

恩仇两忘，君子之风

莫惨乎深文以致辟，莫难乎以德而报怨。君子长者，宽大乐易，恩仇两忘，人已一致。无林甫夜徙之疑，有廉蔺交欢之喜。噫，可不忍欤！

【译文】

没有比罗织罪名致人于死地这种事更悲惨的，没有比用恩德去对待结下怨仇的人更难的。有君子风度的人，心胸宽广，忘掉彼此之间的恩恩怨怨，对人对己都是一样。不用像李林甫夜夜怀疑有人刺杀他，只有廉颇蔺相如重归于好的欣喜。唉，能不忍嘛！

【注析】

没有比罗织罪名致人于死地更残酷的，像中书吕壹罗织罪名诬陷无罪的人这种情况。没有比以德报怨，不计前嫌更难做到的，像李吉甫放弃怨恨，和陆贽友好，像韩安国对待田甲之类就是。

唐朝的李林甫，玄宗时做宰相。他妒忌贤能，排挤超过自己的人。他生性阴险，人说他嘴里像有蜜，肚中却藏有剑。每夜他都一个人坐在偃月堂，如果深思不语的话，第二天一定会杀人。他当宰相十几年，暗中残害善良人，和不少人结下仇怨，他害怕有人刺杀他，出去便有一百多人守卫。前面有人执金吾驱赶行人，数百步外都不准人靠近。住的地方重重关卡，一层又一层围墙像防备大敌一样。一个晚上多次调换睡觉的床铺，连他的家人也不知他住在什么地方。

《战国策·赵策》记载：赵国蔺相如两次奉命出使秦国，因为有功被升任为上卿，职务在将军廉颇上面。廉颇四处扬言："我做将军，有攻城野战的大功劳。蔺相如本来是个一般的人，只凭着一张嘴，反而职位超过了我。我为在他的下面感到羞耻，见到他我一定当面侮辱他。"蔺相如听到这番话后，每次外出，远远见到廉颇的车子就避开，别人都为他感到羞耻。蔺相如说："秦国不敢向赵国进攻，是因为有我们在。如果我们两人像虎一样互相争斗，势必不能共存。我这样做的原因，是将国家的利益摆在前面，将个人的私怨放在后面。"廉颇听了这番话后，脱光上衣，光着臂膀，背着荆条到蔺相如府上请罪。两人最后和好，成为生死与共的朋友。

《孔氏六贴》中说，卢知猷器量深厚，被人尊为长者。卢承庆和蔼平易，朋友们都亲近他。大概李吉甫、韩安国一类的人，个人恩仇不放在心上，处理人际关系，中间没有一点疏漏。这样对自己也有益处，哪里像李林甫白日防备夜里移动住处，时时怀疑别人呢？

【评点】

我们常说疾恶如仇，但儒家则处处讲一个"恕"字。"夫子之道，忠恕而已矣。"基督教也崇尚一种"宽容"精神：打你的左脸，把你的右脸也伸过去。那么，我们如果真的因种种原因而结仇于人，应当怎样处理彼此关系呢？

按照本章中的阐述，一个人最好不要与别人把矛盾激化，冤仇宜解不宜结。俗话说，"得罪人打堵墙，多个朋友多条路"。二是大肚能容，大人不计小人过，君子坦荡荡。冤仇常常是一个巴掌拍不响，你心怀若虚，对方自然觉得没意思。三是宽以待人，严以责己。你要认真反思一下是否自己有什么不对之处。《文子·上德》云："怨人不如自怨，求诸人不如求诸己。"用责人之心责己，恕己之心恕人，那么双方就会化干戈为玉帛，像廉颇和蔺相如那样握手言欢。孔子所言"忠恕"之道，便要求我们"己所不欲，勿施于人"。

　　当然，在处理一般的人际关系，即人民内部矛盾时，我们应当有高姿态，如果是对待为非作歹的小人，我们则应当"嫉恶如仇"，对那种人讲"费厄泼赖"，无异于害了自己。

三十八　争之忍

【题解】

本章所提及的"争"，并不是那种公平竞争，互相促进之举，乃是指那种用不正常手段去夺取名和利的"争斗"。在人生道路上，有时我们应当去"争"，有时则应当避而远之。

君子争义，小人争利

争权于朝，争利于市。争而不已，瞽不畏死。

【译文】

在朝廷上争夺权力，在市场上争夺利益。争夺不停，顽悍而不怕死。

【注析】

《战国策·秦策》记载，张仪和司马错在秦惠王面前争论是先攻打韩国还是先攻打蜀地。张仪说："我听说在朝廷上争夺名声，在市场上争夺利益。现在三川和周室，是天下的集市和朝廷，您们不争，反而争什么戎狄。"《尚书·康诰》说："杀人并抢夺货物，顽悍而不怕死。"这是周武王在封他的弟弟康叔诰命上的话。把这句话拿来说明争权争利而没有止境的人，像《尚书》上所说的夺财的人，逞强而不怕死一样。

争权夺利，一时之雄

财能利人，亦能害人；人曷不悟，至于丧身？权可以宠，亦可以辱；人胡不思，为世大傻？

【译文】

财物能对人有利，也能害人；人们为什么不醒悟，竟至于为财丧身？权力可以使人受宠，也能使人受辱；人们为什么不思量，竟会遭致大的耻辱，以至被杀戮？

【注析】

我们说财物能够利人，像仁义的人散财而得民心。如武王散巨桥和鹿台的财物，最后成为天子。财物能害人，像不仁的人宁肯丢了命而聚财，像商纣王聚敛巨桥和鹿台的财物，而导致自己烧死。所以说："人为什么不觉悟，为了争权争利而丧命呢？"

扬雄《解嘲》说："早晨掌握了权力可以成为卿相，晚上失去了势力就成为百姓。"这难道不是说，权力可以使人得宠，也能使人受辱吗？所以《史记》中太史公记叙英布说："功劳超过了其他人，因此被封为诸侯，但仍不能逃避被杀的耻辱。"据载英布先是追随高祖，有功劳，被封为淮南王，后来又举兵造反，被汉高祖杀了。

勘破世事，雨过天清

达人远见，不与物争。视利犹粪土之污，视权犹鸿毛之轻。污则欲避，轻则易弃。避则无憾于人，弃则无累于己。

噫，可不忍欤！

【译文】

通达的人有远见，不去争夺财物。他们看待利益像粪土一样污浊，看待权力像鸿毛一样轻。污浊就想避开，轻浮就马上抛弃。避开名利就没有遗憾，放弃权势就没有累赘。唉，能不忍嘛！

【注析】

汉朝贾谊《鹏鸟赋》中说："豁达的人很达观，对于事物没有不认可的。贪婪的人寻求利益，壮烈的人为名殉身。"

《老子·益谦章》说："正是不去争，天下才会没有能争得过的。"

王充《论衡》说："那些不去做官的百姓，生性廉洁欲望很少。喜好官职的百姓，性情贪婪，追求名利。名利欲望不放在心上的人，视爵禄像粪土一样。"

《战国策》记载，有人对楚王说："求利的心情，上至皇帝，下至百姓。以公家的名义而为个人谋利，所以，国家的利益比鸿毛还轻，这些人造成的灾祸比山还重。人能够在权和利之间考虑得很少，不以个人的升降为重，哪里会在别人那里积下怨恨，从而为自己留下祸害呢？"

《左传》记载，僖公二十年，楚王梦见河神向他要玉冠玉带，他没有给。荣季对楚王说："如果你的死对国家有利，那就应该去死，何况是玉冠玉带呢！玉冠玉带不过粪土罢了。"

【评点】

世人熙熙，皆为利来，世人攘攘，皆为利往。从现代人角度来看，商品经济社会，这并没有不对之处，平等状态下的竞争，乃是推动社会发展的动力。但凡事皆有"度"，用孔子话说："过犹不及也。"

一个人如果陷入名利之争中，往往会引发人性中的恶习。虚荣、嫉妒、冒险乃至违反社会律条而铤而走险。物极则反，这不仅与愿望南辕北辙，而且会导致身败名裂。

曹操为了缓和部下争名夺利的矛盾，曾经引用当时的俗谚说："礼让一寸得礼一尺。"我们也应持此态度。明代哲学家洪应明说："争先的路径窄，退后一步自宽平一步，浓艳的滋味短，清淡一分自悠长一分。"所以我们凡事不可强求。所谓"让一分风平浪静，退一步海阔天空"就是这个道理。我们持这种"退步宽平，清淡悠久"的态度，人与人之间就不会有那么多纠纷了。

当然，有些我们应当去"争"。譬如时间，要"只争朝夕"。譬如对国家和民众有利的事，我们要"争先恐后"去做。譬如对我们前途发展有利的机遇，我们要去把握，去实践。这时如果还去退让，人生便会黯然失色。

三十九　欺之忍

【题解】

欺，欺骗、欺侮之意。本章有两层意思：一是不要与说假话的人计较，二是指出言而无信者没有好下场。

君子大度，海阔天空

郁陶思君，象之欺舜。校人烹鱼，子产遽信。

【译文】

我好思念你呀！这是象在欺骗舜时所说。管鱼池的人把鱼煮吃了，子产还是相信了他鱼跑了的假话。

【注析】

虞舜，帝名，接受尧的禅让而统治天下。象，是舜的异母弟弟。《尚书》说："象狂傲。"《孟子·万章》说：父母派舜去修谷仓，却抽去了梯子，他父亲又放火烧谷仓。派他去淘井，舜从井旁边的一个洞子出来了。象不知舜出来了，就用土去填井。象说："谋害舜就是我的功劳，牛羊归父母，谷仓归父母。干戈、琴、张归我，两位嫂子给我铺铺床送被。"象去舜的房子，舜在床上弹琴。象说："我好想你呀！"神色很不自然。大概象见舜一个大活人还坐在床边弹琴，就编出话来欺骗舜："我想你想得好苦呀！"思念过分所以气不能顺，欺骗不也太过分吗？既然口头上撒谎，那么心里就有愧，所以显露在表情上，也就不会不惭愧。

子产，郑国的大夫，叫公孙侨。孟子说："从前有一个人，送了活鱼给郑国的子产，子产派管鱼池的把鱼放养在池里。这人把鱼煮吃了，反而对子产说："刚放到池塘里时，鱼还是不死不活的，一会儿，便摆着尾巴游起来，突然间就不知去向。"子产说："它到了好地方，它到了好地方！"这个管鱼池的人欺骗子产也太过分了。

指鹿为马，引祸烧身

赵高鹿马，延龄羡余。以愚其君，只以自愚。丹书之恶，斧钺之诛。

【译文】

赵高指鹿为马，裴延龄把没有的说成有。本想愚弄君主，结果愚弄了自己。罪犯名籍中记录了他们的恶行，触犯法律的人最后都得到了惩罚。

【注析】

秦代丞相赵高，想独霸权力，又怕群臣不服，便先想办法试一试，赵高将一只鹿献给秦二世，却说："这是马。"秦二世说："丞相弄错了，怎么把鹿当作马！"赵高问左右的大臣，有人沉默不语，有人表示了看法。赵高暗中把那些说是鹿的人杀了。因此，大臣都畏惧赵高，不敢说他有什么过错。后来赵高终于被秦王子婴杀了。所以《桃源行》中说："望夷宫中鹿为马，秦人半死长城下。"

唐朝的裴延龄，唐德宗时做度支判官，他上书给皇帝说：检查左藏库时，从粪土中找到了十三万两银，其它东西价值一百多万，把这些东西放到杂库中去，便于做别的开支。唐代陆贽《论裴延龄奸蠹书》中说："裴延龄一贯邪伪，公开欺骗皇帝，说是在马粪中找到十三万两银子，布匹杂物价值一百多万，这些都是帐目上没有的，等于是已经丢失了的东西。现在得到了，便是盈余下的钱物。"又说："赵高指鹿为马，愚弄君主，历代流传他的恶名，没有人不痛恨的。鹿和马是同一类的东西，哪里像裴延龄，把有说成无，把无说成有。"后代人讥笑裴延龄，大概超过讥笑赵高吧！等到延龄死了，举国上下庆贺。

诚恳忠实，心地坦然

不忍丝发欺君。欺君，臣子之大罪。二子之言，千古明诲。

【译文】

胡宿和鲁宗道都说：不能容忍一丝一毫欺骗君主，欺骗君主，是臣子的大罪。这两人的话，是千秋万代应当牢记的。

【注析】

赵宋时的胡宿说："我凭着忠诚侍奉主子，现在头发已经白了，不愿再有一丝一毫去违背君主的意思，而辜负一生的名节。"

鲁宗道，字贯夫。真宗时任东宫谕德。皇帝派使者去叫他，他正和客人在店里饮酒，好一会儿才回来。使者进去禀报之前，先和他商量说："皇帝要是怪你来迟了，你用什么理由去回答呢？希望你先指教，免得我们俩说法不一致。"他说："喝酒，是人的常情，欺君，是臣子的大罪。"使者进去后，皇帝果然问来迟了的原因，使者按照鲁宗道的话一五一十说了。皇帝问鲁宗道："你什么原因私自到酒店去？"他请罪道："我家里穷，没有用具，酒店里用具齐备，刚好有个亲戚从远方来，我和他一块喝酒。"皇帝大笑，觉得宗道很忠实，可以委以重任，便用笔在壁上写道："鲁宗道可以任参政。"这两个人的诚恳之言，后来人应当牢记在心。待人以诚，会得到好的回报。

为人虚伪者天天苦恼

人固可欺，其如天何！暗室屋漏，鬼神森罗。作伪心劳，成少败多。

【译文】

人固然可以欺骗，天怎么能欺骗得了？屋的西北角里，也有鬼神在盯着你。表情虚伪，则心情劳累，结果是成功少失败多。

【注析】

《论语》中孔子说："欺骗了谁呢？怕是欺骗了天吧！"这大概是孔子有病，而子路却派门人为家臣，准备丧事。孔子病好以后，便责备子路说："本来没有家臣的名分，却使他承担家臣的责任。那就是用虚假去欺骗天，是最大的罪过。"

《诗经·大雅·抑》说："在你的家里，也不要在西北角做亏心事。不要说这地方不显眼，没有人能看见你。神仙的到来，是你想不到的。哪里可以厌倦轻怠呢！"这是说人应当经常警戒小心，时时刻刻都要这样。这是卫武公所作，用以讽刺周厉王，同时也用来自警，唯恐有这种过失。

《尚书·周官》说："做有道德的事，心情安逸，天天快活；表现虚伪，则心情劳累，天天苦恼。"

天不可欺，人不可欺

鸟雀至微，尚不可欺。机心一动，未弹而飞。人心叵测，对面九疑。欺罔逋陷，君子先知。诐遁邪淫，情见乎辞。噫，可不忍欤！

【译文】

鸟雀虽然小，尚且不能被欺骗。捕雀的机械刚一动，还没有发弹它却先飞了。人心不可估摸，面对面就像九疑峰一样。欺骗还是愚弄，远走还是陷害，君子都会先知道。片面性，过分，歪门邪道，躲躲闪闪这四者，都表现在言辞上。唉，能不忍嘛！

【注析】

东汉灵帝时，何进做大将军，和袁绍一起谋划要杀掉宦官。主簿陈琳对何进说：“《易经》上说，即鹿无虞。谚语说遮着眼睛捕雀。这些小东西尚不能随心所欲去欺骗，何况国家大事，难道可以欺骗吗？”

李太白诗中说：很轻易地把自己托付给朋友，却不知即使是面面相对，你也不知什么是真，什么是伪。因为舜埋葬的地方，九座山峰都很相似。

《论语》记载，宰我问孔子：“有仁德的人，要是告诉他，井里掉进了一个人，他是不是会跟着下去呢？”孔子说：“为什么你要这样做呢？你可以告诉他走开，却不能陷害他。可以欺骗他，却不能愚弄他。”

《孟子》说：“偏颇的言辞，我知道它的片面性在什么地方；淫邪的言辞，我知道它的危险在什么地方；过分的言辞，我知道它和正统的分歧在什么地方；闪闪烁烁的言辞，我知道它理屈在什么地方。”这是公孙丑问孟子什么叫知言，孟子这样回答他的。这是说人有偏颇、淫邪、过分、闪烁这四种话，互相有关连，就有片面、危险、歪斜、理屈这四种过失。因为，人说话都出自于人的思想。根据人的语言的毛病，可以知道思想上的过失。思想上真诚还是虚伪，都不可能掩饰，何况那些昧着天理去欺骗上天的，又怎么能掩饰得住？

【评点】

欺骗他人是不道德的行为，这种人最终不会有好的结局。宋代理学家程颐曾说：“人无忠信，不可立于世。”卢梭也说：“为自身利益撒谎，那是冒骗；为他人利益撒谎，那是诈骗；为了陷害而撒谎，那是造谣中伤。”那些靠谣言惑众的人无异于阳光下的冰山，一时得势，最终会露马脚。

如何对待这种以撒谎欺骗为目的的人呢？像舜对待象那样，一再忍让，而不去戳穿对方的阴谋？从今天来看，舜虽被后世人称为圣贤，他这种姑息养奸，逆来顺受之举显然不可取。忍耐必须是有限度的，为了维护自己的尊严，我们必须揭穿撒谎者的画皮。

四十　淫之忍

【题解】

食色性也。生理需求是人之常情，它是一个人人格健全的标志，自我实现的途径之一。但多欲则伤身，克制则有益。

要抵御淫乱的诱惑

淫乱之事，易播恶声。能忍难忍，谥之曰贞。

【译文】

淫乱的事，最容易传播人的坏名声。能够忍受难以忍受的事，死后便追谥为贞烈。

【注析】

朱熹弟子辅广说："淫乱，最能动摇人的性情，来损坏事业的成功。"淫色对于人来说，是最难忍的事。能够克制淫欲的，男的像下文所说的柳下惠，女的像唐朝奉天的姓窦的两个姑娘。这两个姑娘都有姿色，被强盗抢走了，赶到悬崖边上。姐姐说："我宁愿死，也不愿受到污辱。"她说完就跳下悬崖死了。她的妹妹接着也跳了下去，摔断了腿。京兆尹马五琦很受感动，称赞她们是贞烈女子，于是表彰她们的家庭，免除了她家的徭役。

坐怀不乱的男子

路同女宿，至明不乱。邻女夜奔，执烛待旦。

【译文】

柳下惠在路上和一个女子睡一起，到了天亮也没有越轨行为。邻居女子夜里来投宿，叔子让她擎着蜡烛坐到天亮。

【注析】

《圣贤故事》中说：柳下惠走远路回来，正赶上夜里，他只好睡在城门外。一会儿，有一个女子来同睡。当时天气特别冷，他担心女子被冻死，便让女子坐在自己的怀里，用自己的衣服盖着她。一直到天亮，也没有越轨的行为。

《毛诗传》记载，鲁国颜叔子一个人住一间房子。晚上下大雨，邻居的屋倒了，一个女子跑过来投宿。叔子叫那个女子拿着蜡烛。蜡烛烧完了，就烧屋上的茅草，保持火光不灭，一直到天亮，颜叔子也没打这个女子的主意。

不近女色的官员

宫女出赐，如在帝右。西阁十宵，拱立至晓。

【译文】

皇帝将一位宫女赐给了翁叔，他却待她像在皇帝旁边一样。彦回和公主一块相处十夜，他规规矩矩站在一边，从晚上到天亮也不动心。

【注析】

西汉的金日磾，字翁叔，本来是匈奴休屠王的太子。他投降汉朝后，被派去养马，皇帝赐他姓金。金日磾外表严谨，马又养得好。汉武帝任命他为马监，后又升为光禄勋，后来又做了车骑将军。他在皇帝旁边，十多年来目不斜视。皇帝赐给他一个宫女，他不敢接近。他这样小心谨慎，皇上越发认为他与众不同。

南朝刘宋时的褚渊，字彦回，明帝时为吏部尚书。人长得很英俊，山阳公主想和他私通，就请他来侍候自己。他被召到西上阁睡十天，公主晚上去见他，多次逼迫褚渊与她交欢。褚渊穿得整整齐齐站着，从晚上到天亮也不动心，他发誓宁愿死，也不愿做乱伦的事。他因此能自我保全。公主不无讽刺地说："你的胡须像戟一样硬，为什么没有大丈夫气概呢？"

孔子称道的男人

下惠之介，鲁男之洁，日磾彦回，臣子大节。百世之下，尚鉴风烈。噫，可不忍欤！

【译文】

柳下惠耿介，鲁国男子纯洁，金日磾和褚彦回，保持了臣子的大节。百世以来，还在敬仰他们的高风亮节。唉，能不忍嘛！

【注析】

鲁国男子一个人住一间房子，邻居寡妇也一个人住一间房子。晚上刮大风，下大雨，房子坏了，寡妇跑到他这儿请求躲雨。鲁国男子把门关得紧紧地，不让她进屋。寡妇从窗户对他说："你怎么这样不仁义，不让我进来呢？"男子说："你还年轻，我也年轻，所以不让你进来。"寡妇说："你怎么还不如柳下惠，我何况也不是那个姑娘？没人会说这是淫乱。"男子说："柳下惠能做到的，我却做不到。我将要用我的不能，学柳下惠的能。"孔子说："学柳下惠的人，还没有鲁男子这种决心呵！"

金日磾不近皇帝赐给他的宫女，褚彦回不服从公主的私欲，可见他们没有失掉臣子的节操。知道他们事迹的人，都敬仰他们的高风亮节，所以说现在还以他们为榜样。

【评点】

弗洛伊德认为，性的本能即欲望在人的心理活动中起着重要的作用，性欲是人与生俱来的生理现象，柳下惠和颜叔子不为女色所动，毫无疑问，是社会伦理规范压抑的结果。而翁叔不近宫女，是畏惧武帝的威严，一个降汉的臣子，岂敢去沾惹天子的宠物？褚渊不敢与山阳公主交欢，也怕的是此一时彼一时，公主喜怒无常，葬送了前程和性命。

我们不反对正常的性生活，不是禁欲主义者，但绝不能提倡"性解放"。鉴于此，古人的"坐怀不乱"却不乏几分耐人寻味之处。我们中国人的传统美德，是恪守正常的两性关系准则。

四十一　惧之忍

【题解】

惧，恐惧、害怕之意。本章主要阐述一个人要有坚强的意志，不屈不挠的斗争精神，无论做什么事，都不要畏首畏尾。

心地坦荡，无所畏惧

内省不疚，何忧何惧？见理既明，委心变故。

【译文】

内心深刻反省而无愧疚，还有什么忧虑和害怕的呢？心里都已经明白，就没有什么感到奇怪了。

【注析】

《论语》记载，孔子说："自己反省自己内心深处，如果没有愧疚的话，还怕什么呢？"这是司马牛问孔子什么是君子时孔子回答的话。这话是说君子平时的作为，没有什么感到惭愧的，反省起来觉得没什么问题，自然就没有什么忧虑、怀疑和可怕的地方了。

临危不乱，胸有正气。

中水舟运，不谄河伯。霹雳破柱，读书自若。

【译文】

在河里坐渡船,韩褐子不去祭拜河伯。炸雷劈破了柱子,夏侯玄仍然在读他的书。

【注析】

《说苑·修文篇》记载,韩褐子过黄河,渡口上的船夫告诉他:"过这条河的人,没有不祭祀河伯的,只有你不这样做。"韩褐子说:"天子祭祀天下的神,诸侯祭祀封地之内的神,大夫祭祀他的亲人,士祭祀他的祖宗。我是一个平民百姓,不用祭河伯了。"结果船驶到河中间真的摇动起来了,船夫说:"我自从划船,就告诉乘船的应当怎样做,你却不听。现在船在河中间摇动,特别危险,大概要到下游去收尸了。"韩褐子说:"我不会因为别人不喜欢我而改变志向,不会因为我将要死了而改变我的信义。"话还没有说完,船又顺利地向前进了。

晋代人夏侯玄,字太初,他靠着柱子读书,暴风雨忽然来了。雷电击碎了他靠的柱子,烧焦了他的衣服,他神色不变,照样读他的书。

从容不迫者,皆胸有成竹

何潜心于《太玄》,乃惊遽而投阁?故当死生患难之际,见平生之所学。噫,可不忍欤!

【译文】

扬雄潜心写作《太玄》,遇到意外,为什么却惊慌不定地去跳楼?在生死患难的关头,才看出每个人平时学到的东西。唉,能不忍嘛!

【注析】

西汉时的扬雄,字子云,四川成都人。他到长安后,大司马王音惊奇他的才能,推荐他做待诏。历经成帝、哀帝、平帝三代他也没有做官。等到王莽篡权，才升为大夫。他认为经典没有超过《易经》的，所以模拟《易经》作《太玄》。当时有个叫刘棻的，跟着扬雄学习古文奇字。后来刘棻因为犯法被杀，株连到扬雄。当时扬雄正在天禄阁上校阅书籍，见使者远来，想抓他。扬雄恐怕不能逃脱，便从阁上往下跳，差点摔死了。

那些认定了道理的人，不会因为雷电而改变脸色，志向不会因为船在河中摇动而改变。不明白道理的人，听说使者来了，急忙去投阁。在这关键的时候，才看出每个人知识的多少，气度胸怀的不同。

【评点】

战胜恐惧的对手是勇气，勇气不仅来源于你的生理和心理，重要的还来源于你的后天的学习。随着不断学习，你便会明白，世界上没有什么不可能被征服，世界上也没有什么东西能阻止你前进的脚步。

当然，战胜恐惧还取决于你是否做了感到愧疚的事，俗话说："平生未作亏心事，半夜不怕鬼敲门。"你襟怀坦白，平生无愧，那么不管发生什么变故，你都安之若素。

不过，你也要磨炼你的意志，恐惧有时是一种心理障碍。跨越这种障碍需要一种大无畏的精神。这种精神在不断地与突然的变故作斗争中获得。

四十二　好之忍

【题解】

好，这里作喜好、嗜好讲。本章意在指出，上级的嗜好会对风俗产生影响。人不能玩物丧志，只有学习才受用无穷。

君王的喜好影响大

楚好细腰，宫人饿死。吴好剑客，民多疮痏。

【译文】

楚王喜欢细腰的宫女，宫女因此都饿死了。吴王喜好舞剑，老百姓身上多有刀剑的伤痕。

【注析】

《战国策》记载，楚灵王喜欢细腰，楚国人便纷纷节制食欲。宫中不少女子为了讨得楚王喜欢，拼命节食，想让腰细下来。结果，有些女子竟饿死了。

《吴越春秋》记载，吴王喜欢舞剑，曾经铸造了干将、莫邪两把剑，越王允常又进贡了蟠郢、鱼肠、湛卢三把剑给吴王。吴王喜欢和剑客交往，百姓中便有不少人为了练剑而伤痕累累。

人惟好学，于己有益

好酒好财，好琴好笛，好马好鹅，好锻好屐，凡此众好，各有一失。人惟好学，于己有益。

【译文】

喜好酒、财、琴、笛、马、鹅、锻、屐等的人，必然有某一方面的损失。人只有喜好学习，才对自己有益。

【注析】

晋朝的毕卓，字茂世，担任吏部郎。年轻时喜好喝酒。他说："能够拥有数百斛酒和四季的美味，左手拿酒杯，右手拿蟹螯，漂泊在酒缸中，我这一生便满足了。"他的邻居酿好了酒，毕卓夜里去邻居酒瓮旁偷喝，被负责酿酒的人抓住捆了一夜，天亮才知是吏部郎，便放了他。毕卓后来因为喝酒被废除了职务。

晋朝的祖约喜好财物。有个人去看望他时，正好碰上他在料理财物。他收拾不及，屏风又挡不住。他只好把财物放在背后，斜着身子挡住，表情相当不自然。

晋代王济，字武子，家里奢侈，且特别喜好马。当时洛阳地价很贵，他买来地作马场，用钱把马场围起来，人叫金埒。所以杜预说王济有马癖。

晋朝的王羲之，字逸少，住在会稽，喜欢鹅。山南面的道士养鹅，王羲之去要，道士不给，说："如果为我们写《黄庭经》，我们把一群鹅都赠送给你。"王羲之很高兴地写了，写完后，把鹅用笼子装回了。

晋朝的嵇康，字叔夜，话说得好听，风度也优雅。他心巧，喜欢锤打金银。他的房子旁边有一棵树，十分茂盛。夏天嵇康常在树下锤打金银。都督钟会闻名前来拜访，嵇康照样在锤打金银，不说一句话。钟会只好离开了。后来嵇康问他："你来听见了什么？你来看见了什么？"钟会说："我听见了我所听见的，我见到了我所见到的。"钟会对嵇康很不满。他对司马昭说："嵇康言语放肆，败坏风俗政教。"司马昭就杀掉了他。

晋朝的阮孚，字遥集。元帝时做黄门侍郎，喜好木头鞋子。刚好有人拜访阮孚，看见他自己在修理鞋子，旁边堆了一大堆。

祖约喜好财物，阮孚喜好木头鞋子，都有一种癖好。以上这些人的爱好，往往都影响了自己的大事。如喜好喝酒的人被废除了职务，喜好锤打金银的丢了生命。只有喜好圣贤的学问，才对自己有益，所以孔子说："我曾经整天不吃饭，整夜不睡觉，反复思虑，但是没有益处，不如去学习。"

超越口耳之嗜欲，得见人生之真趣

有失不戒，有益不劝，玩物丧志，人之通患。噫，可不忍欤！

【译文】

有过失不去制止，有益处不去勉励，玩物丧志，是人共有的毛病。唉，能不忍嘛！

【注析】

《尚书》说："玩物丧志，不作无益害有益。"西边邻国献一条猎狗给周武王，武王接受了，召公写了这句话送给他，希望他能够改正。但从现在社会来看，有人见到别人喜欢什么，明明有过失，又不马上劝戒他，使他改正，见有利益的事，有人不去做，又不劝说他人去做，而导致玩物丧志，这就是世人共同的毛病。分析以上这些喜好的事物，考察古往今来，并不止这几个人。仅举以上几例史书上有记载的，望诸君以此为戒。

【评点】

一个人不能没有一种或两种爱好，它是享受生命快乐的一条途径，在你工作疲劳之时，在你节假日休息时，集邮、养花、养鸟、郊游等等，未尝不是赏心悦目之举。

但任何事皆要适可而止，如果你每天忙碌于这种种嗜好之中，你同样会觉得乏味。爱好只是为了调节生活，它不能取代你的创造性劳动。同时，玩物还会丧志，你如果沉溺于这种无益于生计的活动中，流连小情小趣之中，会消磨斗志，歌德曾说："谁要是游戏人生，他就一事无成，谁不能主宰自己，永远是一个奴隶。"因此，我们说，生活的色彩应是五彩缤纷的，应当对我们生活的这个世界充满兴趣，正如一首乐曲，其间不可能没有主旋律，小花小草固然可爱，浩翰的森林将更加引入入胜，我们应当处理好主与次的关系。

四十三　恶之忍

【题解】

恶，憎恨、讨厌的意思。本章写了三层意思。一是仁者出于公心，爱憎分明，会受到人们的爱戴；二是仁者要察纳雅言，善于听取不同意见；三是不疏远犯错误的人，要宽宏大量。

仁者爱憎分明

凡能恶人，必为仁者。恶出于私，人将仇我。

【译文】

能够憎恶别人的人，必然是仁者。如果出于私心厌恶别人，别人就会仇恨我。

【注析】

《论语》中孔子说："只有仁者才能喜欢人，才能憎恶人。"仁者大公无私，他所憎恶的，都合乎道理，所以说他能憎恶人。如果从自己的私心出发，倒行逆施，讨厌别人所喜欢的，违反人的本性，就会被人仇恨。

良药苦口利于病

孟孙恶我，乃真药石。不以为怨，而以为德。

【译文】

孟孙讨厌我，才是真正的药物。不因为别人讨厌而怨恨，而把这当作别人的恩德。

【注析】

"忠言逆耳利于行，良药苦口利于病。"这是古人的总结。《左传》记载，鲁国季武子想立太子，就去拜访臧孙，臧孙说："请我喝酒吧。"喝罢了酒，便立武子最喜欢的儿子做太子。孟孙讨厌臧孙，可季孙喜欢臧孙，孟孙死了，臧孙却哭得满脸是泪，他的赶车人问他，孟孙讨厌你，你现在反而这样伤心，季孙如果死了，你又怎么办呢？臧孙说："孟孙讨厌我，是最好的药物，季孙喜欢我，是想让我病，再轻的病也不如让人讨厌的药，孟孙死了，我的日子也不多了。"

受人尊敬的诸葛亮

南夷之窜，李平廖立；陨星讣闻，二子涕泣。

【译文】

被诸葛亮放逐到南方边远地区的李平和廖立，听说诸葛亮死了，两个人都痛哭流涕。

【注析】

诸葛亮为什么如此受到爱戴？一言以蔽之，他是出于公心。用他《出师表》中的话说："报先帝而忠陛下之职分。"李平是蜀国的中军护卫，后主建兴九年，诸葛亮出祁山攻打魏国，李平负责督运粮草，他办事不力，说了不少错话，诸葛亮根据他的错误，免去了他的职务和爵位，将他流放到遥远的梓潼。后来听说诸葛亮死了，李平十分伤感，引起旧病复发而死。廖立是楚地的才子，刘备征召他做长水校尉，他自认为才名仅次于诸葛亮，便常常四处发牢骚，诸葛亮把他贬为平民，流放到汶山，可他听说诸葛亮死了，放声痛哭。唐太宗曾对房玄龄说："为政最好是出于公心，诸葛亮流放李平、廖立，两个人听说他死了都哭了，如果不是出于公心，能这样吗？"

爱憎分明，也要适度

爱其人者，爱其屋上乌；憎其人者，憎其储胥。

【译文】

喜爱一个人，会连同他屋顶上的乌鸦也喜爱；憎恨一个人，会连同他居住的地方也一并憎恨。

【注析】

《说苑·贵德篇》记载，周武王打败殷商，召来姜太公问道："善待殷商的士兵怎么样？"太公回答说："我听说喜爱一个人，会连同他屋顶上的乌鸦也一并喜爱；憎恨一个人，会连同他的住所也一起厌恶。"另一种说法是，憎恨一个人，会连同他的伙伴一起厌恶。

恨人太甚终伤己

鹰化为鸠，犹憎其眼；疾之已甚，害几不免。

【译文】

鹰变成鸠，人们还是会憎恨它的眼睛；对恶人的痛恨太深的话，灾害难免要发生。

【注析】

晋代的孔群，不太注重礼节，豪放不羁。苏峻进入石头城后，匡术受到苏峻的宠信。一天，孔群与兄长孔愉一起在横塘上行走，正好遇见匡术。孔愉停住脚步，对孔群说："我们就不要抢着和匡术打招呼了。"匡术听见后很是生气，要杀孔愉，幸得孔群的帮助才得以脱身。苏峻反叛被平后，王导保住了匡术，在一次宴席上，王导让匡术给孔群敬酒，以消解横塘冲突带来的怨恨。孔群回答说："虽然春天来临，鹰变成了鸠，但对于认识它的人来说，难免还是会憎恨它的那双眼睛。"

《论语》记载，孔子说："人如果不仁义，而你又恨他太甚的话，就会有祸乱发生。"意思是厌恶不仁义的人太过分了，使他们无地自容，在穷途末路之下，这些人又难免会为势所逼，而做出一些不好的事情来。

能饶人处且饶人

仲弓之吊张让，林宗之慰左原，致恶人之感德，能灭祸于他年。噫，可不忍欤！

【译文】

仲弓去吊唁张让的父亲，郭林宗安慰犯了法的左原，致使恶人感恩戴德，结果避免若干年后的祸乱。唉，能不忍嘛！

【注析】

中国有一句俗话："撵狗进巷，回头咬人。"意思是说不要逼人太甚。东汉时的陈寔，字仲弓，志向远大，喜欢学习，做过太丘长，灵帝初年，碰上中常侍张让的父亲死了，归葬颍川，一郡的人都去吊丧，但名士都没夫就仲弓一个人去了。张让感到十分羞愧。后来朝廷中发生了党锢之祸，张让大杀名士。由于对仲弓当年的行为十分感激，还是放过了许多名士。东汉灵帝时，还有一个叫左原的，是郡学的学生，因为犯法被开除，郭林宗在路上碰到他，便设酒席招待他，并安慰他说："从前颜涿聚是梁甫的大强盗，又有一个段干木，是晋国的大马贩子。最后一个成了齐国的忠臣，一个成了魏国的大贤人。希望你不要怨恨，要多反省自己。"当时有人讽刺郭林宗不和恶人绝交，林宗说："人如果不仁义，而你又恨他过度，是要出乱子的。"左原后来结交了一批刺客，复生忿恨，想杀掉太学里那批人。那天，林宗正好在太学里，左原感到辜负了林宗的教诲，很是惭愧，就回去了。所以人们常说，能饶人处且饶人，从仲弓和左原的例子中可以看出这一点。

【评点】

儒家思想中，最讲究一个"恕"字，即"己所不欲，勿施于人"。处理人际关系时，要"宽厚""容人"，无丝毫害人之心。所以《菜根谭》中说：攻人之恶毋太严，要思其堪受；教人之善毋过高，当使其可从。孔子提出"因材施教"，便是根据不同人的特点采取不同的教育方法。对待犯错误的人，不能责人过苛，伤其脸面，而要动之以情，晓之以理，否则使对方产生逆反心理，一是事倍功半，二是激化矛盾。同时，人非圣贤，孰能无过，能饶人处且饶人。那些因一时冲动做出错事的人，只要能改正，我们就应给予谅解，允许人家犯错误，也允许人家改正错误。

四十四　劳之忍

【题解】

劳，这里有两层意思，一指工作本身，一指劳苦。这里大多引用的是典籍中的论述，意在告诉人们，如果辛勤劳动，会有大的收获。

做事不言乃君子

有事服劳，弟子之职。我独贤劳，敢形辞色。《易》称劳谦，不伐终吉。颜无施劳，服膺勿失。

【译文】

有了事情，作徒弟作儿子的去效劳，这是本职。我一个人干得很多，但不愿表现在脸上。《易经》上说的有功劳还很谦逊，一定会有好的结果。颜渊说不要在别人面前张扬自己的功劳，是把善行记在心上。

【注析】

以上是一些典籍中的有关论述。

《论语》中，子夏问什么是孝。孔子说：“有事情，作徒弟作儿子的去尽力效劳就叫孝。”意思是说，这是为子为徒的本分。

《诗经·小雅·北山》中说：“大夫不均，我从事独贤。”这是周幽王分工不均，使大夫奔走于王事，而不能够侍候自己的父母，他们所以作这首诗来讽刺周幽王。朱子说不讲独劳而说独贤，这种话很忠厚而不敢埋怨。

《易经·谦·九三》中讲"劳谦君子，有终吉"。意思是说，有功劳而且很谦逊，一般人做不到，只有君子才能这样，所以有好的结果。

《论语》中，颜渊说："愿无伐善，无施劳。"意思是说不想在别人面前夸耀自己的美德，表现自己的功劳。

桃李无言，下自成蹊

故黾勉从事，不敢告劳，周人之所以事君；惰农自安，不昏作劳，商盘所以训民。

【译文】

勤勤恳恳地去做事，不敢说自己很劳累，周人是这样侍奉君王；如果不愿迁都，满足于一时的安逸，就像懒惰的农民不愿在田里劳动，这是商朝的盘庚教训民众的话。

【注析】

《诗经·小雅·十月之交》云："黾勉从事，不敢告劳。"意思是说勤勉从事，不敢倾诉我的辛劳。这是周大夫写的诗。

《尚书·盘庚》说："惰农自安，不昏作劳，不服田亩，越其罔有黍稷。"这是盘庚想迁都的时候，老百姓都抱怨，他告诉老百姓的话。当时商朝的国都在耿，经常受到黄河决堤的威胁，盘庚想迁都到新的地方，而国中的老百姓却怨言四起，于是就说了上述那些话。

尽忠尽孝，不畏劳苦

疾驱九折，为子赣之忠臣；负米百里，为子路之养亲。噫，可不忍欤！

【译文】

过九折险坡时，王尊吩咐驾车人快跑，他是一个忠臣。到百里以外去背米回家养亲，子路是一个孝子。唉，能不忍嘛！

【注析】

西汉的王尊，字子赣，涿郡高阳人，对《尚书》和《论语》很有研究。初元年中，以直率敢说话，被选拔担任虢县令，又提拔为安定太守，最后升为益州刺史。去益州的路上，要经过九折坡。以前，王阳担任过益州刺史，他曾多次说："我要爱惜先人留给我的身体，为什么要多次经过这样险恶的地方呢！"后来他因病离开了这里。现在，王尊又一次来到了九折坡，便问手下的人说："这不是王阳害怕的那条路吗？"于是，王尊吩咐他的驾车人打马快跑，并说："王阳是孝子，王尊是忠臣。"意思是说，他为了君王不能去死。后来王尊治理黄河有功，皇帝嘉奖他，把他升为京兆尹。

《孔子家语》记载，子路去看望孔子，说："背着很重的担子，走很远的路，就不会选择休息的地方好坏。家里很困难，而父母亲又衰老，就不会计较薪俸的多少而当官。以前，我奉养父母亲的时候，常吃野菜做的饭食，却为父母亲从百里以外的地方背米回来。父母亲去世以后，我到了南方的楚国，当上了大官，后面常跟着一百多辆车子，家里的粮食有一万多钟，把很多席子垫起来坐，把很多鼎器排列起来吃饭。这时候，想吃用野菜做成的饭，想为父母亲从百里以外的地方背来回来，这些已不太可能了。"孔子说："像由这种人，其对待父母亲的态度，可以说是父母亲在世，就尽力侍奉，父母亲逝世了，就常常想念的那一种人。"

【评点】

明代吕坤说："要甜先苦，要逸先劳。须屈得下，才跳得高。"这里包含了一定的哲理。中国有一句俗话：不知苦中苦，不知甜中甜。英国的文豪莎士比亚也说："勤为无价宝，慎乃护身术。"一个人一生如果记得一个勤字，常怀一个用字，世上的事，没有办不成的。但是人辛勤劳动之后，有一点功劳，也没有必要居功自傲，所以《诗经》中才说"不敢告劳"之类的话。

四十五　苦之忍

【题解】

本章从正反两方面指出能够吃苦和不能吃苦的人不同表现。贪图享受者穷奢极欲，胸怀大志者卧薪尝胆，怕苦变节者遗臭万年。人如果想成就大业，必须能够忍受痛苦的折磨。

荣华富贵是命运安排吗

浆酒藿肉，肌丰体便，目厌粉黛，耳溺管弦。此乐何极？是有命焉。

【译文】

把酒当作水，把肉当作野菜，肌肉丰满，大腹便便，眼睛看厌了涂脂抹粉的女人，耳朵听腻了丝竹管弦。为什么快乐到这种程度？难道是命中注定的吗？

【注析】

《诗经》中，愤怒的农人曾把那些不劳而获的人叫作硕鼠，是对他们的不满，这段文字也表达了这种意思。西汉末年，哀帝十分宠爱董贤，谏议大夫鲍宣上疏说："现在贫苦的人民菜饭都吃不上，您为什么要供养亲戚和宠臣呢？赏赐千万，使跟着这些人的仆人和宾客，都把酒当作水，把肉当作野菜，这不是天意啊！"韩愈在《送李愿归盘谷序》中说，"抹着各色脂粉的女人，占着一排一排房子闲住着，互相妒忌，努力争宠，以自己的美貌丰采博取爱怜。当今那些在朝廷上的大丈夫，也正是这样去讨好皇帝。我不是讨厌这些才远远躲开，大概是命运的安排，才能有幸得到吧！"韩愈这篇文章，其实是对那些凭侥幸取悦当权者的人的讽刺。

苦难之中求幸福

生不得志，攻苦食淡；孤臣孽子，卧薪尝胆。

【译文】

人如果活得不得志，那就刻苦攻读，吃粗茶淡饭；如果是被冷落的臣子和庶出的儿子，那就要卧薪尝胆。

【注析】

吃得苦中苦，方为人上人，这是中国的一句俗话。赵宋时人胡瑗，字翼之，泰州人。他当平民百姓的时候，和孙明复、石守道等几个人一起在泰山读书。他刻苦攻读，废寝忘食，一坐就是十年不回家，接到家信，看见"平安"二字，就把信扔到水沟里，不再继续看下去，多次都没有中第，后来范仲淹把他推荐为太常博士侍讲。

春秋时，越王勾践在夫椒被吴国打败了，勾践采纳了大夫文种的计谋，贿赂吴国，因而得到赦免，回到了故国。他把苦胆挂在床头，睡在柴草上，枕着兵器。每次吃饭，一定要尝一口苦胆，终于使国家强大起来，灭掉了吴国。孟子说："只有孤臣孽子，他们操心于危苦，他们考虑忧患深切，所以明晓事理。"

苏武和重耳受尽了苦难

贫践患难，人情最苦。子卿北海上之牧羝，重耳十九年之羁旅，呼吸生死，命如朝露。

【译文】

人穷困落魄的时候，心中最为痛苦。苏武在北海牧羊，重耳十九年的飘泊流离，生和死之间只有一口气，生命像早晨的露水一样，朝不保夕。

【注析】

叔本华曾经说，苦难是人生的老师，苦难可以砥砺人的意志。西汉的苏武，汉武帝时被派遣护送匈奴使者回漠北，到了匈奴以后，匈奴威胁苏武投降他们，苏武英勇不屈，匈奴于是把苏武关在地窖里，不给他一点东西吃，天上下雪了，苏武只能抓雪，和毡毛一起吃，几天没有吃东西，也没有死。匈奴以为他是神，便把他流放到北海上，那里荒无人烟，匈奴让苏武放公羊，并且说要等公羊生了羊羔才放他回来。当时汉朝的侍中叫李陵的，投降了匈奴，于是劝苏武投降。李陵劝苏武说："人生就像早晨的露水，何必这样自讨苦吃呢？"苏武说："我是有爵位的将领，只希望肝胆涂地，报效国家，今天如果你杀了我，那是我非常快乐的一件事。希望你不要再罗嗦了！"后来苏武回到汉朝时，头发胡子都白了。

春秋时的晋文公，名重耳，晋献公的儿子。他受到骊姬的诬陷，在外逃亡十九年，周游了十几个国家，艰难险阻，都经历过了。人情的真伪，世态的炎凉，都体会过了。后来他回到晋国，被立为晋文公，最后称霸诸侯。

苦难之中见本色

饭牛至晏，襦不蔽骭；牛衣卧疾，泣与妻诀。天将降大任于是人，必先饿其体而乏其身。噫，可不忍欤！

【译文】

宁戚喂牛喂到天黑，衣衫盖不住小腿；王章睡在牛衣中，生了病，对着妻子哭泣不已。天将要把大的任务交给某人时，一定先要使他挨饿，使他身体困乏。唉，能不忍嘛！

【注析】

宁戚，是卫国人，很注重修养道德，但不被君主重用，他想去求见齐桓公，可又很穷，只好坐商人的车子到齐国去。天黑了，他只好睡在齐国的东门外，齐桓公晚上出行，他正在车下喂牛。他一边喂一边唱："南山璀灿啊，石头烂，水中有鱼啊，长一尺半，我生遇不上尧和舜，穿着短布单衣，还盖不住小腿。从晚上喂牛，一直喂到半夜。夜太长了，何时天才亮呢？"齐桓公听了说："那个唱歌的人不一般啊！"于是便下令用车子载走了宁戚，请他做客卿。

西汉人王章，字仲卿，太山人。他在长安求学，患了病，睡觉没有被子，只好睡在牛衣中，和妻子相对流泪。他的妻子责怪他说："仲卿，长安那些地位高，在朝廷上当大官的人，有谁的才能超过你呢？现在得了病，处在困境中，你不自己激励自己，反而流涕下泪，多没有出息啊！"王章感到很惭愧，振作精神，后来做了京兆尹。

【评点】

自古英雄多磨难。卧薪尝胆的勾践，北海牧羊的苏武，流亡十九年的重耳，历尽千辛万苦，终能成就大业。如果我们身处逆境，应当不要气馁，把逆境作为磨炼心性的好机会。

四十六　俭之忍

【题解】

节俭是一种美德，无论你拥有的财产有多少。暴殄天物，会给你的心灵留下一些污点。本章讲述了古时的一些贤人节衣缩食，守拙全真，保持品行的故事。

一生节俭则无忧

以俭治身，则无忧；以俭治家，则无求。

【译文】

用节俭的品德去修身，就没有什么忧虑；用节俭的品德去处理家事，就不会事事求人。

【注析】

《易·否卦》的卦象说："君子凭着节俭的美德去克服困难。"这是说用节俭的品德去克服困难，就没有什么忧虑。《说苑·反质篇》记载，秦穆公问由余说："古时候圣明的君主，他们得到政权和失去政权的原因是什么呢？"由余说："我听说是因为节俭才得到政权，因为奢侈才失去政权。"范尧夫告诫他的子弟说："只有俭，才能帮助你清廉，只有仁恕，才可以使你修养道德。"

透支的总是要还的

人生用物，各有天限。夏涝太多，必有秋旱。

【译文】

人的一生所用的物品，都有上天所规定的限度。夏天的洪涝太多，必定会有秋日的干旱。

【注析】

宋代司马光曾与王安石在朝堂上辩论道："天地之间所产生的财产货物等各种东西，都有一定的数量。这些东西不在官府，就在民间。比如夏天雨水丰沛，但是洪涝成灾的话，到了秋天一定会干旱的。"

生活俭朴的贤人

瓦鬲进煮粥，孔子以为厚。平仲祀先人，豚肩不掩豆。季公庾郎，二韭三韭。

【译文】

鲁人用陶器盛着粥送给孔子，孔子认为很丰盛。晏平仲祭祀先人的时候，猪腿盖不住器皿。尚书令季崇和尚书左丞庾杲之吃饭时，每天只吃一种韭菜。

【注析】

《说苑》记载，鲁国有一个很节俭的人，用陶鬲煮东西吃，他觉得很好吃，用土碗盛着送给孔子，孔子接受了，像接受太牢馈赠的食物一样慎重。

学生们说："瓦鬲是很差的器皿，煮的是很差的食物，为什么先生这样喜欢呢？"孔子说："我听说好提意见的人，总想着他的君主；吃好的东西，要怀念他的亲人。我并不是认为饭菜很好，是因为吃着好吃的东西，想起了我的父母亲。"

晏婴是齐国的贵族，辅佐过几个君主，因为节俭勤恳在全国闻名。他吃饭没有肉，妻妾们不穿绸缎，祭祀先人的时候，猪肩盖不住器皿。他上朝时，穿的还是浆过的衣服，戴着洗过的帽子，人们都认为太过分了。

魏人季崇，担任尚书令时，家中平常只吃腌韭菜和煮韭菜，他的门客李元佑对人说："季令公一顿饭有菜十八种。"别人都问是什么原因，他说："二韭一十八种。"听到的人都大笑。

在南齐做尚书左丞的庾杲之，为人清廉节俭，常吃腌韭菜、煮韭菜和生韭菜。任昉开玩笑说："庾郎家里有困难，一桌菜有二十七种。"

泾渭分明的两种人

脱粟布被，非敢为诈。蒸豆菜菹，勿以为讶。食钱一万，无乃太过。噫，可不忍欤！

【译文】

吃刚脱壳而没有舂的粟，盖布做的被子，不能说这是假装的。吃蒸的黄豆和酸菜，不要感到奇怪。每天吃一万钱，是有些太过分了。唉，能不忍嘛！

【注析】

西汉时的公孙弘，是菑川薛地人，武帝元光五年，征贤良文学，公孙弘对策，被选拔为第一，后来当上了丞相。公孙弘吃饭，只吃一种肉和脱了壳而没有舂的粟做的饭，盖布做的被子。

唐代的卢怀慎，为人清廉，朴素节俭，不积聚财产，唐玄宗时，做黄门监同平章事，发下的薪水，他马上就散给亲朋故旧，妻子儿女却吃不饱，穿不

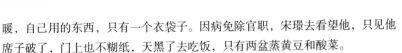

暖，自己用的东西，只有一个衣袋子。因病免除官职，宋璟去看望他，只见他席子破了，门上也不糊纸，天黑了去吃饭，只有两盆蒸黄豆和酸菜。

晋代的何曾，字颖考，武帝时做司空，生活特别奢侈，每天要吃掉一万钱，还说没有下筷子的地方。公家送来的蒸饼，上边如果没有裂成十字，他就不吃。奢靡的程度，超过了皇帝。

【评点】

崇俭尚廉，本是中国人的美德，孔子说，士志于道而耻恶衣恶食者，未足与议也。他曾称赞颜回，只有一个盛食物的器皿来进饭食，只有一个瓢来饮水。孔子不是墨家，力主过苦行僧般的生活，但他反对生活过分奢侈，认为那将会使人丧失前进的动力。正像东晋太守范宁向孝武帝陈论时政时说，人的欲望是没有止境的，奢与俭是由客观条件来决定的。他认为人应当适度。韩非子在《十过》中曾写道，因为崇尚节俭，就能够得到国家，因为奢侈，就会失去国家。对个人而言，俭不可极，奢不可穷，极则有祸，穷则有凶。古人说得好："力学勿忘家世俭，堆金能使子孙愚。""常将有日思无日，莫待无时思有时。""一粥一饭，当思来处不易；半丝半缕，恒念物力维艰。"因此，人在欲望上不应有非分之想，而应平平安安过个快乐的日子。哪怕你现在很富有，在提高生活水平的同时，也不要暴殄天物，过分浪费。

四十七 贪之忍

【题解】

莎士比亚曾说，贪欲永远无底。所以西塞罗告诫人们，对金钱的欲望必须尽力摒除。本章从正反两方面论述贪婪与清廉的人的不同表现，其中有"四尽"太守，为背布而折腰的官员等。

铸"饕餮"于鼎，旨在戒贪

贪财曰饕，贪食曰餮。舜去四凶，此居其一。

【译文】

贪财的叫作饕，贪食的叫作餮。舜帝除去的四凶，饕餮便是其中之一。

【注析】

史书中记载的"四凶"，就是浑敦、穷奇、梼杌、饕餮，这四人是极不仁的。《尚书·舜典》说："流放共工到幽州，贬谪三苗到三危。"三苗就是饕餮。孟子说："舜帝除去四凶，是除去了不仁义的人。"

为政清廉的邓攸

纨如打五鼓，谢令推不去。如此政声，实蓄众怒。

【译文】

五更的鼓声已经敲响，感谢他的钱他一个也没接受。这样的从政声誉，完全可以平息众人对当官的愤怒。

【注析】

晋代的邓攸，字伯道，元帝时做吴郡太守。他自己带着干粮去上任，不要公家的一分钱，只是喝吴郡的水。在上任时，为政清明，百姓都很高兴，是渡江以后最好的地方官。后来因为有病，就离开了职位。临走时一群人来送他，他不接受别人的一分钱，老百姓一千多人牵着他的船不让走，他只好借夜色跑了。吴郡的人唱了一首歌："五更的鼓声已经敲响，鸡叫天要亮了，邓侯挽留不住，感谢他的钱一个也送不走。"

贪得无厌的官吏

鱼弘作郡，号为四尽。重霸对棋，觅金三锭。

【译文】

鱼弘当郡守时，号称"四尽"。安重霸和别人下棋，是为了索要对方三锭金子。

【注析】

鱼弘是南朝梁代人，跟随梁武帝征战，做过南谯、竟陵等地的太守。他曾对人说："我做郡守有四尽：水中鱼鳖尽，山中獐鹿尽，田中米谷尽，村里人散尽。人生要享受欢乐，富贵还等到什么时候？"大约因此，他才寡廉鲜耻，搜刮民财。

安重霸是四川人，他任简州刺史时，贪图贿赂，没有满足的时候。州里有一个油客，姓邓，喜欢下棋，家里又十分有钱，重霸想得到他的财产，总是把那人传到衙门里下棋。下棋的时候，他叫姓邓的站着，每次放了一个棋子后，便叫姓邓的退到窗户下，等很长时间后，再让他上来，下一天棋也下不了几十个子。姓邓的站得又累又饿，简直受不了，可是第二天又要来下棋。有人对姓邓的说："州官本意不在下棋；你为什么不送点东西给他呢？"他于是送了三个金锭，从此州官再也不要姓邓的来下棋了。

贪财摔伤了的官员

陈留章武，伤腰折股。贪人败类，秽我明主。

【译文】

为了背布，陈留侯李崇摔伤了腰，章武王元融摔断了腿。这些贪婪的败类，污辱了英明的君主。

【注析】

李崇是后魏人，字继长，孝文帝时任荆州刺史，接着又担任安东将军，宣武帝时授万户郡公，后来孝明帝又封他为陈留侯。李崇当官，和气温厚，善于决断，但是贪财。当时孝明帝与灵太后视察左藏库，叫跟随的人尽自己的力气背布，背多少赏赐多少。李崇和章武王元融背得太多，都摔倒了。李崇摔伤了腰，元融摔断了腿，当时人说："陈留章武，伤腰折股。贪人败类，秽我明主。"

受人指责的尚书

口称夷齐，心怀盗跖。产随官进，财与位积。游道闻魏人之劾，宁不有觍于面目？噫，可不忍欤！

【译文】

口里说把夷齐当作榜样，实际上怀着盗跖一样的心。资产随着官职而增加，财产随着地位而积累。宋游道听见魏人的指责，难道不感到惭愧吗？唉，能不忍嘛！

【注析】

北魏尚书郑述祖等人向皇帝上书，说尚书宋游道说一些不是臣子应该说的话，有怠慢君主的罪。说他口里以夷齐为榜样，实际上怀着盗跖一样的心。说他欺骗公家，玩弄法律，接受贿赂。资产随着官职而增加，财富随着地位而积累。宋游道听了这些话，应该感到惭愧。但也有人说，宋游道执法太严，为人梗直，因此得罪了一些人，这些话是别人对他的诽谤。

【评点】

中国有一句俗话：人心不足蛇吞象。有些人无论什么时候都没有满足的，并且是越富足的人越贪多无厌。他们满足了这一方面的要求之后又向往另一方面。同时，他们贪求的大多不是通过自己的劳动获得的。酒、色、财、气，凡是欲望所需要的，他们都不择手段，贪的手段便是"占"与"骗"。

"人为财死，鸟为食亡"，贪婪的人往往没有好下场。贪财者，不是被人骗，便是蹈入犯罪的圈子。贪色者，不是身败名裂，便是被女人利用。贪权者，四处伸手，以至焦头烂额。所以说："人见利而不见害者，犹鱼见食而不见钩。"这种人不考虑后果，得到的永远没有失去的多。

四十八　躁之忍

【题解】

急躁是一种不成熟的表现，只有悟透人生玄机者，才会表现出极大的耐性。沙漠中的行人，匆忙的总是落在从容的后边，疾驰的骏马，总是落在缓步的骆驼后面。事业成于坚忍，毁于急躁。

性急吃不得热豆腐

养气之学，戒于躁急。刺卵投地，逐蝇弃笔。录诗误字，啮臂流血。觇其平生，岂能容物。

【译文】

培养人浩然之气的办法，在于力戒急躁的情绪。王述吃鸡蛋夹不起来而把它扔在地上，王思追赶苍蝇丢下手中的笔。皇甫湜见他的儿子抄诗写错了字，急得把自己手臂咬出了血。看这些人的一生，又怎么能宽容待人。

【注析】

孟子曾经说：我善于培养我的浩然之气。他的意思是说，人要保持自己的志向，不能急躁。历史上有一些急性子人的笑话，如晋代的王述，字怀祖，做过扬州太守，他为人性子急，有一次吃鸡蛋时，用筷子夹没住。他十分生气，就把鸡蛋摔在地上，鸡蛋在地上转个不停，他又用鞋子去踩。后来他担当了重任，吸取教训，总是强调宽柔待人。

　　三国时魏人王思，做过司农官，他性子急。有一次，他正要拿笔写字，一只苍蝇飞来，停在笔尖上，弹走了又来，他大怒，把笔扔在地上踩坏，拔出宝剑来赶苍蝇。

　　唐人皇甫湜，字持正，元和年间做判官。他性子急，有一天他叫儿子抄诗，抄错了一个字，他边骂边叫人拿棍子来，棍子没拿来，他就咬自己的手，血流了一地。这种性急的人，平时如此，到时怎么宽柔待人呢？

性情温和的官员

　　西门佩韦，唯以自戒。彼美刘宽，翻羹不怪。

【译文】

　　西门豹性子急，常佩着皮带，用来告诫自己。刘宽性情温和，丫环打翻了汤，他也不恼火。

【注析】

　　战国时魏人西门豹，性子十分急，常系一根皮带用来告诫自己。东汉时的刘宽，字文饶，弘农华阴人。桓帝时由司州内史升为东海太守，又升为太尉。他性情温和，夫人想试试他，让他发怒。有一次，正赶上上朝，衣服都穿好了，夫人让丫环端一碗肉汤，故意把汤泼在刘宽的衣服上，刘宽表情不变，慢慢地说："汤烫坏了你的手吗？"他的度量就是这样大。

盛极必衰，躁极必败

　　震为决躁，巽为躁卦。火盛东南，其性不耐。雷动风挠，如鼓炉鞴。大盛则衰，不耐则败。一时之躁，噬脐之悔。噫，可不忍欤！

【译文】

震卦属东方，表现为决断和急躁，巽卦属东南方，表示褊躁。火在东南方，它的性子表现为不耐。雷声滚动，大风撼动万物，像是给炉膛里扇风。火炎炎不息，越烧越旺，达到了顶点即衰弱，不能忍耐就会失败。一时的急躁，后悔也来不及了。唉，能不忍嘛！

【注析】

《易经·说卦》中说：震是指东方，表示雷和躁。巽，是指东南方，是木是风，终究为躁卦。震是刚的开始，所以为躁。巽的性质是柔而且刚，想有所为而又不能成功，所以结果表现为气量狭隘、性情急躁，不能安于常情的卦象，所以叫不耐。动摇万物的，没有比雷更快的，摇撼万物的，没有比风更快的，所以说雷动风挠。大概巽是代表木，能生火，位置在东南方。碰上雷动风摇，好像是通过风箱给炉里扇风，火越烧越旺，炎炎不息，以至不可扑灭。但大体上事物到最盛的时候，也便开始衰落。

【评点】

波斯人萨迪曾说："事业成于坚忍，毁于急躁。"如果一个人常常犯急躁的毛病，自己应当采取事前预防，事后"三省其身"的方法，逐步克服。狄德罗说过："最后笑的人，总是笑得最好的。"忍耐能化怯懦为力量，焦急却化力量为懦弱。耐心和持久胜过一切激烈和狂热。

四十九　虐之忍

【题解】

本章主要指出，治理国家仅仅靠严刑峻法还不行，只有恩威并用，用礼义教化民众，才会收到好的效果。

没有教化就杀人是暴虐

不教而杀，孔谓之虐。汉唐酷吏，史书其恶。

【译文】

不加以教化就诛杀，孔子称这为暴虐。汉朝和唐朝的酷吏，史书上都记载了他们的罪行。

【注析】

在《论语》中，孔子说："不加以教化就诛杀，这叫作虐。"这是说凡是当政的人，一定要先传播五种教化的方法，然后才施行五种刑法，最后惩办那些不按教化办事的人。如果不先诫教导就杀人，就是残害虐待人民。汉朝的郅都、张汤、杜周，唐朝的来俊臣、索元礼等人，以及后来的宁成等人，都是酷吏。史书记载他们的恶名，就像楚国的梼杌，都是不好的名号，他们终于也受到了惩罚。

酷吏终于受到惩罚

宁成乳虎，延年屠伯。终破南阳之家，不逃严母之责。

【译文】

宁成像一只母老虎，严延年像一个屠夫。宁成的家终于被抄，延年没有逃脱母亲的指责。

【注析】

宁成是南阳人，喜好使气用力，汉武帝时任关都尉。官民出入过关，都说宁可遇上母老虎，也不愿遇上宁成发怒。后来义纵做南阳太守，听说宁成残暴如此，到郡以后，便查办宁成，抄了宁成的家。

严延年是西汉人，字次卿，东海下邳人。他年轻时学习法律，为人精明，办事利索干脆。汉宣帝时任河南太守。某年冬月，他下令将所属各县的犯人集中起来处斩，血流几里地，因此河南人都叫他是屠夫。当时，严延年的母亲从东海来看他，正碰上他杀犯人，严母大惊，住在都亭，不肯到严延年的衙门去。延年到都亭拜见母亲，严母把门关得死死的，不见延年。延年把帽子摘掉磕头，过了很久，严母才见他，并乘机批评他说："你有幸得到郡守的职位，一个人管一千里的地盘，没有听说你推行仁义教化，却反而以刑罚多杀人，这难道是在为老百姓做父母官吗？天是神明的，不能只光杀人。我走了，等着给你扫墓吧。"过了一年多，严延年果然被朝廷杀了，人们都很佩服严母，所以说严延年是"不逃严母之责"。

严刑峻法不如宽柔政策

恳恳用刑，不如用恩；孳孳求奸，不如礼贤。

【译文】

实实在在地使用刑罚，不如施行教化；认认真真地追查奸邪，不如尊敬贤明的人。

【注析】

东汉时的王畅，字叔茂，山阳高平人。他以清静笃实著称，汉桓帝时为南阳太守，他总是表现得很刚严威猛。大户人家有犯法的，他便派人去拆屋、砍树、填井、平灶。功曹张敞劝他说："扒屋砍树，是想形成严厉刚烈的效果，虽然用来惩治恶人，但却很难招怀远方。实实在在地用刑，不如施恩教化，认认真真地追查奸邪，不如尊敬贤明的人。舜选拔了皋陶作官，不仁义的人便跑了。随会主政，晋国的盗贼便跑到秦国去了。感化人民要用德，而不是用刑。"王畅接受了他的劝告，改变了自己的施政方法，推行宽柔的政策，大行教化，社会风气很快得到转变。

执政有方，待民如子

凡尔有官，师法循良。垂芳百世，召杜龚黄。噫，可不忍欤！

【译文】

凡是做官的，都要效法那些善于执政的人。能够流芳百年的，是召信臣、杜诗、龚遂、黄霸这些官员。唉，能不忍嘛！

【注析】

召信臣是西汉人，字翁卿，九江寿春人，宣帝时做南阳太守。他亲自参加农业劳动，对待人民就像对待儿子一样亲，禁止奢侈腐化，尽力要求节约。治下风气很好，上下都互相尊重，人们把他称之为"召父"。皇帝给他赐金四十斤，职位增加级别到少府，与九卿并列。

杜诗是东汉人，字公君，河内汲人。他任南阳太守期间，修理池塘，开垦土地，郡内家家富足。汉光武帝建武元年，一年中三次提职，升为侍御史。

龚遂是西汉人，字少卿，山阳南平郡人。宣帝时，渤海郡发生饥荒，盗贼都出来了，控制不住。皇帝选龚遂为渤海太守。临行时皇帝问他："你怎么去治理？"龚遂回答说："治乱民好比理乱绳，不能急。"龚遂坐着车子到了郡界上，便给所属各县下了一道文书：凡是拿着农具的，都是好人；凡是拿着兵器的，都是盗贼。盗贼们听到命令，马上就解散了。因此形势就稳定了。龚遂以身作则，俭约从事，教人民专心种田养桑。

黄霸是西汉人，字次公，淮阳阳夏人。年轻时学习律令，因此很会办事。宣帝时做颍川太守，让各级官吏都养猪养鸡，以救济孤寡老人和穷苦人家。他教化人民，劝人为善不为奸，又要人民尽力耕田养蚕，勤俭节约，增加财富。他执政宽严得体，得到老百姓和各级官吏的支持。

【评点】

是仁治还是法治，历代的思想家、政治家争论不休。孔孟强调仁者治人，韩非子提倡威猛政治。从历史的角度来看，采取什么措施，都离不开特定的时代背景。我们认为，无论是国家还是个人，都应宽容待人。《尚书·大禹谟》中说："与其杀不辜，宁失不经。"这是虞舜对掌管法律的皋陶谈到刑罚时所申述的原则。意思是说，判死刑应该特别慎重，因为这种失误是无法挽回的。死刑的判决如有不同，不如不判；即使会造成偶尔的失误，也比误杀人好。汉代的贾谊也曾说过同样的意思："与其杀不辜，宁失于有罪。"

五十 骄之忍

【题解】

人不可无傲骨，但不可有傲气。骄傲是一个人前进的大敌。这里记述了古代人对骄傲者的看法，并指出"死亡之期，定于骄奢"。

富贵而骄是祸魁

金玉满堂，莫之能守。富贵而骄，自遗其咎。

【译文】

金玉满堂，没有谁能永久守得住。富贵而骄奢，是自留灾祸。

【注析】

《老子·持而盈之章》说："金玉满堂，没有谁能永久守得；富贵而骄奢，是自留灾祸。功成名就即引身自退，这是符合天道的。"

骄傲是灭亡的先导

诸侯骄人则失其国，大夫骄人则失其家。魏侯受田子方之教，不敢以富贵而自多。

【译文】

诸侯骄傲就会失去国家，大夫骄傲就会失去他的领地。魏侯接受田子方的教诲，不再凭自己能享受富贵而骄傲。

【注析】

《战国策》记载，魏文侯太子击在路上遇到文侯的老师田子方，击下车，子方不还礼。击大怒，说："不知道是富贵者可以对人骄傲，还是贫贱者可以对人骄傲？"子方说："贫贱者才能对人骄傲，富贵者又怎么能这样？诸侯对人骄傲，就会失去他的政权，大夫对人骄傲，就会失去他的领地。如果是贫贱的士骄傲，他的计策不被采用，行为与当权者不合，他就穿起鞋子走了，到哪里还不是贫贱，难道他会失去什么？"太子见到文侯，把田子方的话又学了一遍，文侯听了感叹地说："如果没有田子方，我到什么地方能听到贤人的议论呢？"

骄矜夸耀会带来恶果

盖恶终之衅，兆于骄夸；死亡之期，定于骄奢。先哲之言，如不听何？

【译文】

大概恶果的来源，苗头在于骄矜、夸耀；死亡的日期，一定因为骄傲奢侈。先哲的话，如果不听，不知会怎样？

【注析】

《尚书·毕命》中说："骄傲、荒淫、矜持、夸耀，必将导致不好的结果。"《说苑·丛谈》说："贵人不希望骄傲，但骄傲自然就出现了。骄傲并不和灭亡相联系，但灭亡自然就到了。"唐太宗曾对手下人说："天下太平，骄傲奢侈就容易产生；骄傲奢侈，危亡马上就来到了。"

谦恭是智慧的表现

昔贾思伯倾身礼士，客怪其谦。答以四字，衰至便骄。噫，可不忍欤！

【译文】

过去贾思伯俯身敬贤，有人感到奇怪，问他已经显贵为重，为什么这样谦虚。他回答：快要走下坡路时才会骄傲。唉，能不忍嘛！

【注析】

贾思伯是北魏人，字仁休，益都人。武帝朝时是任城王元澄手下的军司。到肃宗和明帝时，他们都以贾思伯为老师，跟着他学习《春秋》。思伯虽然身份贵重，却能俯身敬贤。有人问他说："你为什么能不骄傲？"思伯说："快要走下坡路时便会骄傲，天下哪里有不变的呢？"

【评点】

人不能没有自信心，但自信并不等于骄傲。骄傲是前进路上的一个最大的阻力。它总是怂恿人对镜自赏，洋洋自得，自我感觉超过了现实。这种虚幻的良好感觉是无知、偏狭和傲慢的同行者，是对积极进取、朴实和谦恭的完全背道而驰。这种错误的思维在伤害他人的同时，也在伤害你自己——它使你远离现实，阻止你达到完美和正直。

所以，人类古老的《旧约圣经》便指出："骄傲是灭亡的先导，自夸是倾塌的先导。"中国古代的《尚书》中也指出"满招损，谦受益"。古今中外关于戒骄破满的论述不计其数，正是告诉我们骄傲是人类的宿敌，如果不战胜它，它会毁了我们自己。

山外有山，天外有天。人贵有自知之明。一个能够成就一番大业的人，就要像那饱满的谷穗，低垂下谦逊的头颅。

五十一　矜之忍

【题解】

矜，含有自夸之意。它和骄傲的区别在于，矜有自吹自擂之意。本章列举两种不同类型的人和事，指出谦逊是一切美德之母。

做人不可居功自傲

舜之命禹，汝惟不矜。说告高宗，戒以矜能。圣君贤相，以此相规。人有寸善，矜则失之。

【译文】

舜告诉禹说："你不自夸贤能。"傅说告诫高宗武丁说："要警告自己不要夸耀才能。"圣君和贤相，就是这样互相规劝的。假若人仅仅有一点优点，只要自夸就会丧失掉。

【注析】

《尚书·大禹谟》记载，舜告诫禹说："只要你不矜夸炫耀，天下就没有能和你竞争的。"《尚书·说命》记载："有长处，如果自夸就会丧失这长处；有才能，如果自夸就会丧失这才能。"这是傅说进言告诫商高宗武丁的话。舜、禹、高宗这些明君，傅说这一类贤相，就是用这些嘉言来警戒自己的。《老子·跂者不立章》说："固执己见的人不明事理，自以为是的人不会显达，自我夸耀的人不会有好的结果，自我矜伐的人不会长久。"

谦逊是一切美德之母

问德政而对以偶然之语，问治状而答以王生之言。三帅论功，皆曰：臣何力之有焉。为臣若此，后世称贤。

【译文】

皇帝问怎样推行德政，刘昆回答却说是偶然为之。汉昭帝问治理的状况，龚遂的回答却把王生的话复述了一遍。晋国的三个元帅评功，都说臣没有出什么力。作为臣子的能做到这样，后人怎能不称赞他们的贤明。

【注析】

这里讲述的几个故事，恰恰都不是写自夸自大的，它从另一个侧面告诉我们，美好的行为隐蔽起来，才是令人尊敬的。

东汉时的刘昆，是梁孝王的后代，小时侯学习礼仪，从施氏学《易》。光武帝时，为江陵令。江陵连年火灾，刘昆向失火方向叩头，火就熄灭了。后来他做弘农太守，老虎都带虎子逃跑了。皇帝听到后，感到很惊异，把刘昆提为光禄勋。皇帝问刘昆用什么办法达到这种效果，刘昆笑着回答说："完全是偶然的。"皇帝身边的人都笑刘昆不善言辞。皇帝感叹说："这才是长者的言辞啊！"

龚遂是西汉人，他为人既忠厚，又刚毅，大节不亏。昭帝时作渤海太守，后来皇帝派人来征召他，议曹王生表示要跟着去。有人认为王生爱喝酒，而且喝得没有节制，不可派他一起去，龚遂不忍心违逆别人的心意，让他一起到了京师。到京师以后，王生天天喝酒，不见龚遂。碰上这一天龚遂被引见入宫，王生在后面追着他说："天子如果问你是怎样治理渤海的，你不能陈列自己的政绩，而应说这是圣明君主德行的感召。"到了宫庭之后，皇帝果然问及有关治郡的情况。龚遂把王生的话重复了一遍，皇帝果然很高兴龚遂的谦让。

《左传》记载，成公二年，鲁国和卫国都忧虑齐国的侵略，因而都跑到晋国来求援。晋国派郤克带领士燮、栾书去救鲁国和卫国。齐国的军队在华泉被打败了。他们拿有底的甗和玉磬来贿赂晋国，还答应把侵占的土地还给鲁国和卫国，以此作为求和的条件。晋景公慰问将士，夸奖说："这都是你们的力量啊！"郤克回答说："是您的教导发挥了作用，是将士的奋战，我是没有什么可说的。"士燮说："是荀庚的指挥，是郤克的控制全局，我出了什么力呢？"栾书回答说："是士燮的命令，是士兵的拼命，我没有出力。"作为臣子，如此谦虚，不居功自傲，后人都称赞他们的贤明。

有才之人也莫傲

文欲使屈宋衙官，管欲使羲之北面；若杜审言，名为虚诞。噫，可不忍欤！

【译文】

杜审言对人夸口：他的文章，应当让屈原宋玉来做自己的衙役；他的字，应当让王羲之向北面朝拜。这说法真是虚妄荒诞。唉，能不忍嘛！

【注析】

唐代的杜审言，是杜甫的祖父，中宗朝时任修文馆学士。他为人恃才傲世，曾经对人说："我的文章写得好，屈原宋玉只配到衙门口来为我站岗；我的字写得好，王羲之也只能北面朝拜。"他夸张吹嘘，不着边际，所以被时人耻笑。杜审言本来才气不大，他这一吹，更被人瞧不起了。

【评点】

王婆卖瓜，自卖自夸。用这句中国俗话做注脚，怕是对"矜"字的最好解释了。这种人，用《红楼梦》里的一句话来比拟再恰当不过："丈八的灯台，照见人家，照不见自己。"他们陷入虚幻的自我满足之中，妄自尊大，岂不知"强中更有强中手，巧人背后有能人"，

"山外有山，天外有天"。其实，大智若愚，大音希声，真正有才能的人，往往总是最谨慎的。俄罗斯文学家契诃夫曾说："对自己不满足，是任何真正有天才的人的根本特征。"一个人的真正伟大之处，就在于他能够认识到自己的渺小。

五十二　侈之忍

【题解】

侈，是浪费的意思。《韩非子·解老》中说，多费之谓侈。一个人的花费超过了他的需求时，不免暴殄天物。其实，酒喝多了，会有乱子；玩乐过度了，就会悲伤。本章以古代侈靡过度的人为例子，说明"乐极悲来，祸至而福去"。

凡事有度，切莫乐极生悲

天赋于人名位利禄，莫不有数。人受于天服食器用，岂宜过度？乐极而悲来，祸来而福去。

【译文】

上天给每个人的名位和利禄，都是有定数的。人从上天那里接受衣食、器用，岂能超过限度？乐到了极点悲就会到来，灾祸来临福运也就慢慢消失了。

【注析】

宋代司马光在朝堂上与王安石争辩道："天地间所产生的各种东西，只有那么多，不论是落在民间，还是藏在官府。"唐代柳公绰在《上宪宗大医箴》中说："饮食是用来养护身体的，过度就会致病，衣服与德行是相对应的，衣服太奢华就易生傲慢之情。"《战国策》记载，淳于髡对齐威王说："饮酒过度就会生乱，乐到极点就是悲哀。"《老子·顺化章》说："灾祸是福运的倚托，福运中又隐伏着灾祸的因素。"

暴殄天物，天理难容

行酒斩美人，锦障五十里，不闻百年之石氏；人乳为蒸豚，百婢捧食器，徒诧一时之武子。史传书之，非以为美；以警后人，戒此奢侈。

【译文】

斟酒时杀掉美人，外出用锦缎围了五十里，也没听说石氏活了百年；用人乳蒸猪肉，一百个婢女捧食器，武子的作为只不过让人一时感到惊奇。史书记载这些，不是认为这是美事，而是用这些警戒后人，不要奢侈。

【注析】

晋代的王敦和王导去拜访王恺，王恺让美人去劝酒，如果客人酒杯里没喝干，王恺就杀掉劝酒的这个美女。酒劝到王敦的时候，王敦坚持不喝，劝酒的美人害怕得脸色都变了，可是王敦仍然不理睬。王导平素不能喝酒，害怕劝酒的人因此而获罪，就强撑着一饮而尽。回来的路上，王导说王敦："你也太残忍了，怕不会有什么好下场。"王敦说："他杀他自家人，与我们有什么相干。"王恺以奢侈来炫耀自己的事还不止一桩二桩。传说王恺和石崇比富，王恺用紫丝围了四十里，石崇用锦围了五十里。但石崇被赵王伦杀了，他的母亲、兄弟、妻子、儿子都被杀。所以修史的人说他是乐极生悲。

晋人王济，字武子，娶常山公主为妻，被提拔为侍中。父亲王浑，因为平定吴国有功，作尚书仆射。王济恃仗家族势力强盛，因而气盖当时。有一次，武帝去他家赴宴，宴席安排得极为丰盛，所有的东西都用琉璃器皿盛着，丫环有一百多人，都穿着绫罗绸缎做的衣服，用手举着食品侍候。有一道蒸猪，味道十分别致，武帝觉得奇怪，便问其中的奥妙，回答说是用人奶和在一起蒸的，所以味道很不一般。武帝听了，心中很不快。饭没有吃完，就离开了。

穷奢极欲，一时欢乐

居则歌童舞女，出则摩辖结驷。酒池肉林，淫窟屠肆。三辰龙章之服，不雨而溜之第。

【译文】

家居有歌童舞女，出门是车子挨着车子，旌旗连着旌旗。用酒作池子，用肉作林。住的是淫窟，每天杀猪宰羊，像个屠场。本来没有那种造化，却穿着绣有日月星辰和龙的尊贵衣服，住着安有承接雨水装置的贵人的住宅。

【注析】

晋代的贾谧，爱学习，有才能，文思如泉涌。他的权力超过皇帝，歌童舞女，都是天下最好的。但乐极生悲，后来被赵王伦借故杀了。

《战国策》中说："楚王游云梦泽，四匹马拉的车子有一千多辆，旌旗都遮住了天空。"

史书记载商纣王用酒作池，用肉作林，整夜喝酒，老百姓十分怨恨。

唐玄宗天宝年间，王元宝用金银砌房子，用铜钱装饰花园的小路。当时人们称他的家是富窟屠肆。也就是说，富人家天天杀猪宰羊，家里好像市场上的屠宰场。

曹操的参军仲长统在《昌言》中说，有人到处拥有房屋和财富，土地遍布全国，本来没有身份，却穿着皇帝一样的衣服。

小人得势会比王侯更会享受

厮养傅翼之虎，皂隶人立之豕。僭拟王侯，薰炙天地。

【译文】

砍柴烧水的小人如果得志，就像添上翅膀的老虎。跑腿的皂隶如若得势，如同像人一样站着叫的大野猪。有些人不顾身份超过王侯，气势撼动天和地。

【注析】

有人不顾身份的低微，而过分奢侈，追求享受。司马光说："小人，如果他的智力足以实现他的奸滑，而勇武又足以施加暴力，那他就是一只添了翅膀的老虎。"扬雄也比喻酷吏是既长角又长翅的老虎。

苏秦做纵约长，任六国的宰相，他回家时，车骑辎重来送的特别多，几乎超过了国君。那种气势，惊天动地，壮观至极。

鱼死网破，悔之莫及

鬼神害盈，奴辈利财。巢覆卵破，悔何及哉！噫，可不忍欤！

【译文】

鬼神会降祸于拥有过多财富的人，穷人见利便会忘义。鸟巢翻了，鸟蛋摔破，后悔也来不及了。唉，能不忍嘛！

【注析】

《易经·谦卦》的象辞说：鬼神降祸于拥有过多财富的人，帮助贫困的人。石崇生活奢侈过度，被朝廷逮捕时，他叹息道："穷人想收我的财罢了。"逮捕他的人说："你既然早知道财富是祸，为什么不早点散给他人呢！"石崇无话可答，就被斩了。石崇的结局正应了谦卦中的话。

东汉人孔融，是孔子的第二十世孙。何进选拔他先做侍御史，后来改任北海相。孔融人很傲慢，常常认为自己又有财气，又有门望，多次戏弄侮慢曹操，还和御史大夫郗虑有隔阂。郗虑便假奏他当年在北海做相时曾想谋反。奏本上去后，孔融被逮捕下狱。当时孔融有两个儿子，大的九岁，小的八岁。两个小孩在那里玩游戏，完全没有一点惊慌的样子。孔融对逮捕他的人说："希望把罪恶只加在我一个人的头上，不要牵连我的两个儿子。"两个儿子却慢慢地对父亲说："父亲大人难道曾经见过倾覆的鸟窝里，有完好的鸟蛋吗？"

《尚书·盘庚》中说："汝悔身莫及。"意思是说，死到临头，后悔也来不及了。

【评点】

过分地挥霍财物，或追求那种挥霍无度的生活，是愚蠢之举。宋代邵雍在《奢侈吟》中曾说："侈不可极，奢不可穷，极则有祸，穷则有凶。"试想一个人整天向往那种花天酒地，一掷千金的生活，又谈何事业和理想？即使是百万富翁之家，家庭富裕，子女养成这种奢靡之风，万一经营不善，岂不坐吃山空？退一步就算钱财不愁，山珍海味，应有尽有，如果每日珍馐不断，十之八九会吃坏了身骨。秦穆公问由余"得国失国"之道，由余回答道："以俭得之，以奢失之。"墨子也告诫说："节约则昌，淫佚则亡。"故《左传》记载，鲁庄公将从齐国迎娶哀姜，大肆修筑宫庙。鲁大夫御孙劝他说："俭，德之共也；侈，恶之大也。"我们如果没有可以挥霍的物质基础，既不要向往，也不要去追求；有了富裕的物质基础，能达到衣食饱暖，也就足矣。

五十三　勇之忍

【题解】

勇气是一个人成功的重要因素之一。任何一个在事业上取得成就的人，无疑都有敢作敢为的勇气。勇气在不同的人身上有不同的表现，如有勇无谋，有勇无义等等，本章对此加以了论述。

办事一定要小心谨慎

暴虎冯河，圣门不许。临事而惧，夫子所与。

【译文】

空手去打老虎，渡河而又不用船只，圣人不赞成。遇事要小心谨慎，这是孔夫子的告诫。

【注析】

暴虎，是指不用武器去打老虎。冯河，是指不用船只而涉水过河。孔子说："暴虎冯河，死而无悔者，吾不与也。必也临事而惧，好谋而成者也。"

这是子路问孔子："假如指挥三军，那么您赞同什么人？"孔子回答了以上那番话。子路总是以自己的勇敢而自负，他认为孔子如果指挥打仗，也一定会同意自己的主张。可是孔子告诫他，遇事一定要谨慎小心，不能轻举妄动，否则会毁于一旦。一般来说，凡是有勇气而没有谋略的人，办事总是不能成功。

精神上的胜利能压倒一切

黝之与舍，二子养勇，不如孟子，其心不动。

【译文】

北宫黝和孟施舍两个人培养自己的勇气，不如孟子，他的心志不可动摇，心中没有什么可害怕的。

【注析】

北宫黝培养自己的勇气，不为一点小事而动摇；孟施舍培养自己的勇气，把不胜的形势看成可以取胜。孟子和他们不一样，孟子不动心，是说他尽心知性，对什么事情都看得清清楚楚，一举一动，都合乎道义，自然没有什么可以值得害怕的。由此看来，勇气虽然人人都有，但有不同的区别，一种是肉体上的，一种是心理上的，还有一种是精神上的。北宫黝和孟施舍显而易见是肉体上的。

有勇必须有义才能益世

故君子有勇而无义，为乱；小人有勇而无义，为盗。圣人格言，百世诏诰。噫，可不忍欤！

【译文】

君子有勇气而没有道义，便会作乱；小人有勇气而没有道义，便会成为强盗。圣人的话，是传之后世的格言。唉，能不忍嘛！

【注析】

这是子路问孔子是不是推崇勇敢时孔子的回答。这里的君子小人，是根据地位决定的。孔子是说在上位的人，为他的血气本性所驱使，不用义理来加以控制就会违反义理变成作乱。在下位的人，为其血气本性所驱使，不用义理加以控制，就会为所欲为，变成强盗了。所以说，义理之勇不可无，无义之勇不可有。大概因为子路好表现自己的勇敢，孔子才说了这段话。我们今天有一些年轻人，为一时之勇而大打出手，便是孔子所说的无义之勇。

【评点】

如果一个人做什么都畏缩不前，犹犹豫豫，紧张害怕，焦虑不安，那他就永远一事无成。勇气不仅存在于你的肉体中——如强健的体魄，关键还在你的心理和精神中。你始终要充满必胜的信心，有征服一切困难，战胜一切障碍的无畏精神。特别是在逆境中，在你遇到困难时更能显示和检验这方面的能力。

同时，勇气还表现在你敢于承认错误，修正错误，而不是耿耿于怀，沉缅于对往事的追悔中，勇气还表现在你对他人的宽大为怀，而不是斤斤计较，寸步不让中。勇气是你追求自由，实现理想的动力。法国作家左拉曾说："生活的道路一旦选定，就要勇敢地走到底，决不回头！"成功属于勇往直前的人。

五十四　直之忍

【题解】

直，这里有正直、仗义直言和坦率之意。文章中分析了正直的人的好处与可能带来的危害。

说直话导致祸害的伯宗

晋有伯宗，直言致害。虽有贤妻，不听其诫。

【译文】

晋国有一个叫伯宗的，因为爱说直话而导致祸害。他虽有一个贤慧的妻子，但他不听她的劝诫。

【注析】

晋国的大夫伯宗，很有才德，为人正直，不阿附权贵，敢于直言。他每次上朝时，妻子总叮嘱他说："盗贼讨厌财物的主人，人民憎恶贪官污吏。你喜欢讲直话，要提防遭人怨恨，不要因此而受罪。"伯宗不听其言，后来果然遭到诬陷，被晋厉公杀害了。

峣峣者易折，君子牢记

札爱叔向，临别相劝：君子好直，思免于难。

【译文】

季札很关心叔向，临分别时，推心置腹地劝说他：您喜好说直话，一定要考虑怎样才能避免灾难。

【注析】

《左传》记载，襄公二十九年，吴公子季札访问各国。离开晋国时，因与叔向关系很好，在快要分开时，季札对叔向说："您还是多加考虑吧！您虽做了很多事，但现在大夫们都有了权力，政权会落到他们的手里，您为人正直，一定要考虑怎样才能免去灾祸啊！"

虽死犹生的史鱼

直哉史鱼，终身如矢。以尸谏君，虽死不死。夫子称之，闻者兴起。

【译文】

史鱼正直啊！一身像箭一样直。他死后，用尸体向卫灵公劝谏，所以说人虽然死了，却还像没有死一样。孔子称赞他以后，效仿的人便多了。

【注析】

这是孔子在《论语》中的一番话。孔子称赞史鱼："直哉史鱼！邦有道如矢，邦无道如矢。"史鱼，是卫国的大夫。孔子说他像箭射出去那样直。据记载，卫国的蘧伯玉，有德有才，可是卫灵公不用他，弥子瑕很坏，反而受到重用。史鱼劝告卫灵公，卫灵公不听。史鱼快死的时候，对儿子说："我在卫国，不能推荐蘧伯玉，贬退弥子瑕，这是我作为臣子的遗憾。我在世的时候不能帮助我的君主行正道，那么我死后，也不能根据礼的规定来埋我。所以我死后，你把我的尸体放在窗户下，对我来说也就完事了。"史鱼的儿子按照他的吩咐办理了。卫灵公来吊丧，看到这种情况后，觉得很奇怪。史鱼的儿子便把父亲的话说了一遍。卫灵公痛心地说："这是我的过错啊！"于是，便叫人按客的规格把史鱼安葬了。之后提拔了蘧伯玉作官，又贬退了弥子瑕。孔子知道后，便说："古之谏者，死则已矣！未有如史鱼，死而尸谏，忠感其君者也。"孔夫子表彰史鱼以后，知道这件事的人很受感动，纷纷来效仿史鱼。

由来直道世难行

时有污隆，直道不容。曲而如钩，乃得封侯；直而如弦，死于道边。枉道事人，隳名丧节；直道事人，身婴木铁。噫，可不忍欤！

【译文】

世道有污有隆，正直往往不为世道所容。弯曲的像钩一样的人被封侯，正直的像弓弦一样的人却横尸于路旁。不正直地侍奉别人，会毁掉名誉；而凭直道为官，却身陷刑狱。唉，能不忍嘛！

【注析】

《礼记·檀弓上》记载，子思说："我的先人没有什么失去自己正道的地方。世道兴盛就按照兴盛时代的道来行事，世道污浊就按污浊时代的道来行事。"

《论语》记载，柳下惠做官，三次被撤职。有人问他："你不可以离开鲁国吗？"他说："正直地做官，到哪里去能不被多次撤职呢？不正直地做官，又何必要离开自己的国家呢？"意思是，正直难容于世，即便是其他国家也是这样，不正直就易于与世道融合，就是在本国也能顺利做官。

《后汉书·五行志》记载，东汉顺帝末年，京都中流传一首童谣说："正直的像弓弦，却死在了路边；弯曲的像钩，却被封侯。"梁冀专权，正直的李固被幽禁，死在狱中，后来被暴尸于道路边。而善于谄媚的胡广却被封乐乡侯，赵戒被封厨亭侯，正好应验了那首童谣。

【评点】

任何一个时代都会产生一批时代的脊梁。他们直面人生，敢于维护真理，勇敢地表达自己的观点，威武不能屈，富贵不能淫，贫贱不能移。即使生命受到威胁之时，也置个人生死于度外，宁可玉碎，不为瓦全。古今中外，这类具有气节的仁人志士涌现了一批又一批：司马迁为李陵辩说遭处宫刑，伽利略为坚持日心说而被教会活活烧死。他们"粉身碎骨全不怕，要留清白在人间"。

我们敬佩这种"不以穷变节，不以贱易志"的独立精神，但也希望人们说话办事注意策略，讲究方式方法，要对某些心怀不轨、阴险狡诈的人保持足够的警惕。

五十五　急之忍

【题解】

处事行动敏捷，雷厉风行，是智慧和经验的外在体现。在千钧一发之际，如何临危不乱，便成了人们关心的问题。

危急之时需冷静

事急之弦，制之于权。伤胸扪足，倒印追贼；诳梅止渴，抚背误敌。

【译文】

事情危急，就像弓弦一样紧张，这时，必须变通处理。汉高祖伤了胸部却说是伤了脚，司农变换印符去追赶贼兵；曹操假称有梅子止了士兵的渴，李穆用马鞭打宇文泰的后背欺骗敌人。

【注析】

千钧一发，危若累卵，都形容事情十分紧急。危急之中，一定要灵活应变。汉高祖刘邦和项羽对阵广武时，刘邦指责项羽，列举了他的十大罪状。项羽大怒，用箭射刘邦，射中了他的胸部。这时，如果刘邦负伤的消息传出去，将会动摇军心，助长敌人勇气。所以，直至箭伤发作时，仍坚持作战，部队一点也不知道。

唐德宗时，有一个奸臣叫朱泚的，侵犯襄城。德宗征调泾原兵来救援。节度使姚令言带领五千兵赶到京城。军士们原希望能得到优厚的赏赐，然而来了以后吃的还是粗糙的饭菜。士兵们因此大怒，穿起铠甲，打起旗帜，大声喧闹。皇帝虽然马上给士兵们每人赏赐二匹布，结果士兵们更加愤怒，连皇帝派去的使节都杀了，并且都涌进城，皇帝和诸王公都跑到奉天。贼兵簇拥着朱泚入宫，住在白华殿，并自称权知将军，派遣韩旻率领一千精兵，假称去迎接皇帝回京，实际想去袭击奉天。这时，司农段秀实对将吏岐灵岳说："事情十分紧急！"就派岐灵岳假称有姚令言的兵符，命令韩旻返回。印还没到，便倒着用司农印印符，追上韩旻，韩旻得到兵符便回来了。

三国时，魏武帝曹操带领部队行军，迷失了找水的道路，三军都渴得咽喉冒火。于是曹操便下令说："前边有一片梅林。梅子又甜又酸，可以解渴。"士兵们听了，口水都流出来了。于是继续前进，终于找到了水。

东魏侯景等人把独孤信围困在金墉，独孤信向北魏丞相宇文泰请求援助。宇文泰带领军队前进，还没走到，侯景等人的部队连夜逃跑了。宇文泰带领轻骑追击，追到黄河边时，宇文泰的战马中了流箭，惊伤而跑，宇文泰从马上掉了下来，和队伍失去了联系。这时，东魏兵赶了上来，宇文泰手下的人都跑散了，只有都督李穆在身边。李穆下马，用马鞭打着宇文泰的背说："你不过是一个小小的陇东士兵，你们的首领到哪儿去了？你为什么一个人留在这里？"东魏兵听了，便没再怀疑宇文泰是贵人，继续向前追击。李穆把自己的马给了宇文泰，两人一起跑了。魏兵见宇文泰回来了，士气大振，追击东魏兵，在陇东打败了他们。

从以上的例子可以看出，人在危急时候，一定不能乱了方寸。俗话说：眉头一皱，计上心来。正像《孙子兵法》所言："投之亡地然后存，陷之死地而后生。"

争胜负于顷刻之间

判生死于呼吸，争胜负于顷刻。蝮蛇螫手，断腕宜疾。冠而救火，揖而拯溺，不知权变，可为太息。噫，可不忍欤！

【译文】

生和死不过在呼吸之间，争夺胜负也只在顷刻之间。腹蛇咬了手，应当马上砍断手腕，这样才对治病有利。戴了帽子去救火，斯斯文文去救溺水的人，不懂得灵活机动地去处理变化，实在令人叹息。唉，能不忍嘛！

【注析】

事情危急的时刻，能够以权变灵活的方法处理，就会绝处逢生，或者获得胜利，否则，就会置于死地。这中间的界限犹如呼吸之间那样短暂。唐代陆贽在给唐德宗的奏疏中说：边疆的紧急军情报告来了，却要研究一番才派兵，这就是人们所说的从容不迫地去救落水的人，斯斯文文地去扑灭大火，期望事情能如愿是很困难的事。

【评点】

急中生智，是一个人智力和经验积累的结果，在瞬息万变的关键时刻，能否化干戈为玉帛，拯黎民于水火，能否转败为胜，化险为夷，体现了一个人的魄力和勇气。像电视剧《聪明的一休》中的那个小小的一休，实在是伶俐可爱。像本章中提到的抚背误敌、望梅止渴，都是临机应变的好范例。其实，养兵千日，用兵一时，一个人在关键时刻灵感的产生，是"长期积累"之结果。只有学贯中西，善于总结，在危险关头或决定前途命运的时刻，才会"眉头一皱，计上心来"。

五十六　死之忍

【题解】

死亡是自然之规律，无论尊卑贵贱，均难逃一死。但将死之时却是检验一个人生命意义的试金石。本章从两个方面论述这个问题：一是杀身取义，死得其所；二是要珍惜生命，不可不负责任。

生当为人杰，死亦作鬼雄

人谁不欲生？罔之生也，幸而免；自古皆有死，死得其所，道之善。

【译文】

一个人谁不想活着？不正直的人也能在人世上生存，活着也只是苟且偷生。古往今来人都要死的，如果死得有意义，一生才算善始善终。

【注析】

死亡是一个严峻的话题，哲学家们议论不休，皆在探索其瞬间消亡的意义。

孟子说："义，是我所追求的；生，也是我所追求的。所追求的东西超过了生命的价值，我决不去苟且偷生。"

孔子说："人的生命应当活得有价值，如果没有价值，活着也是侥幸的事。"他又说："自古以来，人总是要死的。但人们如果没有信义，就不成其为人。"

三国的时候，魏国人王经因为一件事被逮捕，他哭着辞别母亲。母亲说："作人的儿子，应该讲孝顺；作人的臣子，就应该讲忠诚。人谁不会死呢？只要死得其所，还有什么值得遗憾的呢？"

人要堂堂正正地死

岩墙桎梏，皆非正命。体受归全，易箦得正。

【译文】

被倾倒的墙砸死的人，犯罪处死的人，都不是正常死亡。身体受之于父母，应当完整地归还父母，死前换席子的曾子，都是正正当当地死。

【注析】

关于死亡，孟子说："顺应而知道命运的人，不会站在将要倾倒的墙下面。那些因犯罪而死的人，不是正常的死亡。"孟子的意思是说，这些不正常的死亡，都是人自己导致的，不是上天所给予的。《礼记·祭义》中记载，乐正子春下堂时扭伤了脚，说："我听曾子说，孔子曾经说过，天地成就，父亲给予的身体是完整的，儿子应该完整地交回去，这才叫作孝。不损害身体，不污辱身体，这才叫作全。"据说，曾子病重的时候，睡在床上。书童夸奖他用的那个席子说："漂亮而又光滑的席子，这是大夫用的吧？"曾子说："这是季孙送给我的，我还没来得及换掉它。"于是挣扎坐起来，换掉那个席子，然后说，"我可以堂堂正正地去死了。"

贤哉管仲，大难不死

召忽死纠，管仲不死。三衅三浴，民受其赐。

【译文】

召忽为公子纠而死，管仲却不跟着公子纠去死。齐桓公三次洗澡，三次用香料涂满身子，去迎接管仲，因为管仲为人民带来了恩德。

【注析】

春秋时齐襄公昏庸无能，鲍叔牙保护公子小白逃到莒国，到公孙无知杀襄公的时候，管仲和召忽又保护公子纠逃到鲁国。鲁国派军队送公子纠回国没有成功，而小白回国做了齐国的国君，他就是齐桓公。齐桓公让鲁国杀了公子纠，召忽跟着也死了。齐桓公即位以后，便想让鲍叔牙做宰相。叔牙辞谢说："如果您是要治理国家的话，那么，管仲才是够格的人。我比不上他的地方有五处。"桓公于是派人到鲁国去请管仲回来。使者对鲁庄公说："我们君主有一个不听话的臣子在您的国家，我们想把他抓回去，在群臣面前把他杀掉，所以派我来向您请求。"鲁庄公就把管仲捆起来，交给了齐国的使者。使者带着管仲快到齐国的时候，齐桓公三次洗澡，三次用香料涂满全身，亲自去郊外迎接管仲，并让他做了宰相。

生为百夫雄，死为壮士规

陈蔡之厄，回何敢死！仲由死卫，未安于义。

【译文】

孔子在陈、蔡间被人围困，又被匡人围困时，颜渊赶来对孔子说："有您在，我怎么敢死？"子路死在卫国，他不是为道义而死。

【注析】

楚昭王聘请孔子做官，孔子到楚国去，经过陈国到蔡国。陈国和蔡国的大夫一起谋划说："孔子是圣人，他的批评都切中了诸侯的要害。如果他在楚国受到重用，那么，陈、蔡两国就危险了。"于是他们派兵把孔子包围起来，使孔子不能离开。孔子断了七天的粮食，隔绝了和外面的联系，菜汤都吃不上了，跟着他的人都奄奄一息，只有孔子的精神却越发激昂，弹琴唱歌，从不停止。当时，太公任去看望他，说："您差不多要死了吧？"孔子说："是的。"太公任又说："您害怕死吗？"孔子回答说："是的。"可是孔子并不为这种厄运所吓倒，他提到的害怕死亡，实际上是认为这种死不是死得其所。孔子被匡人围困，颜渊后来才赶到。孔子说："我以为你已经死了呢！"颜渊说："您在，我怎么敢死呢？"大概当时颜渊落在后面，颜渊的意思是说，如果您不幸遇难而死，那么我一定不惜生命跟着去死，现在夫子万幸还活着，我怎么敢不活下来跟着您，去和匡人交战呢？这里表现了颜渊的生死观。

仲由，字子路，是孔子的弟子，又名季路。《左传》哀公十五年，卫国的太子蒯聩劫持了孔悝，想强迫他结盟，一同赶走卫侯辄，当时，子路在孔悝手下做官，听到这个消息，就想入宫去救他。然而城门已经关了，子羔说："来不及了。"子路说："吃了别人的饭，就不能逃避艰难。"他们进去后，太子派石乞和盂黡出来与子路作战，用戈刺死了子路。后来孔子说："像仲由啊，可说是没有死在正道上。"后人阐述说："如果子路能够认清什么是义，然后才去做官，再为了义去死，就会死得其所。然而子路却没有做到这一点。"朱熹又说："子路仅仅知道吃了别人的饭就不能逃避别人的艰难是义，却不知道吃卫侯辄的饭本身就是不义。"

一个人要尊重自己的生命

百金之子不骑衡，千金之子不垂堂。非恶死而然矣，盖亦戒夫轻生。噫，可不忍欤！

【译文】

百金之家的后代，不骑在栏杆上玩，千金之家的后代，不坐在房子的边上。这并不是害怕，大概是告诫人们不要轻生。唉，能不忍嘛！

【注析】

西汉文帝到霸陵上去游玩，想到西边那个陡坡去。中郎将袁盎赶上前来拉住了文帝的马缰。文帝问袁盎："将军害怕吗？"袁盎说："我听说千金之家的后代不坐在房子的边上，百金之家的后代，不骑在栏杆上玩。作为一个圣明的君主，不能到危险的地方去，更不能凭侥幸的心理去做事。现在陛下要坐着六匹马拉的车子，飞快地从陡坡上跑下去，万一马惊了，车坏了，您怎么向祖宗和太后交待呢？"文帝便停止了。

后人引用这句话，意思是要人们爱惜生命。因为生命在某种意义上来说，他并不完全属于一个人所有，特别是负有一定责任的人。

【评点】

对于每一个人而言，死亡是最平等的，它使所有的人都站到了同一水平线上。也许正因为每一个人都被摆到了这个严峻的位置上，所以死亡的意义才以不同的方式呈现出来。有人贪生怕死，在两者只能选择其一时逃避了真理。有人害怕生活的考验而自己结束生命。有人舍生取义，宁死不屈，正如曹植诗中所言："捐躯赴国难，视死忽如归。"又如晋代陈寿在《三国志》中指出："良将不怯死以苟免，烈士不毁节以求生。""男儿自有守，可杀不可苟。"我们认为，生命只有一次，我们不应当不负责任地轻易抛掷生命，但死亡不可避免地将要降临到你的头上时，你应当说："这和生没有什么区别。这是永远的睡眠。"然后，你可以宁静地闭上双眼。这时，你的生命之树上已经结出了沉甸甸的果实。

五十七　生之忍

【题解】

生命是宝贵的，它对于人们来说只有一次且不可重复。是为了苟且偷生而低下高贵的头颅，还是为了真理献出自己的生命？本章便告诉你，怎样去对待生命。

当理不避其难，视死如归大丈夫

所欲有甚于生，宁舍生而取义。故陈容不愿与袁绍同日生，而愿与臧洪同日死。元显和不愿生为叛臣，而愿死为忠鬼。天下后世，称为烈士。读史至此，凛然生气。

【译文】

所追求的理想超过了生命存在的意义，就宁愿放弃生命而实现道义。所以陈容不愿和袁绍继续活下去，而愿和臧洪一起去死。元显和不愿活着做叛徒而愿意死了做个"忠鬼"。天下人都称他们是英烈志士。读史读到这个地方，都感觉到他们的凛然正气。

【注析】

孟子谈到了生命的意义时曾说："生，我所欲也，义，我所欲也。二者不可得兼，舍生而取义者也。所欲有甚于生者，故不为苟得也。"孟子的意思是说，当生存和维护道义发生矛盾时，应当舍弃生命，保全道义。

陈容便是这种忠义烈士。他是为臧洪被杀而仗义直言，舍生忘死的。臧洪字子源，广陵射阳人，举孝廉而补为即丘长。袁绍认为他是个人才，便和他交了朋友，让他做东郡太守。当时曹操围攻雍丘，形势十分危急。臧洪向袁绍请求带兵前去解围，袁绍不答应。臧洪又请求带着自己的人前去，袁绍也不准。于是雍丘便被攻克了，臧洪从此便怨恨袁绍，断绝了和他的来往。后来袁绍便带兵围攻臧洪，围城了一年后，臧洪因粮草没有了，城因此攻破了，他也被活捉。袁绍对他说："你今天该服了吧！"臧洪以手支地，瞪大眼睛说："袁家人在汉朝做官，四世五公，应该说是受了汉朝的恩情。现在汉室衰弱，你不仅没有扶助的意思，反而杀害忠义之士，以树立自己的威风。只可惜我的力量不够，不能为天下人报仇，怎么能谈得上服气。"袁绍就把他杀了。臧洪的同乡陈容当时在场，他对袁绍说："将军要做的是天下大事，是要为天下除暴，现要却先杀忠义之人，难道合乎天意么？"袁绍又羞愧又恼火，让人把陈容拉出去杀掉，陈容回头说："仁义不是没有标准！你服从他，就是君子；违背他就是小人。今天我宁肯和臧洪同一天死，也不愿和你同一天生！"于是他也被杀了，在座的人无不为之叹息。

南朝梁武帝时，北魏徐州刺史元法僧背叛魏国到了梁朝。魏安东长史元显和带兵和法僧交战，法僧把显和捉住。法僧拉着他的手，要他一起坐。显和说："我和您同是皇室后代，您现在凭您的封地叛变了，您就不怕良史记下您的罪过吗？"法僧还想安慰他，显和说："我宁愿死而做个忠鬼，不愿生而成为叛徒。"法僧无可奈何，就把他杀了。

高山黄土，天壤之别

苏武生还于大汉，李陵生没于沙漠。均之为生，而不得并祀于麟阁。噫，可不忍欤！

【译文】

苏武活着回到了汉朝，李陵活着但被人遗忘于沙漠之中。都是活着，却不能同在麒麟阁上享受祭祀。唉，能不忍嘛！

【注析】

苏武牧羊的故事，已经在民间广泛流传。他是西汉天汉元年护送匈奴的使者去到匈奴的。当时，匈奴胁迫他投降，苏武至死不肯，被丢进大窖里，不给他饭吃，他只好吃毡毛，喝雪水，才免于一死。匈奴又让他到北海去放羊，他保持汉朝节操不肯屈服。第二年，李陵投降了匈奴，开始，他不敢求见苏武，很久以后，单于让李陵和苏武在一起喝酒。李陵对苏武说："单于听说我过去和你的关系不错，所以让我来劝说您。人生如露水，何必过这样的苦日子呢？"苏武说："我父亲和我都没有什么功劳，但都位列将爵，我只希望以死来回报大汉，而不会有什么怨言，请你不要再说什么了，匈奴王如果一定要逼我投降，让我死在你面前好了。"李陵深深地叹息起来，并流下了泪水，泪水打湿了衣服，才告辞回去。后来汉昭帝采取和亲政策，汉朝向匈奴要苏武等人，说苏武在哪个沼泽中。匈奴单于听后，十分吃惊，马上将苏武送了回来。苏武在匈奴被困了十九年之久，去的时候很年轻，回来的时候头发都白了。

李陵是李广的孙子，天汉二年任别将，攻打匈奴，仗打败后投降了匈奴。单于招他为女婿，封官右校王，显赫一时，汉朝派人要他回来，他不回。汉朝于是杀了他一家。后来苏武回汉朝，李陵摆酒祝贺，席间他流了不少泪水。后来他死在匈奴。

汉宣帝甘露三年，画功臣的像放在麒麟阁上，其中有苏武的。李陵过去虽然为汉朝也做了不少事，但不能和苏武同在麒麟阁上受人供奉。

【评点】

活着是幸福的。上天赐予我们的生命，我们一定要尊重并倍加爱惜。人生就像一本书，傻瓜们才胡乱翻上一通，聪明的人则会细细品味。人生苦短，只有充实每一瞬间，才能使生命焕发光彩。生命虽像一道流星，可因为每一个体生命的差异，他们对于后世的影响却截然不同。臧洪、苏武、元显和，他们有的虽然死了，短暂的生命却被岁月无限地给以了延长。"人生自古谁无死，留取丹心照汗青。""生当为人杰，死亦为鬼雄。"当然，人不可能个个都成就大业，但作为一个普通百姓，也要活得充实、平和、恬淡、自然，我们一定要热爱生命，尊重生命的真实和美。

五十八　满之忍

【题解】

欹器因为装满了水才倾覆，扑满因为空无一物才得以保全。一个人只有永不知足，才会不断进步，才会避免灾祸。

满招损，谦受益

伯益有"满招损"之规，仲虺有"志自满"之戒。夫以禹汤之盛德，犹惧满盈之害。

【译文】

伯益有自满会导致失败的规劝，仲虺有骄傲自满就会疏远亲人的告诫。即使如大禹商汤那样有高尚道德的人，还害怕自满的危害。

【注析】

这些话均引自《尚书》，意思是说，道德可以上感于天，再远的地方都能享受其恩德。自满就会导致失败，谦恭才会增加美德，这就是天的意志。这是大禹誓师攻伐有苗之时，伯益赞颂禹的话。又说，如果骄傲自满，不修道德，那么最亲近的人也会离开。满招损，谦受益，我们要永远铭记在心。

月盈则亏，中庸为贵

月盈则亏，器满则覆。一盈一亏，鬼神祸福。

【译文】

月亮圆了就会变缺，容器满了就易于倾倒。这一满一缺，犹如鬼神给富有者降以损害，给不足者给以补充。

【注析】

《易经·丰卦》彖说："太阳到了正午，就会西斜，月亮到了圆时，就会变缺。天地间的充实和虚空，随着时间而有不同的变化。"

《孔子家语》记载，有一次，孔子到鲁桓公庙中去，看见一个奇怪的器物，孔子问守庙的人，回答说是劝酒的器具，叫宥坐。孔子说："我听说这种器具，里面没有东西就瘪了，倒水倒得合适就立起来，水太满了就倒下去。"弟子把水倒进去后，果然如此。孔子感慨地说："世界上的东西，没有满而不漫溢的啊！"世上的事物，一定要适可而止。不去贪图身外之物，不去过分追求享受。

避盈居损，守身之本

昔刘敬宣，不敢逾分。常惧福过灾生，实思避盈居损。三复斯言，守身之本。噫，可不忍欤！

【译文】

过去刘敬宣不敢逾越本分。常常害怕过分享受会带来灾难，心里反复考虑怎样避开过分充裕的生活，而处在不足的地步。再三体会这些话，便是安身保命的根本。唉，能不忍嘛！

【注析】

刘敬宣，彭城人，晋安帝时担任冀州刺史。当时豫州刺史诸葛长民写信给他说："前途很平坦，我们可以一起追求富贵了。"刘敬宣回信说：我经常害怕福太多了灾祸会随之而来，心里想的是如何避开这种富足的生活而处于不足的地步；关于共同追求富贵的意思，我是不敢接受的。

刘敬宣的这番话，是有一定道理的。古人说，花开半朵，酒至微醺，此中大有佳趣。若至烂醉如泥，便成恶境矣。所以人生已到顶峰阶段时，最好能深思一下这句话。

【评点】

"满招损，谦受益"，就是告诫人们做人要持"致虚守静"的态度。如知进而不知退，善争而不善让，会招致灾难。我们从历史上可以得到很多深刻的教训：汉代杰出的三位功臣，其中萧何、韩信，功劳盖世，结果是"兔死狗烹"。我们说话办事，都不能没有边际，因为上坡必有下坡，上台必有下台的时候，人无论作什么事都要留几分余地。老子曾说："持而盈之不如其已，揣而锐之不可长保。"中国有一句俗话：光棍只打九九，不打加一。人只有明白这些道理，才会安度平生。

五十九 快之忍

【题解】

本章有两层意思：一是讲不能为一时之乐而求欢，二是讲不能做事图快。为一时之快乐而求欢，放纵欲望，会带来祸害。做事图多求快，不谨慎从事，会留下后患。

秦皇汉武，也有遗憾之处

自古快心之事，闻之者足以戒。秦皇快心于刑法，而扶苏婴矫制之害；汉武快心于征伐，而轮台有晚年之悔。

【译文】

古代有一些人为了自己的快乐而做的蠢事，听到的人都要引以为戒。秦始皇为推行严刑峻法而感到高兴，他的儿子就受了假诏书的危害；汉武帝快心于穷兵黩武，晚年却有罢轮台屯田的罪己诏表示悔恨。

【注析】

秦始皇是中国历史上第一个封建帝王，他修长城，统一度量衡，车同轨，书同文，对历史的进步做了一定的贡献，但他焚书坑儒，废除礼仪，一味推行刑法，杀戮无辜，残暴无道。起初，秦始皇焚书坑儒时，他的儿子扶苏就劝说他，士人都学习孔子的思想，您只重视执法的官员，恐怕天下难以久安。秦始皇很生气，就派他到北方去监督蒙恬修长城。始皇三十七年，秦始皇出游到沙丘，病得很重，命令赵高写诏书，让公子扶苏到咸阳参加他的葬礼。诏书还没交给使者，秦始皇就死了。赵高与李斯就以秦始皇的名义要立胡亥为天子。又另外写信给扶苏，说他为子不孝，赐剑让其自杀。

汉武帝，也是中国历史上一个被认为有作为的帝王。他在位期间，经常发动战争。到了晚年，桑弘羊建议派士兵到轮台去屯垦，并筑驿亭以威慑西方的国家。汉武帝却下诏书陈述以前的过错，主张安抚民众。所以司马光在《资治通鉴》中说："汉武帝晚年能改正错误，将政事交给较合适的人，这就是为什么他有秦国的失误却免除了秦国败亡的结局的原因。"

一时之快乐，悔之莫及

人生世间，每事欲快。快驰骋者，人马俱疲；快酒色者，膏肓不医；快言语者，驷不可追；快斗讼者，家破身危。快然诺者多悔，快应对者少思；快喜怒者无量，快许可者售欺。与其快性而蹈失，孰若徐思而慎微。噫，可不忍欤！

【译文】

世界上的事，有人做来总都想图一时痛快。其实，快意于驰骋的，人和马都会疲倦；以贪图酒色为高兴的事，其往往病入膏肓，将无法医治；最先发言的人一言既出，四匹快马拉的车子也追不上；爱和人打官司的，会家破人亡。轻易表态的会经常后悔，很快答复别人的往往考虑不成熟；很快表现出喜怒哀乐的，是没有度量，很快许诺答应的，往往是实行欺诈。与其图快而造成损失，不如认真思考，谨慎从事。唉，能不忍嘛！

【注析】

把酒色当作快事而导致不治之症的，像春秋时的晋侯，他去向秦国求医，秦医说："你的病已不可救药。"轻易答应别人结果又后悔的，如老子所说：

"轻诺必寡信，多易必多难也。"不加思索就回答别人的，像子路回答孔子的话十分轻率，就招致孔子的批评。随便发脾气，没有涵养，喜怒无常的，如英布见汉高祖赤脚光腿，就气得要死，见到供帐又大喜过望。逞一时之性而闯祸的，像范质诗中写的：苟不慎枢机，灾危从此始。所以为人处事最好还是谨慎精思为妙。《礼记》中说："谨思之。"孔子也说："君子有九思。"新安人陈氏说：君子应当遇事随处思改，因此，他待人接物，处理事情就很少有不合规矩的了。以上的话，是告诉我们，凡事都要谨慎小心，就不会后悔。像董仲舒对汉武帝说的，做小事都很谨慎的人，一定能够成就大业。

【评点】

为一人一时之快乐，置他人于不顾，而置身前身后的名节于不顾，此等人可谓蠢矣。玩人丧德，玩物丧志。沉溺于权力的愉悦，而图一时之快意，不考虑千年之后史家如何评说，这正是政治家的悲剧。满足于一时感官的刺激，追逐声色犬马，丧失优良的品德，失去正确的生活目标，正如《左传》中说的，是"宴安鸩毒，不可怀也"，其危害性不亚于喝毒酒自杀。所以《礼记》中提出："敖不可长，欲不可从，志不可满，乐不可极。"

六十　取之忍

【题解】

取，这里有获取之意。不论是物质还是名利，如果不是来自于正当途径，都不能接受。本章主要指收受别人的礼物这一方面。

非分收获，祸之根源

取戒伤廉，有可不可。齐薛馈金，辞受在我。

【译文】

获取东西要防止有损于廉洁高尚的节操，有可以接受的，有不能接受的。齐国和薛国赠送的金子，接受不接受在我是否付出了劳动。

【注析】

接受别人赠物，在今天商品经济的社会里，似乎已是一个普遍的现象。至于应当接受还是不接受别人的赠物，孟子曾说："可以取、可以无取。"意思是说，取还是不取，主要看是不是有损于廉洁高尚的节操。陈臻问孟子："前天，齐王送您一百好金，您不接受，今天，薛国送您五十镒，您却又接受了。前天不接受是对的，今天接就应是错的；若今天接受是应该的，那前天不接受就不应该。"孟子说："都是对的。在薛国的时候，有战难，要为之考虑设防的事，我为什么不该接受呢？至于齐国则没有什么事，没有什么事而赠金给我，是收买我，哪里见过君子是可以用金钱收买的呢？"

不贪意外之财

胡奴之米不入修龄之甑釜，袁毅之丝不充巨源之机杼。计日之俸何惭，暮夜之金必拒。

【译文】

胡奴的米没有进入王修龄的甑釜中，袁毅的丝没有装在巨源织机上。每天发放的俸禄有什么惭愧？夜里送金子则一定要拒绝。

【注析】

这一段讲了几个小故事，说的都是廉洁奉公的君子。

晋人王修龄住在山东时，十分贫困。当时陶胡奴任乌程令，送给他一船米，他不肯收，并回答说："我王修龄如果饿了，自然会向谢仁祖要吃的，不需要你陶胡奴送来的米。"

晋人山涛，字巨源，是河内人。他少年时很贫困，但很有气度，与众不同。任尚书时，因为母亲身体不好，他多次要求辞职，写了十次奏折才被允准。皇帝认为山涛很廉洁，赐给他很多床、帐子等物，待遇相当优厚，当时没有人比得上。山涛没有做官时，家里就很贫穷，做了官后，仍然很节俭，赏赐的物品和俸禄都送给了亲戚朋友。陈郡袁毅担任鬲令时喜欢贿赂官僚，也曾送给山涛一百匹丝，山涛不想与众不同，接受了这些丝，但把它放在楼上。后来袁毅事发，审讯时牵涉到山涛。山涛从楼上取下丝给办案的官吏，上面布满了灰尘，一点没有打开的痕迹。

东汉人杨震，汉安帝时，被举荐为茂才，任过荆州刺史，又改任东莱太守。有一次，他经过昌邑县时，昌邑县令王密是他在荆州做官时举荐的茂才。晚上，王密怀里揣着一包金子送给杨震。杨震说："我了解你，你怎么不了解我呢？"王密说："晚上，没有人看见。"杨震说："你知，我知，天知，地知，怎么可能没有谁知道？"王密很惭愧地离开了。杨震的儿子杨秉，后也担任刺史。按规定，俸禄二千石，他按工作的时日接受俸禄，余下的部分依然交公。过去的下级官员送给他钱财，他一概不接受。

拒贿倡廉，千古美名

幼廉不受徐乾金锭之赂，钟意不拜张恢赃物之赐。彦回却求官金饼之袖，张奂绝先零金镂之遗。千古清名，照耀金匮。噫，可不忍欤！

【译文】

李幼廉不接受徐乾贿赂的金锭，钟意不拜接皇帝用抄没别人的赃物充当的赏赐。彦回退还了别人衣袖里藏的金锭，张奂谢绝了先零酋长赠送的金镂。他们清正廉洁的美名，将世世代代光耀史册。唉，能不忍嘛！

【注析】

李幼廉是北齐人，小时候就从来不要人家的东西。有人故意给他金子、宝物等，他坚决不要，如强行给他，他就扔在地上。州长官因为他幼小就廉洁，所以，亲自为他取名幼廉。后齐王时担任南青州刺史主薄。当地的徐乾富有但为人强横，很多长官都不能奈何他。李幼廉上任后，因为他犯了法而将他收捕归案，徐乾悄悄地送给他一百锭黄金，二十个婢女，幼廉不接受，并把他杀了。

东汉人钟离意，汉明帝时担任尚书。当时交趾太守张恢因为贪赃受到法办，被抄没了家里的财物，皇帝将这些都分给大臣们。钟离意把得到的珠宝都扔在地上，也不向皇帝表示感谢。皇帝问他原因，他回答说："孔子渴了不饮盗泉的水，曾参不愿将车开到胜母的巷子里，都是因为讨厌那些名字。这些污秽了的宝物，我实在不愿接受。"皇帝不由感叹道："多么清廉啊！"于是另外从仓库里取了三十万钱，赏赐给他。

南宋人褚渊，少年时就有清廉的美名，做过吏部尚书。有个求官的人，衣袖里装着一饼黄金，想得到一个清闲的位子。他拿出金子对褚渊说："这事没有别人知道。"褚渊说："你本来可以得到官做，为什么要凭借这个玩艺儿？你如一定要给我，我不得不向上级禀告此事。"这人非常惭愧，将金子藏好走了。后来，褚渊始终也没有说出这人的名字。

东汉人张奂，汉桓帝时担任属国都尉。当时南匈奴侵略美稷、东羌，张奂打败了南匈奴。东羌的豪富之家有感于张奂的恩德，送给张奂二十多匹马，先零酋长又送给他八镒金耳环，张奂都接受了。但之后他召集主簿，面对那些羌人，以酒拜地，说："让马象羊一样，不要进我的马厩；让金子像粟一样，不要进我的怀抱。"他把马和金全部还给了他们。他这样清正廉洁，部下没有不佩服的。

【评点】

清代的顾炎武在《日知录》中说：不廉，则无所不取；不耻，则无所不为。他的意思是说，不懂得廉洁的人，就什么东西都敢据为己有；不知道羞耻，就什么事情都干得出来。礼义廉耻，国之四维，四维不张，国乃灭亡。人只有知道廉耻时，才会不饮盗泉之水，不受非分之礼。正如泰戈尔所说，鸟儿的翅膀系上了黄金，鸟儿将永远不能在天空飞翔了。巴尔扎克也告诫我们，黄金的枷锁是最重的。愿人们记住：勿贪意外之财，勿饮过量之酒。不义之财必招祸患。

六十一 与之忍

【题解】

与，在这里是当给予讲。本章讲了两层意思：一是如何判断一个人的品行；一是说明应当怎样帮助别人。

待人待我，可见其心

富视所与，达视所举。不程其义之当否，而轻于赐予者，是损金帛于粪土；不择其人之贤不肖，而滥于许与者，是委华衮于狐鼠。

【译文】

富裕了要看他把东西给谁，做了官要看他推荐什么样的人。不考虑应不应当给予，而轻易赏赐别人的人，等于把金银布帛放到粪土之中；不考虑那个人贤明还是不贤明，而随便答应别人的人，是把华贵的衣服穿在狐狸老鼠等低级动物身上。

【注析】

俗话说，看一个人，不是看人对你如何，而是看他对别人如何。战国时魏文侯想立相国，问李克说："李成和翟璜，哪个可以胜任？"李克说："看他平时和什么人关系密切，富裕了看他把东西给什么样的人，做了大官看他推荐什么样的人，处在不顺利的时候看他干什么，在贫困的时候看他索取什么。从这五个方面，就可以判定一个人的高下。"文侯说："我的相国已经定下来了。"

《说苑》中记载：子思居住在卫国，穿着粗布衣服，没有皮大衣，二十天吃九顿饭。田子方听说了，派人送去了一件白狐皮的大衣，子思不愿接受。田子方说："我有你没有，为什么不接受？"子思说："我听说，随便给人东西，不如扔进臭水沟。我虽然很穷，但不愿意把自己当成臭水沟，因此我不愿意接受。"

待人待己如何，是认识一个人的侧面途径之一。

补不足而不续有余

春秋不与卫人以繁缨，戒假人以名器。孔子周公西之急，而以五秉之与责冉子。噫，可不忍欤！

【译文】

孔子认为，不应该把繁缨给了卫国人，是不希望表示身份的名器给了不符身份的人。孔子愿意周济公西赤的困难，但却因为冉子多给了公西赤一些粟而责怪他。唉，能不忍嘛！

【注析】

《左传》记载，成公二年，卫国派孙良夫攻打齐国，齐国的军队驻扎在鞫居。孙良夫撤退时被围困在新地，有一个叫仲叔于奚的人，帮助孙良夫逃掉了。卫国拿城邑赏给于奚，于奚推辞不要，要求赐给他繁缨好参加朝会，卫国同意了。孔子听说了这件事，感叹道："可惜啊！应该多给他一些城邑更为合适，而名器是不应该随便给人的。"

《论语》记载，子华（姓公西，名赤，子华乃其字）出使齐国，冉子为子华的母亲请求要粟米。孔子说："给他六斗四升。"冉子要求再增加，孔子同意了，说："给他十六斗。"但是，冉子给了子华母亲十六斛(十斗为一斛)。孔子说："子华出使齐国，乘的是壮实的马，穿的是很暖和的衣服。我只知道君子应当补不足，而不应该续有余。"

【评点】

孔子曾说：岁寒，然后知松柏之后凋也。判断一个人的品质，不能被假象所迷惑。有些人，在你顺利的时候，在你还在位的时候，待你毕恭毕敬，但他们对待处境不好的人，对待已退休的人，便又是另一副嘴脸。那么对待这种人，你一定要加以防备。《管子·权修篇》指出："观其交游，则其贤不肖可察也。"《荀子·性恶篇》中也说："不知其子，观其友；不知其君，视其左右。"

同时，帮助别人，慷慨施舍，虽是一种美德，但过分地给予，不免有恃势凌人，小看别人之意。尽管是给予，也要讲点艺术。庄子曾说："君子之交淡如水，小人之交甘如醴。"《战国策·楚策一》中写道："以财交者，财尽则交绝；以色交者，华落而爱渝。"如果你从财物上表示过分地慷慨大方，别人会以为你有什么目的，这样反而会适得其反。

六十二　乞之忍

【题解】

这里所说的乞的对象，包括两个方面。一是指生活物质，一是指名和利。其实，粗茶淡饭能养人，山珍海味并非能延年益寿。而乞求名和利的，也是这山望着那山高，一生都在无法满足的痛苦之中煎熬。

施舍也是双向的

箪食豆羹，不得则死。乞人不屑，恶其蹴尔。

【译文】

一竹筒饭，一碗汤，得不到人就会饿死。如果连乞丐都不屑一顾，是因为厌恶食物被践踏过。

【注析】

《孟子》说："一竹筒饭，一碗汤，得到它就能继续生存下去，得不到就会饿死，箪食如果践踏后再给人，连乞丐都会不屑一顾的。"是说某个人非常饥渴，非常急切地希望得到饮食，但是如果食物被践踏过，他也会嫌弃不干净，宁肯饿死也不会食用。

安贫守贱，无欲无求

晚菘早韭，赤米白盐。取足而已，安贫养恬。

【译文】

晚秋的菘菜，早春的韭菜，粗糙的米，白白的盐。取用足够就可以了，这是安于贫困，保持淡泊恬静的生活方式。

【注析】

《庄子·缮性篇》中写道："古之治道者，以恬养知，知生而无以知为也，谓之以知养恬。"意思是说，古人有修养，过着无欲无求的生活，这是因为他们对万事万物都有着深刻的领悟，所以能够泰然处之。南朝宋人周颙，做过国子博士，他在钟山的西面建造了一栋隐居的房子，经常到那里洗澡、游玩，过着非常俭朴的生活。他每天都吃蔬菜。王俭问他："你那山中有什么好东西？"他回答说："有红米白盐，绿葵紫蓼。"又有一次，文惠太子问周颙："你吃的哪一种菜味道最好？"周颙说："春初早韭，秋末晚菘。"这样的生活，对他来说已经很满足了。陶渊明有诗云："安贫守贱者，自古有黔娄。"

拍马钻营，无耻之尤

巧于钻刺，郭尖李锥。有道之士，耻而不为。

【译文】

善于钻营拍马的，是郭尖、李锥那样的人。他们的行为，有修养的人感到耻辱是决不会干的。

【注析】

郭尖真名叫郭景尚，是太原人，读了很多经典著作，又懂得星相和占卜。他先是担任彭城王中军府参军，又升任员外郎。他善于给当权者拍马屁，当时人叫他郭尖。北魏李崇的儿子李世哲，为人性格粗野，生活奢侈。年轻的时候，打过仗，有带兵打仗的才干。但他性格奸滑，善于拍马屁，也是因为行贿做了高官。当时的权势之辈都和他关系很好，人们叫他李锥。出卖灵魂，乞求利禄，古今有修养的人都会耻而不为。

穷不忘操，方为男子

古之君子，有平生不肯道一乞字者；后之君子，诈贫匿富以乞为利者矣。故陆鲁望之歌曰："人间所谓好男子，我见妇人留须眉。奴颜婢膝真乞丐，反以正直为狂痴。"噫，可不忍欤！

【译文】

古时候的君子，有一生不愿说一个乞字的；后世的所谓"君子"，反而装穷叫苦，隐藏财富，凭着向别人行乞而获利。所以陆鲁望有一首歌说："世上的那些所谓的好男子，在我看来不过是留胡须的女子。柔顺逢迎，奴颜婢膝，和乞丐没有什么两样，这些人反而认为正直的人是呆子。"唉，能不忍嘛！

【注析】

东晋的陶渊明，做彭泽县令时，督邮到县，要求他穿戴整齐去拜见。陶渊明不愿处在这样屈辱的地位，愤然挂冠而去，不为五斗米折腰。孤竹君伯夷，他不愿吃周朝的饭，在首阳山上宁愿饿死。所以孟子说："一箪食，一豆羹，得之则生，不得则死，蹴尔与之，乞人不屑。"他是说，即使不吃就会饿死，如果你用脚指点着送给别人，乞丐也会嫌弃。另外一种人，依靠乞求别人施舍而过活。宋代邵雍有一首《男子吟》写道："财能使人贪，色能使人嗜，名能使人矜，势能使人倚。四患既都去，岂在尘埃里？"人如果清心寡欲，又何必乞求施舍呢？

【评点】

乞，不仅指物质上的，也指精神上的，实际上都是欲望使然。乞求物质上的，时时想追求享受，乞求精神上的，往往沽名钓誉。但他们的乞求总是以一种低三下四的面目出现。乞求物质上的，便装穷叫苦，乞求精神上的，便钻营拍马。这种人实际上活得也很累。人生不满百，何苦为了那一时的享受去卑躬屈膝呢？诗仙李白曾言："安能摧眉折腰事权贵，使我不得开心颜。"志以澹泊明，节从肥甘丧。君子不是不爱财，而是要取之有道；君子不是不想谋一官半职，而是不能出卖尊严。白居易有一首《续座右铭》写道："勿慕富与贵，勿忧贱与贫；自问道何如，贵贱安足云？"安贫乐道，过一种白云野鹤的安逸生活，少了那无穷无尽欲望的煎熬，不也是人生的一种乐趣？

六十三　求之忍

【题解】

这里的意思，是说如何正确对待别人的要求。有时，看似过分，如能处理得宜，也许某一天，对方会投桃报李。

黄金有价仁义无价

人有不足，于我乎求。以有济无，其心休休。冯骥弹铗，三求三得。苟非长者，怒盈于色；维昔孟尝，倾心爱客。比饭弗憎，焚券弗责。欲效冯骥之过求，世无孟尝则羞；欲效孟尝之不吝，世无冯骥则倦。羞彼倦此，为义不尽。

【译文】

别人没有东西，来向我求取。我拿我有的来帮助那些不足的，我心里应该乐意高兴。冯骥敲着佩剑唱歌，三次要求三次都得到了满足。如果不是德高望重的人，早就怒形于色；但孟尝君是真心喜爱宾客。对冯骥求美食的要求他不憎恶，冯骥焚烧债券他也没有责备。如果想效仿冯骥过分的提出要求，那么没有孟尝君也办不到。如果想效仿孟尝君的大方，那世上没有冯骥也就没有意思。大概那些不能效仿这种人的，是他们没有尽心尽力实践道义。

【注析】

孟尝君的故事，因为毛泽东的那首《和柳亚子先生》而传播甚广。孟尝君是齐国人，姓田名文，父亲是齐宣王的异母兄弟。他喜欢招揽宾客，经常达到几千人，不论贵贱，待遇都和自己一样。有一次晚上招待客人，有一个人被遮住了亮光，误以为饭不一样，发起怒来，停止了吃饭，打算离开。田文站起来拿着自己碗里的饭去比，那个人非常惭愧，无地自容，就自杀了。当时有一个人叫冯骥的，穷得没法子过日子，就去了孟尝君家，孟尝君将他安排在传舍。住下没多久，他就弹着佩剑唱："长铗归来乎，食无鱼！"孟尝君听说后把他转到幸舍，他吃饭的时候就有鱼了。但冯骥又唱道："长铗归来乎，出无舆！"孟尝君听了后又把他转到代舍，他出门就有车子坐了。但冯骥还在唱："长剑归来乎，无以为家！"旁边的人都讨厌他，认为他这个穷鬼一点不知满足。孟尝君问他："父母还在吗？"冯骥回答说："还有一个年老的母亲。"于是，孟尝君派人送去粮食，并保证他家里不缺少日常用品。从此，冯骥再也不唱了。有一次，孟尝君问哪一个能去薛城收债，冯骥回答说他行。孟尝君把他找来，首先向他致歉说："我由于事情很繁忙，整天很烦躁，得罪了您，您不仅不见怪，反而有意为我收取债务吗？"冯骥回答说是的。出发前，冯骥问："收到了债务，回来的时候买点什么吗？"孟尝君说："买点家里没有的。"冯骥到薛城，看到那些贫穷不能偿还债务的人，就当面把债券烧了。他驾车直接回来，大清早要求见孟尝君。孟尝君很奇怪他回来得这么快，穿好衣服后马上见他，问："回来这么快，买了什么东西？"他回答说："宫里堆满了金玉宝物，狗、马装满了圈，美丽的女子每个房间都是，您缺少的是仁义，我为您买回了仁义，宣扬了您的美名。"孟尝君拍着手连声道谢。一年以后，孟尝君回到薛城，还隔一百多里，老百姓就到道路上去迎接。孟尝君说："您为我买的仁义，我今天看到了。"

冯骥这种人，开始不被人理解，正如《诗经》中一首诗所云：知我者谓我心忧，不知我者谓我何求！

助人为乐，厚德积福

偿债安得惠开，给丧谁是元振。噫，可不忍欤！

【译文】

为人偿还债务，哪里有像惠开如此慷慨的？送钱给人办理丧事，谁像元振这么大方？唉，能不忍嘛！

【注析】

南朝时人萧惠开，年轻时很有风度，读了很多经典著作，他担任益州刺史时，一次快要回家时，录事参军刘希微欠蜀人的债，接近百万，被债主逼得没有办法，不能一起回家。萧惠开与刘希微一起共事感情却并不深厚，但他把马栏中的六十多匹马全部给了刘希微，让他还债。

唐人郭元振，少年的时候就有很高的志向，十六岁时与薛稷等人在太学念书。有一次，家里送给他四十万钱。正好碰上有一个人办丧事向他借钱，并说："已经有五代人没有很好地安葬过了。"郭元振将钱全部给了他，丝毫不吝惜，也不问那人的姓名。郭元振后来在武则天、唐睿宗、唐玄宗三朝做官，官至平章，封为代国公。

千金散尽，慷慨仁义，真大丈夫也。

【评点】

冯谖一而再再而三地向孟尝君提出要求，似乎有些贪得无厌。但他后来为孟尝君买得仁义，为其日后倒霉留下了避风港。这样，他的举动便让人理解为待价而沽，岂知并非如此。冯谖提出要求，因为凭他的才干，应当获得好的报偿。孟尝君满足他的要求，并非早有预料，而是出于宽容和富有。"相知何用早？怀抱即依然。"这是王勃一首论交友的诗中的一句。君子与君子以同道为朋，小人与小人以同利为朋。冯谖证明孟尝君不是那种好龙的叶公，因而为其赴汤蹈火，也在所不惜。后面的萧惠开、郭元振，慷慨大度，也是难求之良友。

六十四　失之忍

【题解】

本章讲了两层意思，一层是说，有些人对丢失的东西看得很淡，这里包括物质上和精神上的。一层意思是说，有些事物表面看来是失，其实是得。得与失之间，能相互转化。

进退自若，心如浮云

自古达人，何心得失。子文三已，下惠三黜，二子泰然，曾无愠色。

【译文】

古时豁达大度的人，心里不会有个人得失的忧虑。令尹子文三次被罢免职务，柳下惠三次被罢黜，他们二人泰然处之，毫无一点怨恨之色。

【注析】

《论语》记载，子张说："令尹子文三次担任官职，始终没有高兴的样子，三次被罢免，也没有生气的意思。"柳下惠是鲁国人，曾经担任士师，但三次被罢黜。《论语》记载，他被罢黜职务后，有人问他："你怎么不离开鲁国呢？"他回答说："正直清白的人到哪儿去做官会不被罢黜呢？靠奉迎别人来做官，又何必到别国去呢？"《孟子》说："柳下惠被罢免官而没有怨言，穷困了也不摆出可怜的样子。"子文和柳下惠不以物喜，不以己悲，进退自若，视名利如浮云，值得今天那些视权如命的人思考。

宽容大度，不计小过

银杯羽化，米斛雀耗。二子淡然，付之一笑。

【译文】

银杯化成了仙，都不见了；米耗去了大半，说是老鼠和鸟雀吃了。柳公权和张率听了，都付之一笑。

【注析】

柳公权是著名的书法家，唐文宗时任翰林学士。他家里的东西总是被奴婢们偷走。他曾经收集了一筐银杯，筐子外面的包装还是原样，其中的银杯却不见了。可那些奴婢们却说不知道。柳公权没有继续追问，笑着说："大约都成仙了。"

南朝梁时的张率，十二岁时就能写文章。天监年间，担任司徒。他喜欢喝酒，不理家事，对什么事都不放在心上。在新安时，他派家中的仆人运三千石米回家，等回到家里，米耗去了一半。张率问其中的原委，仆人回答说："老鼠和鸟雀吃去了。"张率笑着说："老鼠和鸟雀真厉害啊！"对这事，他始终没有追究。

塞翁失马，焉知非福

盖有得有失者，物之常理。患得患失者，目之为鄙。塞翁失马，祸分福倚。得丧荣辱，奚足介意？噫，可不忍欤！

【译文】

有得有失，是事物的常理。办什么事都反复考虑是得还是失，会被人看不起。塞翁丢了马，本来是祸，谁知却是福。人的得失荣辱，何必放在心上呢？唉，能不忍嘛！

【注析】

《淮南子》记载：塞上有一个会养马的人，他的名字叫塞翁。有一天，他的马跑到胡人那边去了。大家都来安慰他，他说："怎么知道这不是一件好事？"过了几个月，那匹马带着胡人的好马回来了。大家都来恭贺他，他又说："怎么知道这不是一件坏事呢？"当时，他家里很富裕，又有这样的一匹好马，人们觉得塞翁的运气真不错。塞翁的儿子恰好喜欢骑这匹马，结果他的儿子从马上摔下来，摔折了腿。大家都表示惋惜，他又说："怎么知道这不是一件好事呢？"过了一年，胡人大肆侵犯，年轻人因为都要上前线，在战斗中死伤十有八九，而塞翁的儿子却因跛腿能够活着和父亲在一起。所以说，好事能变成坏事，坏事也能转化成好事。老子曾说"祸兮福所倚，福兮祸所伏"，塞翁失马这件事，最能说明这个道理。孔子也曾说："愚钝的人可以让他做官吗？让他做的话，还没有得官，就深恐得不到，得官之后又深恐失官。既然怕就什么手段都使得出来。"人不要把什么事开始都想得那么周全，成事在天，谋事在人。

【评点】

明代洪应明在《菜根谭》中写道："不要为无谓的忧愁烦恼，因为失意正是得意的基础。也不要为一时的幸福而得意，因为得意正是失意的根源。凡事不要有恃无恐，要知道'日中则昃，月盈则亏'，连天道尚不能长久的，何况人事？在佛家看来，人生原无得意与失意之分，只是人观念上的感觉而已。"喜忧安危，勿介于心。这种说法其实有些玄，得意与失意，并非全是感觉，只不过在对待这些问题上持一种比较乐观的态度，得意也罢，失意也罢，又有什么必要耿耿于怀。要想一想，古往今来那些王侯将相，煊赫一时，还不都是化为黄土一堆。这些名利生不带来，死不带去，何必斤斤计较。另外，人在得意之时，往往缺少奋斗精神，而处于逆境时，发愤图强，也许会给生命注进新的色彩，带来意想不到的收获。

六十五　利害之忍

【题解】

中国哲学中，充满了朴素的辨证思想。利害相生，得失互存，便是这种思想的体现。本章便以大量历史事例告诉人们，不要贪图小利，名利就像雏鸟脖子上的黄金。

身在系中，名利所累

利者人之所同嗜，害者人之所同畏。利为害影，岂不知避？贪小利而忘大害，犹痼疾之难治。鸩酒盈器，好酒者饮之而立死，知饮酒之快意，而不知毒人肠胃；遗金有主，爱金者攫之而被系，知攫金之苟得，而不知受辱于狱吏。

【译文】

名利是人人都喜欢的，祸害是人人都畏惧的。但名利被祸害所影响，人却不知道躲避。贪图小利而忘记大的危害，就好像难以治愈的顽症。毒酒装满了器具，爱喝酒的人喝了马上就会死去，只知道喝酒时的快活，而不知道酒能毒害人的肠胃。丢失的金子本来有主人，贪图金子的人却去拿，结果被抓住了，这种人只寄希望能侥幸得到金子，而不知道被狱吏侮辱的痛苦。

【注析】

喜欢名利，畏惧祸害，君子和小人都一样，只是表现的方式不同罢了。这是荀子的观点。《刘子·利害篇》中说，由利害而生出得失，由得失而生出成败。喜欢名利回避祸害，是人之常情。因为迷恋名利而忘了祸害，就像鱼因为吃了诱饵而丧命，鸟雀因为贪食而被杀。因此，聪明的人看到名利，就考虑到灾祸；愚蠢的人看到名利，却忘记了灾祸。考虑到了灾祸，灾祸就不会发生，忘记了灾祸，灾祸就会出现。

《列子·说符篇》说，很久以前，齐国有个贪求金子的人，清早到市场上去，刚好碰到有人兑换金子，他抓起一块就走。官吏抓住了他，审问他时，问他街上这么多人，为何抢人家的金子？他说："我拿金子的时候，只看到金子，眼里没有看到别人。"

东汉的乐羊子曾经在路上拾到别人遗失的一块金子，回来后交给妻子。他妻子说："我听人说过，高尚的人不喝盗泉的水，清白的人不吃施舍的饭，何况你是在路上拾别人的金子来毁坏你的品行呢？"乐羊子十分惭愧，便将金子扔到郊外。

贪必亡命，古今一理

以羊诱虎，虎贪羊而落井；以饵投鱼，鱼贪饵而忘命。

【译文】

用羊去引诱虎，虎贪图羊而落入井中；用鱼饵投向鱼，鱼因为贪食而忘掉了身家性命。

【注析】

司马迁在《报任少卿书》中说："猛虎处深山，百兽震恐，及在槛穽之中，摇尾而求食。"这是说不管再大再威风的野兽或人，一旦失去势力，便同样"虎落平原受犬欺"。

史书载，蔡泽对应侯说：大鹏、犀牛、大象所处的地方，应该是远离危险的地方，但最终不免被杀，是因为受到诱饵的引诱；苏秦的聪明程度并非没有达到不能避开侮辱和死亡，但最终还是死于非命，在于贪求名利而不知满足。

《孔丛子》载：子思在卫国，看见卫国人在河边钓鱼，得到了很多鳏鱼，装了满满一车子。子思问："鳏鱼是难以得到的，你怎么有办法把它弄到手的呢？"那人回答说："我开始下钩的时候，只放鲂鱼那么大的诱饵，这时鳏鱼从那里过，它看也不看。我就换上半边猪肉作诱饵，这时鳏从那里过，一口就吞钩了。"子思感叹道："鳏鱼虽然难得，因为贪吃而死。士人虽然修身，但也会因为贪得利禄而死。"

亡国之君，源于财色

虞公耽于垂棘，而昧于假道之诈；夫差豢于西施，而忽于为沼之祸。

【译文】

虞国国君因为有人送上垂棘出产的美玉，而没有看出晋国借路之中的欺诈；吴王夫差因为养着西施，而忘了国家可能变成为废墟的危险。

【注析】

历史上，为了一时的利益而导致国家灭亡的教训不止一例。《左传》记载，僖公二十年，晋大夫荀息向晋献公献策，要他将屈地出产的好马和垂棘出产的美玉送给虞国，以便向虞国借路去攻打虢国。虞国国君同意了，大臣宫之奇劝说不要同意，虞国国君不听从。晋国和虞国的军队一起攻打虢国后，吞并了虢国的下阳。五年后，晋国又向虞国借路攻打虢国，宫之奇又劝说道："虢国是虞国的屏障，虢国灭亡了，虞国也会跟着灭亡。谚语所说的'唇亡齿寒'就是这个意思。"虞国国君说："晋国和我们是同宗，难道还会加害我们？"宫之奇见国王不听他的劝告，就带着他家族的人一起离开了虞国。这年冬天的十二月，晋国灭掉了虢国，便回头袭击了虞国，将虞国国君和大夫井伯等人都抓了起来，虞国就这样灭亡了。

《左传》记载，哀公元年，吴王夫差在夫椒打败了越国的军队，将越王软禁在会稽。越王派大夫文种通过吴国的太宰请求和好，吴王同意了。伍子胥劝说道："不行，二十年后，吴国恐怕会变成废墟的。"吴王没有听从他的意见。《国语》记载，越人送给吴国八个十分漂亮的美女，其中一个便是西施。哀公十一年，越王带领大臣到吴国去朝拜，吴王和大臣都接受了丰厚的礼品，吴国人都非常高兴，只有伍子胥很害怕，他说："这是把吴国养起来啊！"意思是说，越国送美女和东西来，就好比把牛羊喂肥了再杀掉。过了二十二年，越国果然灭掉了吴国。

图穷匕首现，秦王贪婪使然

匕首伏于督亢，贪于地者始皇；毒刃藏于鱼腹，溺于味者吴王。噫，可不忍欤！

【译文】

匕首藏在地图的里面，贪图土地的是秦始皇。浸有毒的利剑藏在鱼腹中，被美味所诱惑的是吴王。唉，能不忍嘛！

【注析】

荆轲刺秦王，是《战国策》中记载的一个故事。燕国的太子丹在秦国作人质，后来逃了出来。他看到秦国要吞并六国，很害怕，就通过别人引荐得到了荆轲，荆轲到来后，燕太子丹走下座位说："现在秦有贪图利益的野心，而且是无法满足的欲望，我真希望得到天下最勇敢的人，去出使秦国，用最大的利益作诱饵刺杀秦王。秦王很贪婪，一定能够成功。您最有希望能办成这件事。"荆轲说："希望得到樊将军的头和督亢的地图，用这两样东西献给秦王，他一定很高兴会见我，我才有机会为您效劳。"接着，荆轲先找来一把匕首，用药物浸泡，然后去试用，果然一沾上人就会死去。荆轲到了秦国后，秦王听说果然非常高兴。他穿上礼服在咸阳宫接见这位燕国的使者。荆轲捧着地图进见，秦王打开地图，翻到末尾，匕首露了出来。荆轲用左手抓住秦王的衣袖，用右手拿起匕首去扎。秦王吓得跳了起来，把衣袖给割断了。荆轲追赶他，拿匕首扔过去，没有击中，被拥上来的卫士给杀死了。

《左传》记载，昭公二十九年，吴王想乘楚国发丧期间去攻打它，便派公子掩馀、公子烛庸带军队去围攻潜这个地方。楚国的莠尹然、工尹麋率军去救援，吴国的军队没有办法进攻，只好撤退。吴国的公子光说："这是好机会，不应该失去。"他又告诉专诸说："大国有句名言，说的是不去追求怎么能够得到东西呢！我是王室的后代，我想干一番大事。"专诸说："吴王是可以乘机干掉的。只是我上有老母，下有幼子，我如死了，托付给谁呢？"公子光说："我和你就如同一个人。"夏四月，公子光请吴王赴宴，一般的人都要在外面换了衣服服务，专诸只好将宝剑放在鱼肚子里带进去。到了吴王面前时，专诸就拔出剑来，将吴王刺死了。

【评点】

名利是凡尘中人不可逃脱的累赘，但名利之心人人皆有，就看能否跳出三界外。诸葛亮在给义子诸葛乔的信中曾说："宁静以致远，淡泊以明志。"他讲修身、养德，关键是要恬淡寡欲，轻浮怠惰必不能精心钻研学问。古人说，大丈夫行为，论是非不论利害，论顺逆不论成败，论万世不论一生。作为君子，应这样不受富贵名利的诱惑，不受任何权势的左右。这样，才能超然物外，才不会招致祸害。今天有一些人，目光短浅，他们为了一时的利益，去做损人不利己的事情。他们认为这个社会中，已经没有任何道德标准，贪赃枉法，聚敛钱财，弄虚作假，巧取豪夺，其实，不是不报，时侯没到。要记住，虎贪羊而落井，鱼贪饵而忘命。

六十六　顽嚚之忍

【题解】

顽嚚，也即凶顽、愚顽、奸诈之意。《左传·僖公二十四年》："口不道忠信之言为嚚。"所谓顽嚚之人，也就是我们今天所指的"泼皮无赖"之类的人。本章之义，希望这种人以古为鉴，好自为之。

多行不义，人所共诛

心不则德义之经曰顽，口不道忠信之言曰嚚。顽嚚不友，是为凶人。其名"浑敦"，恶物丑类。宜投四裔，以御魑魅。唐虞之时，其民淳，书此以为戒。秦汉之下，其俗浇，习此不为怪。

【译文】

心里没有道德仁义的人被称作"顽"，嘴里不说信义忠诚的人叫作"嚚"。顽嚚而不友善的人，他们是恶人。可名之曰"浑敦"，是些丑恶的家伙。应当把他们赶到四裔等边远地方，用来抵御魑魅等妖魔鬼怪。上古的时候，民风淳朴，写下这些作为告诫。秦汉之后，民风败坏，对这些习以为常，也就不觉得奇怪了。

【注析】

上古时，帝鸿氏有个没有德行的儿子，不行仁义，和坏人为伍，经常干坏事，人们给他起了个名字叫"浑敦"。少暤氏有一个没有德行的儿子，毁坏信义，不讲忠诚，喜欢夸大其辞，人们叫他"穷奇"。颛顼氏也有一个没有德行的儿子，他不听训导，不接受忠告，别人和他讲道理他就顶撞，不理睬他他就对人凶狠。这个破坏社会公德扰乱天理伦常的家伙，人们把他叫作"梼杌"。缙云氏有个没有德行的儿子，爱吃喝，喜欢别人送礼，人们称之为"饕餮"。舜做尧的大臣负责管理国家的四方门户，便将浑敦、穷奇、梼杌、饕餮等四族流放到偏僻的边地去抵御妖魔鬼怪。因此，尧死后，天下仍然很安定。《尚书》中也有关于流放共工、驩兜、三苗，杀死鲧的记载。

守柔之道，超过刚强

盖凶人之性难以义制，其吠噬也似犬而猘，其抵触也如牛而觢。待之以恕则乱；论之以理则叛；示之以弱则侮；怀之以恩则玩。当以禽兽而视之，不与之斗智角力，待其自陷于刑戮，若烟灭而爝息。我则行老子守柔之道，持颜子不较之德。噫，可不忍欤！

【译文】

大概凶顽人的性情难以用义理去规范，那些人咬人时像疯狗一样，与人对抗时像牛一样用角来抵。对待他们宽恕反而会出乱子；和他们讲道理他们反而会叛离；对他们示弱他们反而会欺侮你；给他们恩惠他们反而不当一回事。对这种人应当像对待禽兽一样，不和他们讲道理，显示力量，等到他们自己招致刑法的处罚，就像烟消失了，火熄灭了。我们则要践行老子的守柔之道，保持颜回那种不计较得失的态度。唉，能不忍嘛！

【注析】

程子说："禀得至清之气生者为圣人，禀得至浊之气，为愚人。"他这句话的意思是说，人生而便有清气浊气之分，那些凶顽之人，皆因生来就有浊气，所以像疯狗和犟牛一样。

用宽恕的态度对待坏人却招致乱子的例子历史上已有不少，像安禄山攻打契丹，大败而归，张守圭奏请皇上要按军法杀掉他，唐玄宗爱惜他的才干而饶恕了他。后来他叛变了，导致长达八年之久的"安史之乱"。

讲道理而不听从反而变本加厉的，像唐代的李希烈，他占据一郡，不听朝廷号令。皇帝派颜真卿去讲明利害，而李希烈却将颜真卿扣压下来，并反叛了朝廷。

向对方示弱而因此遭到侮辱的例子，如孙膑与庞涓。孙膑多次让着庞涓，庞涓却认为孙膑软弱可欺，步步进逼，最后落到被割去膝盖的悲剧。

给对方恩惠对方反而不以为然的也有先例。如汤给葛伯送牛羊，让他用来耕地，但葛伯却将牛羊杀了，和仆人们一起喝酒吃了。这就是孔子所说的"接近他他又不慎重，疏远他他又心怀怨恨"。

上面所说的这些人，虽然一时凶顽不化，但最后都自取灭亡，没有一个活下来的人，他们不正是以身试法，烟消火灭吗？《老子·归元章》中说："能够保持柔弱的人才是最强大的人。"《任信章》中又说："弱小可以胜过刚强，柔弱可以胜过刚强。"他还说："坚强是死亡之徒，柔弱是求生之术。"

【评点】

泼皮无赖，自以为老子天下第一，而横行乡里。这些人其实是很可笑的，古时的浑敦、穷奇、梼杌、饕餮，可以说是他们的老祖宗。但这些为害一方的家伙，最后还是被放逐到蛮夷之地，得到应有的处罚。多行不义必自毙，历史的规律是不可抗拒的。我们对这种人，不必去和他们以硬碰硬，和他们去谈经诵佛，应持老子的抱雌守弱的态度，等待他们自掘坟墓埋葬自己。如果他们自己触犯了法律，自有国法去制裁他们。

六十七　不平之忍

【题解】

路见不平，拔刀相助，或心有不快，一吐了之，这本来是应当提倡的，但本章却提醒人们不要牢骚满腹，应雍容大度，同时待人还要有宽恕之心。

勿为名利争强斗胜

不平则鸣，物之常性。达人大观，与物不竞。

【译文】

遭到不公平的对待时便会发出声音，这是人和自然的本性。旷达的人心胸开阔，处事并不争强斗胜。

【注析】

韩愈在《送孟东野序》中说："大凡物不得其平则鸣。草木之无声，风挠之鸣；水之无声，风荡之鸣；金石之无声，或击之鸣……"他认为，人们之所以要说话，也是一样。是因为心中有不平要表达，要倾诉。但汉代贾谊在《鵩鸟赋》中写道："豁达的人看待万物，没有不顺心的。"他的意思是不主张人去争名争利。《诗经·大雅·桑柔篇》道"君子实维，秉心无竞"，也是告诫人们不要去为世俗的名利争强斗胜，应当持淡泊无为的思想。

高贵者最愚蠢

彼取以均石，与我以锱铢；彼自待以圣，视我以为愚。

【译文】

别人拿去了均石那么多，可只给我很少很少。他们把自己当作圣人，却把我当作傻子。

【注析】

百黍为一铢，六铢为一锱，二十锱为一两，十六两为一斤，三十斤为一均，四均为一石。上面讲的是自己要得很多很多，而给别人的很少很少。自以为是高高在上的圣人，把别人却当作地位卑贱的蠢货。贾谊在文章中曾说这种人是"小聪明的人，总是很自私，以自我为中心，认为自己比别人高明，比别人尊贵"。其实，从某种意义上而言，卑贱者最聪明，高贵者最愚蠢。历史上那些达官显贵，有多少终老一生的，相反，那些平民百姓，虽然没有一时之显赫，却平平安安，心地坦然。这样，我们不得不佩服那些隐居山林的名士，他们大概悟透了人生的真谛。

物盛必有衰，有隆必有替

同此一类人，厚彼而薄我。我直而彼曲，屈于手高下。人所不能忍，争斗起大祸。我心常淡然，不怨亦不怒。彼强而我弱，强弱必有故。彼盛而我衰，盛衰自有数。

【译文】

同样是一种人，怎么会待你好而待我不好。我对还是你对，在于手举得高和低。一个人如果不能忍让，互相争斗，就会酿成大祸。我心里如果保持淡然的态度，就不报怨也不生气。你强大我弱小，强弱一定有缘故。你强盛我衰弱，盛和衰自然有它的变化规律。

【注析】

《左传》记载：楚国和秦国侵犯郑国，郑国将军皇颉把守城麇，出城与楚军打仗，被打败了。楚国的穿封戌抓住皇颉关了起来。但公子围与他争功，他们一块请伯州犁评理。伯州犁说："让我去问问囚徒。"囚徒放出来后，伯州犁说："他们争夺的对象是你，你应知道全部情况。"他抬高手指着王子围说："这是王子围，国君的弟弟。"放低手指着穿封戌说："这是穿封戌，都城近郊的官吏，他们俩是谁抓到你的？"囚徒说："皇颉败给了王子围。"穿封戌见到这情景很生气，抓起戈追赶王子围，但没有赶上。

以上这种人，想争一时的强弱，导致灾祸，其实大可不必，强弱随着时间的不同而变化不定。《扬子·先知篇》中说：圣人的处世之方是和世道的盛衰联系很紧密的。宋代宰相范质有诗说：物盛必有衰，有隆还有替。对于暂时的不平我们应当忍耐，淡然处之，这样，便不会产生怨恨和怒气。

世态有炎凉，我心常自春

人众者胜天，天定则胜人。世态有炎燠，我心常自春。噫，可不忍欤！

【译文】

人多可以胜过天，天则一定胜过人。世情变化无常，但我心里春意盎然。唉，能不忍嘛！

【注析】

《春秋》记载：伍子胥带着吴国的军队攻打楚国，经过五次战斗后攻入了楚国郢都。他派人挖了楚平王的墓，掏出尸体来用鞭子狠抽。申包胥派人对他说："你仇已经报了，现在做得有些太过分了吧。"这里的意思是说，楚平王之灭亡，是天意，但什么事都要有个限度。人有时候会胜过天意，而天的意志定能胜人。世态，指世人的态度。这里指别人随着世态的变化而变化，而我的心里总像春天一样温和宁静。

【评点】

路见不平，拔刀相助，这是中国人的美德，但这里讲的不平，并不完全是这层意思。人生在世，难免有遭到不公平待遇的时候，难免有被人误会的时候，是否每逢这时便牢骚太盛，急欲找一个讲理的地方，古人认为大可不必。一个具有高深才学的人，一定会遭受那些热衷名利的人的嫉妒，一个言行谨慎的人，一定会遭受那些邪恶小人的怀疑，人们在这种时候，要做到顺境不足喜，逆境不足忧。居逆境中，周身皆针砭药石，砥节砺行而不觉；处顺境中，眼前尽兵刀戈矛，销膏靡骨而不知。同时，一个人也要有恢宏的气度，宰相肚里可撑船，能容天下的人才能为天下所容。凡是能创大事业的人一定要有容忍人的度量。古人说："容得几个小人，耐得几桩逆事，过后颇觉心胸开阔，眉目清扬，正如人吃橄榄，当下不无酸涩，然回味时满口清凉。"

六十八　不满之忍

【题解】

不满本是前进的动力，是历史发展的杠杆，但这里还是告诉人们要"忍"，因为其间有一个特殊的背景，那就是在古代不民主的社会里，发牢骚会带来杀身之祸，所以我们的老祖宗总是祭起"中庸"之道。

过刚易折，不满勿泄

望仓庾而得升斗，愿卿相而得郎官。其志不满，形于辞气。故亚夫之怏怏，子幼之呜呜，或以下狱，或以族诛。

【译文】

希望有仓庾那样多的粮食，结果只得到了升斗那样多；希望官能做到卿相，结果只做到郎官。那些人心中不满，说话和脸色上便表现了出来。所以周亚夫闷闷不乐，子幼呜呜诉说不平，结果一个被下狱，一个株连家族。

【注析】

有人希望得到很多很多，实际上得到的很少很少，这样，便不免有不满足的言论，以及不快的神色。西汉的周亚夫，汉景帝时被封为条侯。景帝召见周亚夫，并请他吃饭，单独给他办了一席。大块的肉没有切开，又不放筷子，周亚夫很不高兴，回头叫管筵席的人取筷子。景帝笑着说："难道这些不能满足你吗？"周亚夫立即脱帽赔罪。皇帝说："起来吧。"周亚夫就顺势走了出去。景帝看着他的背影说："这家伙不会甘愿做我儿子的臣民。"没多久，周亚夫的儿子为周亚夫购买一些准备用来殉葬的兵器，被人告发，株连到周亚夫，皇帝将他收审并送进了监狱。周亚夫五天不吃东西，结果吐血而死。

西汉人杨恽，字子幼，重仁义轻财物，为人廉洁奉公，大公无私。汉宣帝时担任光禄勋，当时因太仆戴长乐告发他，被免官为民。回家后，他置办了一些家产，想从中得到安慰。他的朋友孙会宗写信给他说，大臣被罢免了，应当在家里关起门来表示心怀惶恐，应装出可怜的样子，不应该置办家产，和宾客来往，更不能获得社会上的好评。杨恽心里很不服气，回信说："我自己认为确实有很大的过错，德行上有很大的污点，应该一辈子做一个农夫。农夫劳动很辛苦，但在年终时举行祭祀活动，杀牛宰羊，喝酒来慰劳自己，酒喝好之后，望着天敲击盛酒浆的瓦器，唱着歌。我难道这点权利也没有？"这时，有人告发扬恽，说他生活腐化，没有悔过之意，日食现象的出现，是他造成的。皇帝下令将他收审，以大逆不道的罪名将他腰斩了，并将他的妻子流放到酒泉。

无思无虑，其乐陶陶

渊明之赋归，扬雄之解嘲。排难释忿，其乐陶陶。

【译文】

陶渊明写《归去来兮辞》表达自己回家的快乐，扬雄作《解嘲》文用来为自己释忧。他们用这种方式排除心中的忧怨，其中的快乐妙不可言。

【注析】

晋代的陶渊明做了八十余天彭泽县令后，郡守派督邮来县衙，县上的官吏告诉他，应当穿好衣服以礼相迎。陶渊明叹息道："我不应当为五斗米的俸禄去向这个没有德行、又没有见识的家伙低头弯腰。"于是他辞官回家种田去了。他写一首《归去来兮辞》表明自己的心迹，其中说道："有酒盈樽，引壶觞以自酌，眄庭柯以怡颜。……悦亲戚之情话，乐琴书以消忧。"

西汉的扬雄，写了一篇《解嘲》，借此表达自己的心情。他在文章中假托一个人嘲笑自己，然后自己回答他。实际上是讥讽时弊，发一些感慨。文章中写道："位极者宗危，自守者身全。"意思是说自己安贫乐道，能够全身保命。所以晋代的刘伶在《酒德颂》中写道："无思无虑，其乐陶陶。"

顺其自然则心旷神怡

多得少得，自有定分。一阶一级，造物所靳。宜达而穷者，阴阳为之消长。当与而夺者，鬼神为之典掌。付得失于自然，庶神怡而心旷。噫，可不忍欤！

【译文】

一个人名和利得到的多和少，自然有一定的分别。进爵受禄的等级，造物主早已安排好了。应当发达的结果却受穷困，是阴和阳互相转化的原因。应当给予的却被剥夺，是鬼神在掌管的缘故。得和失听凭自然，一定会心旷而神怡。唉，能不忍嘛！

【注析】

本章的意思是说，一个人的利禄，都是上天安排好了的，不应该有所贪求。应该居高官却在下位的，一定有原因，但不管如何，应当保持自己的节操。住在破旧的房子里，房里经常漏雨，地下潮湿，要任其自然，不要悲观失望。事物不可能始终处在顺境，也不可能总是逆境，逆境和顺境是互相转化的。应该给予的却被剥夺，如冉伯牛。他以德行著称于世，应该让他长寿，结果得了重病，早早死了。所以孔子说："这是天命啊！"鬼神，也和阴阳相同，是掌管着损不足而补有余的。对于得失，宋人范仲淹在《岳阳楼记》中说："登斯楼者，则有心旷神怡，宠辱皆忘。"他这种先天下之忧而忧的襟怀，是千古绝唱。

【评点】

庄子曾说，古之得道者，穷亦乐，通亦乐，穷通为寒暑风雨之序。他的意思是说，古时通晓事理的人，处于困境的时候仍然充满希望，处境顺利的时候也乐观向上。因为他认识到逆境和顺境都是事物发展中必然出现的，就像冬和夏、风和雨要彼此交替出现一样。他又说，知其愚者，非大愚也；知其惑者，非大惑也。人们只有认识到这一点，才会对不顺利的处境，泰然处之。如果我们对于生活中的悲剧缺少心理上的准备，那可能带来的是更大的悲剧。那才真是"大惑者、大愚者"矣。当然，本章宣扬的"天命"，是我们所不取的。

六十九　听谗之忍

【题解】

偏听生奸，独任成乱，谗言所至，金石可毁。我们不要把小人之言当成了朋友提供的情况，那只能使亲者痛，仇者快。《淮南子·主术训》中说："言不苟出，行不苟为；择善而后从事。"这择善二字便告诫我们要明辨是非。

明枪易躲，暗箭难防

自古害人，莫甚于谗。谓伯夷溷，谓盗跖廉。贾谊吊湘，哀彼屈原。《离骚》《九歌》，千古悲酸。

【译文】

从古到今，陷害人的方式中没有比背后说人坏话更厉害的了。说伯夷不清白，说盗跖清廉。贾谊在湘水边悼念屈原，提起《九歌》《离骚》，让人无限哀伤。这实在是千古的辛酸。

【注析】

古今中外有作为的贤人遭受小人的毁谤而得到不公平待遇的事迹见诸于文字的不少。贾谊是西汉人，汉文帝即位后，河南太守吴公将他推荐给朝廷，汉文帝任命他为博士，当时他才二十多岁。一批奸臣到处散布他的坏话，因而他遭外出任长沙王的太傅。他经过湘水时，想起和自己境遇相同的屈原，便写了一篇《吊屈原赋》的文章悼念他。贾谊是一个深谋远虑、高瞻远瞩的杰出人物，但却遭到保守官僚的排挤，政治抱负未得施展。贾谊把他的抑郁不平之气倾注在这篇文章中，虽痛逝者，实则自悼。他在其文章中写道："恭承嘉惠兮，俟罪长沙。仄闻屈原兮，自湛汨罗。造托湘流兮，敬吊先生。遭世罔极兮，乃陨厥身。呜呼哀哉兮，逢时不祥。鸾凤伏窜兮，鸱枭翱翔。阘茸尊显兮，谗谀得志。圣贤逆曳兮，方正倒植。谓随夷溷兮，谓跖蹻廉。莫邪为钝兮，铅刀为铦。"他通过一系列比喻运用，来说明是非颠倒，世道混浊。

屈原是楚国的大臣，和楚王同姓。在楚怀王时任三闾大夫，负责王族的事务。他对内则和怀王商讨国家大事，对外经常接待诸侯，很受怀王器重。因此，和他共事的上大夫和受怀王宠信的靳尚嫉妒他的才能，一起到处说他的坏话，最终使得怀王疏远了屈原。屈原遭受谗言的攻击，心里非常苦闷，不知道向谁诉说，于是写下了《离骚》这篇千古绝唱。他一方面说到尧舜的统治，一方面也提到桀、纣、羿、浇等人的败亡，希望君王能够省悟，重新走上正道。他在赋中极其痛心而又关切祖国的命运："惟党人之偷乐兮，路幽昧以险隘。岂余身之惮殃兮，恐皇舆之败绩。"他寄希望怀王能够幡然悔悟，以国家和民族大业为重。当时，秦昭王写信给楚怀王，要他到武关相会，屈原劝他不要去，怀王不听，以致在武关被秦国扣留了下来，无法回到楚国。楚襄王当了国君后，又听信谗言，将屈原流放到江南，屈原哀叹国计民生，又满怀悲愤地写下了《九歌》《天问》等作品，希望以此让楚王醒悟，但又没达到目的。他不忍见国家的灭亡，就自投汨罗江而死了。

进谗者害人祸国

亦有周《雅》，《十月之交》："无罪无辜，谗口嚣嚣。"

【译文】

也有如《诗经·小雅·十月之交》诗中所说的那样："无辜无罪的人，受到谗言的中伤。"

【注析】

《诗经·小雅·十月之交》说："无罪无辜的人，受到谗言的中伤，百姓遭受的灾祸，并非上天所为，都是由进谗言导致的。"这是周代大夫所作用来讽刺周幽王的。

偏听则暗，兼听则明

大夫伤于谗而赋《巧言》，寺人伤于谗而歌《巷伯》。父听之则孝子为逆，君听之则忠臣为贼，兄弟听之则墙阋，夫妻听之则反目，主人听之则平原之门无留客。噫，可不忍欤！

【译文】

大夫被谗言中伤而写了《巧言》这首诗，寺人被谗言伤害而写《巷伯》。父亲听了谗言也会把孝子当作逆子，君王听了谗言会把忠臣当作奸贼，兄弟之间听了谗言会有家庭纠纷，夫妻之间听了谗言会互相反目，主人听了谗言，则像平原君一样门下的客人都散去。唉，能不忍嘛！

【注析】

《巧言》是《诗经·小雅》中一首诗的篇名。小序中说："大夫为谗言所伤害，所以写了这首诗来讽刺周幽王。"诗的第二段写道："乱亡的开端往往是谗言起作用，乱亡的形成，是国君长期相信谗言造成的。"这里是说，乱亡的发生，是国君容忍谗言的存在而没有加以甄别；乱亡的再度继续发生，是因为国君进一步地相信谗言，并按照谗言去处理事情。

《巷伯》是《诗经·小雅》中另一篇的篇名。寺人指宫中道路的负责人，也叫"巷伯"。这首诗的小序说："寺人为谗言所伤害，所以写了这首诗来讽刺周幽王。"诗中说："那些进谗言的人，谁能和他们相谋呢？应该把他们丢给豺狼虎豹去吃。如果这些动物都不吃，就将他们丢到遥远的北方荒野里去。"最后一段还说:"所有的君子们,都应该从中获得教益。"

孝子变成逆子的有申生、伯奇等人。忠臣被当成了奸臣的,如贾谊、屈原、吴国的伍子胥、商朝的比干、宋朝的岳飞等。《易经·小畜》九三爻辞说:"夫妻反目,不能正室。"就是说丈夫失去了做丈夫的伦常,就不能使家庭和睦,夫妻之间就会变成仇人。《诗经·小雅·棠棣》篇中说:"兄弟阋于墙,外御其侮。"意思是说如果兄弟之间在家里为一点小事而争斗,但如果有别人欺侮来了,兄弟也会同心协力抵御外侮的。总之,如果人们能够听取不同的意见,那么一些小人的谗言就没有市场了。

【评点】

奸臣代代都有,明君无一不知这于国于民都不利。但产生奸臣的土壤却难以铲除,这便是封建社会无法根治的弊端。极端的专制主义和不民主,便诞生了一批以制造谣言为生的小人。从古到今,君不见,有多少忠臣良将死在谗言的暗箭中。汉代王充曾说,君子不畏虎,独畏谗夫之口。古人又说,三人成虎,十夫揉椎。汉景帝时,邹阳被谗下狱,他上书梁孝王刘武,曾说:"众口铄金,积毁销骨。"上面提到的贾谊、屈原只是其中被谗言所害的人物之一二。所以人们常说,个个庙里都有屈死鬼。但俗话又说:谣言止于智者。可见谗言只有遇到昏主才会发生作用。苏洵在《辨奸论》一文中说:"卢杞之奸,固足以败国,然而不学无文,容貌不足以动人,言语不足以眩世,非德宗之鄙暗,亦何从而用之?"因此当今社会,无论是地位高低,为了社稷的安宁,为了家庭的和睦,都不应轻信不负责任的流言。偏听生奸,独任生乱,轻信是愚昧和头脑简单的一种表现,也是灵魂软弱的标记。它将会使人陷入迷惘,混淆敌友,从而破坏人的事业。

七十　无益之忍

【题解】

有益和无益，随着时代变化其内涵也发生了变化。如旅游、收藏、制作工艺品等，在古人看来，似乎属于奢侈之举。今天看来，却是一项高雅的活动。但本章提醒我们不要沉溺于某一玩物之中而忘掉了自己的理想，从这个角度而言，也言之有理。

玩物丧志，无益莫做

不作无益害有益，不贵异物贱用物。此召公告君之言，万世不可忽。

【译文】

不做无益的事去损害有益的事，不看重新奇的东西而鄙视实用的东西。这是召公告诫武王的话，万世也不能忽视。

【注析】

这是《尚书·旅獒》中的一段话，原文是："不作无益害有益，功乃成；不贵异物贱用物，民乃足。"武王灭商之后，西旅献上一条四尺长的大狗，名叫獒。武王接受了，当时召公担任太保，担心武王会玩物丧志，所以说了以上一番话来告诫武王。这些至理名言，多少年以后，人们也不能忽视。

不务正业，穷困无疑

酣游废业，奇巧废功，蒲博废财，禽荒废农。凡此无益，实贻困穷。

【译文】

沉湎于游玩会荒废事业，欣赏奇技淫巧就会荒废事功，喜欢装饰和赌博会花费大量的钱财，喜欢捕捉飞禽走兽会荒废农作。如果做这些无益的事情，会导致穷困。

【注析】

古代贤人曾对不务正业的行为给予了尖锐的批评，《尚书·五子之歌》云："内作色荒，外作禽荒。甘酒嗜音，峻宇雕墙。有一于此，未或不亡。"即指有其中一种嗜好，就没有不导致亡国的。汉景帝曾下诏书说："崇尚雕饰，就会耽误农业生产。崇尚刺绣，就会耽误纺织。耽误了农业，就会挨饿；耽误了纺织，就会挨冻。"

西汉成帝听说胡人有很多飞禽走兽，就命右扶风组织人前去终南山捕捉。去的老百姓很多，西自褒斜，东至弘农，南到汉中，到处张设罗网。然后将捕捉的熊罴等野兽用槛车运送到长杨的射熊馆，皇帝亲自去观赏。这股捕猎之风耽误了农民种植庄稼，使得很多户都没有收成。当时有一个文豪扬雄写了一篇《长杨赋》进行了讽刺。后人胡曾写诗说："汉帝荒唐不解忧，大夸畋猎废农收。"

黄金万两，不如五谷一筐

隋珠和璧，蒟酱筇竹，寒不可衣，饥不可食。凡此异物，不如五谷。

【译文】

楚国隋侯的明珠，卞和的玉璧，这些东西天冷时也不能用来当作衣服蔽寒，饿了不能充饥。凡是这些奇异的物品，都不如五谷实用。

【注析】

以上这些观点，都是农耕社会中朴素的生活经验。楚国的隋侯外出时，见到一条受伤的蛇，于是他取来药为它包扎好。后来，蛇含着一颗明珠来报答他。这颗珠子直径有一寸多，晚上光芒灿烂，能照亮一间屋子。

和璧即是人们常说的和氏璧。春秋时，楚国人卞和在山中拾到一块未经雕琢的璞玉，他把这块璞玉献给厉王，厉王派来的玉工鉴定，说是一块石头，厉王以欺君之罪将卞和的左脚给砍了。后来武王即位，卞和又献上这块璞玉，武王又以欺君罪将他的右脚给砍了。等到文王即位，卞和抱着这块璞玉在荆山下哭。文王派人去问他原由，他说："我不是悲伤我遭受了砍脚的刑罚，而是哀叹一块玉被人说是石头，真诚的人被人说是欺诳。"文王于是派人剖开了璞玉，果然得到了一块天下闻名的宝玉。

为此，西汉的晁错在《论贵粟疏》中说："夫金银珠玉，饥不可食，寒不可衣。是故明君贵五谷而贱珠玉。"

心爱之物，于生无补

空走桓玄之画舸，徒贮王涯之复壁。噫，可不忍欤！

【译文】

桓玄装饰精美的船在他战败后毫无用处地飘走了，王涯的"复壁"里白白地贮藏了无数的书画。唉，能不忍嘛！

【注析】

晋朝的桓玄，是桓温的儿子。起初，都督荆州、江州等八州军事，后兴兵造反，自任大将军、相国，自封楚王。在一次水战前，桓玄命令工匠造了一只装饰精美的小船。有人问他为什么这样做。他回答说，打仗是很危险的事，在画船上指挥行动自如。众人暗自好笑。后来他与刘毅等人在峥嵘洲打仗，桓玄在画船上指挥，他的部下也因此都没有斗志。刘毅等人趁着风势放火，桓玄的部队大败，他也被督护冯迁给杀了。

王涯是唐代人，学识很广，文宗时担任宰相，太和九年，因为甘露事变他被抓了起来，被诬为造反，被处以腰斩。起初，王涯家里的书籍很多，足可以和皇帝的秘府媲美。前代一些名人的书法、绘画作品，他都用高价买进，用金子玉石作食轴，凿开墙壁后放在里面，封存得相当牢固，谁也看不到。他被杀以后，有人掘开墙壁，将箱子和卷轴等金玉都拿走，将书画抛得路上到处都是。

战乱的年代和专制的时代，这些人的爱好对于自己和家庭都没有什么好处，所以说是徒劳的贮藏。

【评点】

一个很有才华的人，一个很有希望成就大业的人，他如果迷恋于某一爱物，就有可能将他引向一条邪路。我们应当告诫自己，不应沉溺于某一嗜好之中。现实生活中，有些人喜欢养狗、养鸟、养花、钓鱼等，这本无可厚非，但对于一个具有远大理想的人而言，宝贵的光阴会在指缝间悄悄溜走。我们无论做一件什么事，都要看他是否和自己的志向吻合，不做无益之事，不去欣赏奇巧的东西，古人已有不少宝贵的教诲。但上文提到的珍藏书法、绘画珍品，而最终于生无益的情况，似乎不应属于此列。桓玄在生死存亡之际，念念不忘自己的画舸，王涯害怕书画失落，不惜重金细加收藏，实际上是一种精神寄托。许息奎批评他们，是因为那个时代物质匮乏，从今天看，那些爱好又或者是文人雅士的高尚之举呢。

七十一　苛察之忍

【题解】

苛察，有详审、苛求之意。《新书·道术》言：纤毫皆审谓之察。认真本是一件好事，但如果过分也就失去了用人之道。这一章就讲如何对待下属，如何对待别人。

水清无鱼，人察无徒

水太清则无鱼，人太察则无徒。瑾瑜匿瑕，川泽纳污。

【译文】

水如果太清了就没有鱼，人如果太认真了就不会有朋友。美玉之中隐藏着瑕疵，川泽容纳了污泥。

【注析】

《孔子家语》中记载，孔子说："古时候，英明的君王要在帽子上挂上垂旒，是为了挡住视线。用纩纩塞住耳朵，是用以堵塞听力。水如果太清就不会有鱼，人如果太认真了不会有朋友。"这是子张向孔子请教如何管理百姓时孔子回答他的话。

《左传》记载，宣公十五年，晋国的大夫伯宗对晋景公说："谚语说一切都应审时度势。大河里可以容纳污泥，山沟里可以隐藏腐烂之物，美玉里面可以含有瑕疵，国君应该容忍一切。这才达到至高的境界。"这就是说，小的错误并不伤害大的德行。

严宽相济方能长治久安

其政察察，其民缺缺。老子此言，可以为法。

【译文】

政治太苛刻严厉，老百姓就有不满情绪。老子的这句话，可以作为治国安邦的法则。

【注析】

《老子·顺化章》说："为政者严苛，人民就狡黠。"是说执政的人教化过分急切严厉，老百姓的生活就不得安稳，就会用狡黠的方法疏远为政者。老子这句话，可以作为后世的法则。

宽松祥和，百姓拥戴

苛政不亲，烦苦伤恩。虽出鄙语，薛宣上陈。

【译文】

政治太严苛，人与人之间就不和睦；太严厉琐碎，就会失去老百姓的拥戴。这话虽然出自老百姓的口头禅，薛宣还是用来规劝皇上。

【注析】

薛宣是西汉人，大将军王凤听说他很有才干，推荐他做了长安令，任上他的政绩不错。汉成帝即位后，委任他做了中丞。他上奏书陈述当时政治的好坏，曾说："政治太烦苛，琐碎，一般都出在各部刺史身上，他们有的不按照法规办事，却按照自己的想法做，甚至拉帮结派，听信谗言，千方百计找老百姓的毛病。俗话说，政治太烦苛，人与人之间就不和睦，太严厉琐碎，就会失去老百姓的拥戴。"皇上很欣赏他的这番话。

数米下锅的人办不成大事

称柴而爨，数米而炊，擘肌折骨，吹毛求疵。如此用之，亲戚叛之。

【译文】

称柴烧火，数米做饭，剖开肌肉去折断骨头，吹毛求疵，找别人的毛病。这样处理政事，连亲戚也会背叛。

【注析】

《淮南子》中说："称柴烧米，数米做饭，这种人可以办小事不能办大事。"

南梁的常侍贺琛，向梁武帝陈述四件事情，其中第三条说："各级官员，不处理国家的大事，只知道吹毛求疵，以钻牛角尖为本事，以找别人的差错为业，表面上看是为了国家，实际上是为了抬高自己的威信，以便作威作福，弊端和奸滑的出现，其根源就在这里。"

孟子说："得道者多助，失道者寡助。寡助之至，亲戚畔之。"他是说，一个人如果没有正义，连亲戚都要背叛他。

在别人有过中求无过

古之君子，于有过中求无过，所以天下无怨恶；今之君子，于无过中求有过，使民手足无所措。噫，可不忍欤！

【译文】

古时候的君子，在别人的错误中找出没有过错的地方，所以天下人没有怨恨；现在的君子，在别人没有错误的地方找出错误来，使老百姓不知怎么办。唉，能不忍嘛！

【注析】

宋朝人张驿说："邹浩因为坚决劝谏而获罪，被怀疑他有想获得正直名士的动机。"程颐说："君子对待别人应该在错误中找出不错的地方，不应该在没有错误的人身上找错误。"邹浩，是宋朝人，元佑年间为太学博士。宋徽宗时为右正言，后被贬昭州，大观年间，升为龙图待制。

《孝经》说："言满天下无口过；行满天下无怨恶。"在《论语》中，孔子说："刑罚不中，则民无所措手足。"意思是说刑罚使用不适当，老百姓就无所适从。

【评点】

这里讲的实际上是领导艺术，或者说是交往艺术。我们对待下属，看待别人，都要从大处着眼，不能斤斤计较。《吕氏春秋·贵公》曰："处大官者，不欲小察。"便是指为政者治理国家不能过分严厉、苛求民众。《老子·顺化》章中写道："其政察察，其民缺缺。"意思是说，政治太烦苛，老百姓会民不聊生。《尚书·伊训》中说："代虐以宽，兆民允怀。"是讲用宽厚的政策去代替暴虐，所以广大民众都信赖并来归顺。作为执政者，应当明白孟子所言："乐民之乐者，民亦乐其乐；忧民之忧者，民亦忧其忧。得其民，斯得天下矣。"又如《荀子》所言："君者，舟也；庶人者，水也。水则载舟，水则覆舟。"《贞观政要》中记载唐太宗说："为君之道，必须先存百姓。若损百姓以奉其身，犹割股以啖腹，腹饱而身毙。"这对于今天担任一定领导职务的人而言，也有某种借鉴意义。

七十二　屠杀之忍

【题解】

爱护小生物似乎不足挂齿，但这里却可以看出一个人的仁爱之心。如果口口声声大讲仁慈，对待小生物又十分残忍，那么这个人不是口是心非，便是一个伪君子。这一章便告诉人们应当如何少杀生，培养博爱之心。

鸟之将死，其鸣也哀

物之具形色能饮食者，均有识知。其生也乐，其死也悲。

【译文】

一切生物，凡是具有形体、颜色，能够饮食的，都有知觉。他们活着都很快乐，死时都很悲伤。

【注析】

这里是说，凡是有知觉的生物，他们对于生老病死，都会带来感情上的波动。所以《说苑》中讲："鸟之将死，必有悲声。"《荀子·礼论》中说：凡是生存在天地之间，有血肉气息的东西都有知觉，如果鸟兽跑了，离开了群体，过了很长时间，还要回去。路过曾经呆过的地方，一定恋恋不舍，然后才会离开。"

劝君莫打枝头鸟

鸟俯而啄，仰而四顾。一弹飞来，应手而仆。

【译文】

飞鸟低下头去啄食，不时抬起头四面张望。一颗弹丸飞来，倒地不起。

【注析】

韩愈《送文畅序》说："飞鸟低下头去啄食，不时抬起头四面张望。"《战国策》记载，庄辛对楚襄王说："黄雀低下头啄食白色的谷粒，然后飞落在茂密的树林，鼓动翅膀，自己认为无忧无虑，与人类无争。哪里知道那些王孙会左手拿着弹弓，右手捏着弹丸，将弹丸飞射到它的脖子上。"

牛尚有情，何况人乎

牛舐其犊，爱深母子。牵就庖厨，觳觫畏死。

【译文】

母牛舐牛犊，感情深厚莫如母子。把它牵到屠宰场去，它也会战战兢兢，惧怕死去。

【注析】

东汉太尉杨彪有一个儿子杨修，被曹操杀了。后来曹操见了杨彪，问他："你为什么瘦成这个样子？"杨彪说："很后悔我没有金日磾的先见之明，致使我失去了像老牛舐犊一样的感情。"曹操听了，很受震动，脸色都变了。

《孟子》中记载：齐宣王在朝堂上坐着，有人牵着一条牛从堂下走过。齐宣王说："放掉它吧！我不忍心看到它颤抖的样子，好像没有罪而遭杀害一样。"

知恩图报，人之常情

蓬莱谢恩之雀，白玉四环；汉川报德之蛇，明珠一寸。勿谓羽鳞之微，生不知恩，死不如怨。

【译文】

从蓬莱飞来感谢救命之恩的黄雀，用四枚白玉环报答恩人；从汉水游来报答救命恩人的蛇，送来直径一寸的明珠。不要说这些小小的动物生不知道报答恩德，死不知道怨恨仇人。

【注析】

后汉杨宝，七岁时，在华阴这个地方看见了一只被鸱鸟打落的黄雀，许多蚂蚁围着它。杨宝顿生怜悯之情，把它拾起来放在衣箱内并采黄花给它吃。过了一百多天，这只鸟疮疤好了，毛也长好了，便飞走了。有一天夜里，它忽然变成一个黄衣儿童，向杨宝反复行礼并感谢说："我是西王母的使者，去蓬莱，感谢有您救我。现在我接受派遣到南海去，要向您告别了。"它拿出四枚白玉环送给杨宝，说："好好拿着这些玉环，您的子孙可以官到三公。"说完就走了，再也没有音信。

关于隋侯得珠之事，前面已经提到，但这里的说法又不一样。说的是隋侯到齐国去，见到一条蛇在沙土中，头上有血污，隋侯用棍子将蛇挑着放进水里就离开了，回来时，却见到这条蛇含着一颗珠子过来了。隋侯不敢拿。晚上，他梦见脚下踩着一条蛇，就惊醒了。一看，有一对珠子。还有一种说法是，隋侯在庭院里，看到有一片亮光，开门一看，有一条小蛇嘴里含着珠子，小蛇将珠子吐出来后说："我是龙王的儿子，因为在草地上玩，被放牛的小孩子打伤了。感谢您将我救活了，所以我拿这些东西来报答您。"

所有的生命都值得尊重

仁人君子，折旋蚁封。彼虽至微，惜命一同。

【译文】

仁爱的君子，行进中碰到蚂蚁窝也要绕行。虽然蚂蚁极其微小，但他们爱惜自己小生命的天性，与人没有什么不同。

【注析】

折旋是绕开回避的意思。蚁封是蚂蚁窝外面堆起来的土包。晋朝人王湛，字处冲，曾经骑马经过蚂蚁窝，于是想方设法避开。这些都是仁爱者的仁慈之心。

不愿伤害小生物的人

伤猿，细故也，而部伍被黜于桓温；放麑，违命也，而西巴见赏于孟孙。

【译文】

伤害小猿本是一件小事，桓温却处罚了部下；放掉小鹿违犯了命令，但孟孙夸奖了秦西巴。

【注析】

晋人桓温进驻蜀地，走到三峡地带时，队伍中有一个人抓到了一只小猿。小猿的母亲沿岸追随着，不停地哭叫。走了一百多里，一直不肯离开。最后，它竟跳上船来，但一上船它就死了。剖开它的肚子，里面的肠子都断成一寸一寸的。桓温听到后，十分生气，就处罚了那个人。

《说苑·贵德篇》说：孟孙打猎抓到一只小鹿，让秦西巴送回去的路上，鹿母跟随着哭叫。秦西巴心中不忍，把它放掉了，让它跟着鹿母走了。孟孙为这件事很生气，把秦西巴赶走了。过了一年，他却又请秦西巴来给他的儿子当师傅。手下的人问他："秦西巴得罪了您，现在又让他担任太子的师傅，这是为什么呢？"孟孙说："一个小鹿都不忍心伤害的人，又怎么会让我的儿子受罪呢？"

不忍心杀生是仁义的萌芽

胡为朝割而暮烹，重口腹而轻物命？《礼》有无故不杀之戒，轲书有闻声不忍食之警。噫，可不忍欤！

【译文】

怎么会早上杀了晚上便去做着吃，如此看重口腹而轻视生物的生命的呢？《礼记》中有不无故杀生的告诫，孟轲的书中有听见动物的哀叫而不忍心吃下去的警告。唉，能不忍嘛！

【注析】

《礼记·玉藻》中关于王制是这样写的："诸侯无故不杀牛，大夫无故不杀羊，士无故不杀犬豕，庶人无故不食珍。"又说："君子不接近屠宰场和厨房。凡是有知觉的血肉动物，都不应该去踩它们。"以上所说的"故"，是指祭祀、请客吃饭之类的，不是这样的原因，不能杀牲。

《孟子》说："君子对于禽兽，愿意看到它们好好的，不愿看到它们死伤。听到它们的哀叫声，就不忍心吃它们的肉。因此，君子远离厨房和屠宰场。"孟子认为，这种不忍心的心理，是仁义的萌芽。

【评点】

这里的屠杀，不是指对人，而是指对待那些弱小的生物的态度。实际上，是提醒人们要有博大的爱心，不仅对人，连对那些弱小生物，也要施以一份同情之心。其实，从心理学的角度，向善是人性所固有的。如果这种善心不施于人，也会施之于小生物的。据说土耳其是一个很勇猛的民族，但他们对待狗和鸟等动物却很仁慈。据记载：有一个欧洲人在君士坦丁堡就由于戏弄一只鸟，险些被当地人用石块击死。孟子也曾提出，人之初，性本善。中国古代人很注意积善行德，他们主要持一种宗教的观点，认为今生行善，是为了来生。关于希望图报，古希腊哲学家德谟克利特曾说：行善望报的人还算不上是行善者，这称号还只配给那些只为行善而行善的人。我们只有培养对一些小生物的博大的善心，才可能理解人类，才能把善化为我们的天职和血肉。

七十三 祸福之忍

【题解】

祸和福好像一对孪生兄弟，它们同时降生在一个母体之中。因为血缘关系，几乎如影相随。人们知道这个道理，但当祸与福来到生活中时，人们却又显得束手无策。

祸与福是互相转化的

祸兮福倚，福兮祸伏。鸦鸣鹊噪，易惊愚俗。

【译文】

祸害紧随着幸福，幸福之中往往有灾祸包含在里面。乌鸦鸣叫，喜鹊聒噪，是最能警戒时俗的。

【注析】

老子说，人们如果遭受灾祸能够吸取教训，就可以让灾祸成为过去而让幸福来到。如果人们在幸福的环境中骄奢淫逸，那么幸福就难长久，接着就可能出现灾祸。它们互相转化，没有一定的成规。

鸦鸣鹊噪，中国民间认为是预兆。据史书载，东方朔曾作《鸦鸣经》来预卜祸福吉凶。《西京杂记》载，樊哙问陆贾说："自古以来帝王都说是受上天的指令而当皇帝的，并说，当皇帝之前还有预兆，是这样的吗？"陆贾说："是啊！眼皮跳往往会吃上一顿好饭，油灯结花往往会发上一笔好财，喜鹊叫往往远方的人会来到，蜘蛛集在一起什么事都会如意。这些小事都有征兆，大的事情更是如此。君王若不是上天的安排，到哪里去找呢？"从现代观点来看，这些是很牵强的。如果说有预兆，恐怕也是一种巧合。我们不能不去努力，不要等待有了什么兆头之后再去行动。

坏事变成好事

白犊之怪，兆为盲目。征戍不及，月受官粟。

【译文】

黑牛生了一头奇怪的白牛，预示眼睛会瞎。父子俩不能上前线打仗，每月反而吃官家的粮食。

【注析】

《列子·说符》记载，宋国有一个好行仁义的人家，三代都一直坚持下来了。突然，他们家的黑牛生下了一头白牛犊。别人去问孔子，孔子说："这是好征兆呵！"过了一年，做父亲的眼睛无缘无故地瞎了。过了一年，儿子的眼睛也瞎了。他们家只好由官家供给食物。后来楚国攻打宋国，年青力壮的都上了战场，结果死了一大半，只有这父子俩因为有病免于一死。等到楚国不再攻打宋国了，他们的病却都又好了。

福祸操之在己，受之也在己

荧惑守心，亦孔之丑。宋公三言，反以为寿。

【译文】

荧惑守心这种反常天象的出现，是宋景公政治不良的表现。但宋景公的三句话，却为自己增了寿命。

【注析】

宋景公时，出现了荧惑守心这种反常的天象，于是他召见司星官子韦，并问他说："荧惑守心，是为什么呢？"子韦回答说："荧惑守心，是降天罚的象征。心位，是我们宋国的分野。灾害应在您身上，不过可以转移在辅相身上。"宋景公说："宰相是我的左膀右臂，怎么可以为了除去心腹之患而把灾害转移到臂膀上呢？"子韦说："可以转移到老百姓身上。"宋景公说："君主应该是善待民众的。"子韦又说："可以转移到年成上。"宋景公说："灾年老百姓受苦，我给谁当君主呢？这是寡人的命，该承受就承受。"

事在人为，可化险为夷

城雀生乌，桑谷生朝。谓祥匪祥，谓妖匪妖。

【译文】

城里的麻雀生了一只乌鸦，桑谷长在朝堂。说是吉祥却又没有呈现吉祥，说是妖邪却又没有出现妖邪。

【注析】

这是针对上面提到的预兆而言的。《说苑·敬慎篇》中记载，孔子说："存亡和祸福，都在于自己。并不是天降灾祸，地生妖孽，更不能动杀伐。"从前，商王帝辛的时候，雀子在城边生了一只乌鸦，占卜的人占之后说："小的生了大的，国家一定会吉祥如意，您的名望一定会增加一倍。"帝辛为雀子所显示的吉祥而喜不自禁。他不管理国家，为人凶狠残暴，结果导致了外国的侵略，商朝因而灭亡了。这是逆着天意行事，福变成了祸。商朝武丁的时候，前代的法规遭到了破坏，桑和谷都在宫廷里长了出来，七天便长了一围。占卜的人占了之后说："桑和谷都是山野里长的东西，现在宫廷里长了出来，预示着朝廷要灭亡了。"武丁感到惊慌恐惧，小心翼翼地行事，按前代的制度办事。三年以后，远方的国家反而前来朝拜。《尚书》记载说：桑和谷都长了出来，武丁听了占者的话，很惊恐，从此改邪归正，桑谷便死了。从此商朝又出现了兴旺的景象。这两个故事都说明，事在人为。兆头再好，也不能代替人的努力；兆头不好，加以努力也能改变。

君子闻喜不喜

　　故君子闻喜不喜，见怪不怪。不崇淫祀之虚费，不信巫觋之狂谬。信巫觋者愚，崇淫祀者败。噫，可不忍欤！

【译文】

　　所以君子听见了高兴的事也不过分高兴，遇到奇怪的事也不过分奇怪。不提倡在不该祭祀的时候去祭祀，也不听信男女神巫的胡说。听信神巫胡说的是愚蠢，提倡随便祭祀的注定要失败。唉，能不忍嘛！

【注析】

　　《孔子家语》中记载，仲由说："我听说君子遇到了灾祸也不怕，遇到好事也不兴高采烈。"

　　淫祀，指的是不该祭祀的时候去祭祀。淫祀是得不到什么好处的。史书载，陈后主十分相信巫觋之事，因此导致了亡国。当时他有一个宠信的妃子姓张，善于玩弄这些鬼把戏。张贵妃聚集一些女巫，让她们跳舞取悦鬼神，并通过这种方式参与政事。天下人的一言一行张贵妃事先都已知道，并由她告诉陈后主，陈后主因此很宠爱她。执政的一些大臣争先仿效她，因而耽误了国家大事，以至于隋文帝来攻伐时，一战即溃，张贵妃被俘获杀了，陈后主做了亡国之君，后来也郁郁而死。

　　巫，指女的，觋，指男的。

【评点】

　　关于祸和福的互相转化，阐述之精辟莫过于老子那段名言了。天有不测风云，人有旦夕祸福。如何处变不惊，静观时机，把握未来，是显示一个人的才智和毅力的关键。我们要在逆境中磨炼意志，要在顺境中鼓足勇气，见怪不怪，见喜不喜。俗话说，谋事在人，成事在天。智者要顺时而谋。要相信，机遇对于每个人而言，都是平等的。当生活出现困境的时候，不要垂头丧气，当生活十分安逸，似乎一切都十分顺利的时候，也不要掉以轻心。我们要以十倍的信心去迎接生活的挑战，要用百倍的谨慎去平安地度过一生。

七十四　苟禄之忍

【题解】

付出了劳动，获取一定的报酬，这是天经地义的事，但利禄没有止境，因为人的欲望也没有止境。我们不能沽名钓誉，也不能无功受禄。人有廉耻之心，才有上进之心。

君子要待机而动

窃位苟禄，君子所耻。相时而动，可仕则仕。墨子不舍朝歌之邑，志士不饮盗泉之水。

【译文】

占据高位，贪图利禄的人，君子是看不起的。顺应形势的需要，可以做官便去做官。墨子不住被称作朝歌的地方，有志之士不喝名叫盗泉的水。

【注析】

赵宋王禹偁在《待漏院记》里写道："占据高位，贪图利禄，无所作为，明哲保身的人，没有任何可取之处。"

《左传》隐公十一年里指出，能够根据道德规范去处置，依照自己能力的大小去做事，充分考虑周围环境而行动，不会对后人有坏的影响，这才可以称得上知礼。

孟子曾经说："可以处则处，可以仕则仕。"他说，孔子正是这样审时度势的圣人。

《说苑》中记载，有一座城邑名叫胜母，曾子就不进入。名称叫盗泉的水，孔子就不喝。《史记·邹阳传》中说，城邑名叫朝歌，墨子就把车子调回了头。因为这些地名，或者因为这地方曾有过不光荣的历史，这些贤人就不去。

良禽择木而栖

析圭儋爵，将荣其身。鸟犹择木，而况于人。

【译文】

分受着玉制礼器，享受着爵禄，使自身荣耀富贵。鸟栖落的时候尚且选择树木，何况人呢？

【注析】

扬雄《解嘲》说："分受着别人送的玉制礼器，享受别人赋予的爵位，怀里揣着别人的官符，分享着别人的俸禄。"

《左传》记载，哀公十一年秋，卫国大夫孔文子准备去攻打太叔，去向孔子求教。孔子回答说："有关祭祀和礼仪的事，我曾经学过。但打仗杀伐的事，我从来不曾听过。"孔文子告辞后，孔子就命令学生收拾行李，准备车辆，打算离开卫国，孔子说："只有飞鸟选择树木做巢的，哪有树木选择飞鸟的道理？"

不为五斗米折腰的官员

逄萌挂冠于东都，陶亮解印于彭泽。权皋诈死于禄山之荐，费贻漆身于公孙之迫。

【译文】

逢萌不愿为王莽做官，愤然把帽子挂在洛阳城门上；陶潜在当彭泽县令时，不为五斗米折腰，解下官印辞官不做。权皋不愿替安禄山效劳，假装已死不去做官；费贻将漆涂在身上，假装身上有伤疤，不答应公孙述要他做官的请求。

【注析】

西汉时，王莽杀了他的儿子王宇，又诛灭了中山王后一家，又杀敬武公主及氾乡侯何武、司隶鲍宣等数百人，天下为之震惊。当时有个小亭长叫逢萌，字子庆，他扔掉盾说："大丈夫不应被人使唤。"他又对朋友说，伦理纲常已经都遭到破坏了，还不离开，大祸就要临头了。于是他解下官帽挂在洛阳城的大门上回家了。不久，他又率全家人渡海到辽东寄居。后来汉光武帝多次征召，他都没有出仕。

唐朝人权皋，进士及第，安禄山请他做幕僚，他预感安禄山将会造反，且又不听劝说，想离开又怕父母受牵连，为此十分焦急。天宝十四年，安禄山派他到京城去献俘虏，他乘机拜访福昌尉仲谟，私下约定以得病为由逃掉。官吏拿着诏书回来告诉他母亲，他母亲哭得死去活来，过路的人都很感动。所以安禄山没有想到有问题，就把他的母亲送回去了。此后天下的权要人物都知道了他的为人，争着要邀请他。后来，颜真卿推荐他做行军司马，皇帝委任他做起居舍人，他都坚持不做。

汉人费贻，蜀地人。起初，公孙述要他做官，他不肯，就将漆涂在身上当疮疤，以装疯卖傻来回避。后来光武帝时吴汉将公孙述杀死，成都归附，蜀地平定了，召他出来做官时，他才出仕，并且做到合浦太守。

逐利忘义，皮厚心虚

携持琬琰，易一羊皮，枉尺直寻，颜厚忸怩。噫，可不忍欤！

【译文】

手上拿着玉却想要人家的羊皮，用一尺的长度去换一寻（八尺）的长度，身居高位也去追逐蝇头小利，这些人脸皮虽然厚，心里还是感到羞愧不安的。唉，能不忍嘛！

【注析】

韩愈在《送穷文》中说："手里拿着玉，却想要别人手里的羊皮；嘴里吃着很肥美的东西，却羡慕别人碗里的糠饭。"意思是说，那些人放弃守身的大节，却去追逐细小的利益。

《孟子》中，陈代问道："不知道诸侯对于义为什么这样不看重？可是《志》中说，屈于小的能够追求大的。"孟子说："屈于小而追求大的是对追求利益的人而言的，相反，为了利益让他们屈于大的追求小的他们也会干。"孟子的意思是说，那些身居高位的人，为了获取名利，不惜丧失气节。

《尚书·五子之歌》说："脸皮很厚的人，心里其实很虚弱。"他们表面看起来理直气壮，但内心深处都有羞愧，这主要是针对那些贪图富贵的人而言的。

【评点】

获取一定的报酬，本来是正常的。可是如果这种欲望超过了一定的度，那便变成了贪婪。正如孔子所言："富与贵，是人之所欲也。"但他又说："不以其道得之，不处也。"他认为作为君子，发财与做官如果不是以正当的方法得到，那就不能接受。《老子》曾言："知足不辱，知止不殆。"老子认为人的要求和行为都必须恰如其分，不能超过自己应该和可能的范围。他还认为："祸莫大于不知足。"所以，《礼记·曲礼上》告诫人们："敖不可长，欲不可从，志不可满，乐不可极。"从当代社会来看，人们的生活水平比古时要好得多了，待遇也发生了一定的变化，但这些东西没有止境，人们如果陷于这种无法满足的欲望之中，实际上也是一种痛苦。

七十五　躁进之忍

【题解】

人往高处走，水往低处流，凡是进入仕途的人，又有谁不想步步高升呢？达则兼济天下，孔夫子也是东奔西走去经邦济世呢！但任何事都有它自己的规律，不可能随心所欲，欲速则不达。老庄思想中也不无几分合理因素，还是顺其自然的好。

做官不可能一步登天

仕进之路，如阶有级。攀援躐等，何必躁急。

【译文】

做官的道路，有一定的顺序和等级。一心想依附权势，跳跃跨越，何必这么急躁呢？

【注析】

做官的途径叫仕路，又叫仕途。据《隋书·百官志》记载，初次委任叫仕，至于九品命服，就要到三公的地位才可以。这是按照一定的顺序而推进的，就好像上台阶一步一步的登高。宋朝的宰相范质，有个侄子叫范果，要求升官，范质就写了一首诗教导他说："赋命有疾徐，青云难力致。寄语谢诸郎，躁进徒为耳。"

大智者恬淡自若

远大之器，退然养恬。诏或辞再，命犹待三。趋热者，以不能忍寒；媚灶者，以不能忍谗；逾墙者，以不能忍淫；穿窬者，以不能忍贫。

【译文】

心胸宽阔志向远大的人，返归到恬淡无为的状态中。即使皇帝下诏书委任，也要再三推辞。到温暖的地方，是因为不能忍受寒冷；取悦灶屋，是因为不能忍受饥饿；钻屋打洞的，是不能忍受性的诱惑；穿壁越墙的，是不能忍受贫穷。

【注析】

《庄子·缮性》中说："古之治道者，以恬养知；生而无以知为，谓之以智养恬。"恬，在这里指安静，知，指智慧。安静能够呈现心灵的智慧，所以说在恬淡无为中体现他的智慧。人刚生下来的时候，一无所有，还需要知道什么呢？返归这种状态称为安静，所以又说用智慧来达到恬淡自若的境界。只有这种人，才可能不愿受名利所累。多次辞官不做的，像李令伯。晋武帝要他做太子洗马，下了几次诏书，郡县几级官吏都催促甚至逼迫他，他却上奏书说家里有老祖母需要养老送终，从而推掉了。

要再三委任、邀请的，有伊尹。他在有莘氏的田野里劳作，成汤多次聘请他，他才出仕。还有诸葛亮，他躬耕南阳，刘备三顾茅庐他才出仕。

《论语》中记载，王孙贾问道："与其向堂屋祭祀，不如向灶位献祭，为什么呢？"孔子说："不是这样。如果得罪上天，祈请不到幸福。"堂屋虽然很珍贵，但不是祭祀的主要对象，灶屋虽然很普通，却是非有不可的地方。王孙贾是用这话来嘲笑孔子，意思是说和君王搞好关系还不如和管理朝政的大臣多拉关系。孔子是说，如果有悖于义理，得罪了上天，就是给灶位献殷勤也得不到宽恕。

《孟子》说："男子生来就想娶妻，女子生来就愿意嫁人。做父母的愿望，人人都有。但不等父母作主，媒人做媒，就自行约会，穿洞跳墙，偷偷摸摸相好，那么父母和整个社会觉得这是很下贱的。"意思是说，人没有不想当官的，但如果不按照一定的程序取得官职，那和穿洞跳墙没有什么两样。

做不做官应当根据情况而定

爵乃天爵，禄乃天禄，可久则久，可速则速。

【译文】

爵位是天授的爵位，俸禄是天授的俸禄，可以长久就长久，可以速退就从速退。

【注析】

宋代的范祖禹说："位称天位，职称天职，禄称天禄，意思是天需要的是贤人，让他们来治理天下的百姓，不是君王所能专任的事。"

《孟子》说："值得出来做官就出来做官，不值得出来做官就隐居。可以停下来不做了就停下来，可以继续做下去就继续做下去，需要走了就走，孔子能够做到。"所以说，做官不做官，继续做还是离开官场，都应该根据情况而定。

南柯一梦，黄粱未熟

辇载金帛，奔走形势。食玉炊桂，因鬼见帝。虚梦南柯，于事何济！噫，可不忍欤！

【译文】

苏秦用装饰得很华贵的车子载着金帛，四处游说诸侯，连风云都为之动色。他在楚国吃的烧的都很昂贵，犹如借助鬼神拜见天神一样才见到楚王。他的一生仿佛做了南柯一梦，对事情又有什么补益呢！唉，能不忍嘛！

【注析】

战国的苏秦，是洛阳人，拜鬼谷先生为师。他到外面游说数载，什么官也没做，又穷困一身回来了。兄弟姐妹都取笑他，苏秦十分惭愧，从此努力发愤，悬梁刺股，攻读不倦。他又出去游说六国，动员他们联合起来共同对付强大的秦国。他对燕文侯说："燕国东边有朝鲜，北边有林胡，西边有云中，南边有滹沱，方圆二千里的土地，兵力有几十万，而秦无法打败燕国是很明显的。"燕国因此给苏秦提供了车马金帛，让他到赵国。苏秦又劝赵肃侯说："当今太行以东的国家，以赵最为强大。赵国方圆有二千多里的土地，数十万军队。我认为天下诸侯的土地加起来是秦国的五倍，各国的兵力加起来是秦国的十倍。如果各国联合起来攻打秦国，秦国一定会被攻破。"赵王说："现在您有意使各国延续下去，诸侯安定，我听从您的意见。"于是赵国拿出一百辆车，拿出黄金一千镒，白璧百双，锦绣一千匹，用来联合诸侯。他接着又游说韩魏齐楚等国，各国都按苏秦的主张办事。他到楚国时，三天之后才见到楚王。见面后，他话刚说完起身就走。楚王说："听您教诲像听古人教诲一样，现在您不远千里来到这里，却不肯多住几天，是什么原因呢？"他回答说："楚国的粮食比玉还贵，柴比桂还贵，谒者难见像鬼一样，您难见像天神一样。我在这里吃的烧的那么贵，竟像寻找鬼一样的谒者，请他引见到天神那里一样！"楚王赶忙说："请您到宾馆住下，我听从您的意见。"

《南柯梦》说的是一个人做梦当官的事。淳于棼住在广陵，家的南边有一棵老槐树，有一天，他喝醉了，睡在树下，梦见两个使者对他说："槐安国国王请您去。"他随这两个使者到了一个洞穴，据说就是槐安国。国王说："我国的南柯郡很混乱，委屈您去当太守。"他去后，减省烦杂的风俗习惯，考察老百姓的疾苦。南柯郡被他治理得井井有条，他在这里一共过了二十七年。等他梦醒来后，在老槐树下找到一个洞穴，很宽敞明亮，可以放下一张床。又有一个大蚂蚁，就是槐安国王。接着他又找到一个洞，通到南边枝头，就是梦中的南柯郡了。

【评点】

　　发财与当官，是人的两大欲望。做官本也不是坏事，安邦济世，实现政治抱负，体现自我价值，是人生一种选择。做官希望高升，也是人之常情。但有人希望一步登天，愿望没达到，就不择手段。官场的种种弊端，便因此而产生。所以给人造成一种政治等同于污浊的错觉。大多数人，常常是当局者迷，只有他们从官场中走下来后，才会发出种种慨叹。汉代班固在《汉书·佞幸传》中写道："进不繇道，位过其任，莫能有终。"班固在记述董贤等著名宠臣凭着他们的谄媚逢迎，虽然曾经煊赫一时，但结果都无一善终之后，这样评价他们。就是说，升官要通过正常途径，才能善始善终。我们要切记，如果不能胜任职务，便不要勉强。莎士比亚曾说："人的地位越显著，行为越惹人注意——或使他受到尊敬，或为他招来怨隙，最大的耻辱总是伴着最高的品级。"所以，如果没有能力，不如像杜荀鹤《自叙》中所言，"宁为宇宙闲吟客，怕作乾坤窃禄人"。

七十六　特立之忍

【题解】

在纷繁的世界中，在熙熙攘攘的人群中，如果能保持自己的独立人格，出污泥而不染，不媚俗，不为世俗所诱惑，实在不易。此章便列举古今中外一些名人的处世之道让您领会其中的奥妙。

情操气节，士人独钟

特立独行，士之大节。虽无文王，犹兴豪杰。不挠不屈，不仰不俯。壁立万仞，中流砥柱。

【译文】

志行高洁，不随波逐流，是士人的大气节。即使没有周文王那样的人出现，还是会涌现英雄豪杰。不屈不挠，不卑不亢。像巨石一样屹立，做时代洪流中的砥柱。

【注析】

这里主要讲古代的知识分子应当如何保持自己的独立人格。

《礼记·儒行》篇中说："士人很注重自己的修养，说话的时候不趾高气扬，独坐的时候也端正身子。"《孟子》中说："要等到周文王那样的人出现后才能够奋发向上的人是很一般的人。真正有才干的人，没有周文王的出现也会奋发向上。"也就是说，真正的豪杰，才智能力非常人能比，他们能够独立的追求向上，不需要别人激励。这里所指的有独立追求的人，是不肯放弃自己的理想，随便顺从别人的人。他们不会意志消沉、精神萎靡，就像《尚书·禹贡》中所提到的阳城北的那座中分河流的砥柱山。

炭于朝而冰于昏

炙手权门，吾恐炭于朝而冰于昏。借援公侯，吾恐喜则亲而怒则仇。

【译文】

权势显赫像烫手的烈焰，我担心早晨一堆炭晚上便成了一块冰。依仗公侯的势力，我担心高兴的时候大家亲热，反目的时候便成了仇人。

【注析】

这样的例子古今中外有不少。唐代天宝年间，因为玄宗宠幸杨玉环而得势的杨国忠，拜为右相后，便随意指使他人，公卿以下的官吏没有不害怕他的。朝廷重要部门中有不听他话的人，统统被弄走。有人劝陕郡的进士张彖去拜访他，张彖说："你们依靠右相好像是泰山，在我看来他是一座冰山，如果太阳出来了，你们又依靠谁呢？"事实证明张彖的话是对的。唐代崔颢在《长安道》中写道："莫言炙手手可热，须臾火尽灰亦灭。"

安能摧眉折腰事权贵

傅燮不从赵延殷勤之喻，韩棱不随窦宪万岁之呼。袁淑不附于刘湛，僧虔不屈于佃夫。王昕不就移床之役，李绘不供糜角之需。

【译文】

傅燮宁肯不封侯，也不听从赵延私下的劝说，韩稜宁可得罪窦宪，也不随同别人向他山呼万岁。袁淑保持自己的独立，不肯依附于刘湛，王僧虔不听从别人的建议向佃夫献殷勤。王昕不屈服于王悦的权势，不动手帮他移动座位，李绘不怕崔谋的权势，不向他提供麋鹿角。

【注析】

以上详细讲了几个士人保持气节的故事。

傅燮是东汉人，字南容，汉灵帝时是护军司马。他和中郎将皇甫嵩一起攻打黄巾军张角，立下了功劳。因为上奏疏得罪了宦官赵忠，赵忠说他的坏话，使他没有得到封赏。当时赵忠任车骑特军，皇帝叫他论定讨黄巾军的人的功劳。执金吾甄举对他说："傅燮以前在东军有大功劳，但没有给他封侯，天下人都感到不合理。现在您亲自论定功劳，应该让这件事得到解决。"赵忠派他的弟弟赵延私下对傅燮说："你只要稍微对我们好一点，封一个万户侯是容易办得到的。"傅燮郑重地对他说："受不受封赏这是命中注定的，有功而不赏，这是个时机问题。傅燮难道会乞求你们私家的奖赏？"

韩稜是东汉人，字仙师，四岁时便成了孤儿，以孝行和有才能而著称于世，曾经五次任尚书令。汉和帝时，窦宪打败了匈奴回来，立了大功，被封为大将军，威震天下。当时正赶上和帝到西边园陵去祭祀，令窦宪和他一起去长安去。尚书以下的官吏议论说，要向窦宪行礼，称他万岁。韩稜严肃地说："和上司交往不应该取悦他，和下属交往不应该轻慢他。按照礼制哪有称臣子万岁的？"那些议论的人感到十分惭愧，再也不说什么了。

袁淑是南朝宋人，小时候就有风度。几岁的时候，伯父袁湛对人说："这不是个一般的孩子。"他的表兄刘湛，学识渊博，宋文帝时担任太子詹事，兼任给事中，后又升任尚书仆射。刘湛要袁淑依附他，但袁淑不答应。袁淑写诗说："种兰忌当门，怀璧莫向楚。楚少别玉人，门非植兰所。"以此表达他的志向。

南朝宋人王僧虔，宋文帝时任太子中庶子，后又调任会稽太守。当时中书舍人阮佃夫回到故乡，有人劝王僧虔好好接待阮佃夫，因为他很受皇帝的宠幸。王僧虔说："我这人做事一向清白，怎么能向这种人献殷勤，如果他不喜欢我，我当甩袖离开。"阮佃夫做过太子的师傅，很受信任。宋明帝即位后，封为建阳侯，权力仅次于皇帝。他喜欢收受贿赂，不管办什么事都要人家给他送很厚的礼。家里的仆人，都有一定的官位，朝廷上的人没有不和他交结的。因此，王僧虔得罪了阮佃夫，被以莫须有的罪名免官。到后来阮佃夫阴谋造反，皇帝命他自尽以后，王僧虔才又一步步地升上去。

北魏王昕是北海人，小时候刻苦好学，背诵了不少书籍。太尉汝南王元悦召他做骑兵参军。元悦喜欢游玩，出外打猎，晚上不回来，王昕不管他，独自回来了。元悦和他的臣僚一起喝酒，起身移动座位，大家都争先恐后来给他帮忙，只有王昕独自站在一旁。元悦不高兴地说："我是皇帝的孙子，皇帝的儿子，皇帝的弟弟，皇帝的叔叔，现在亲自动手搬床，你为什么一动不动？"王昕说："我地位名望都很低下，不敢让你看到我的仪容，怎么好和亲王的手下一起从事这种工作呢？"

北齐人河间太守崔谋倚仗自己的权势向李绘讨要鹿角和鸽子毛。李绘回答说："鸽子有六根大毛，一飞就上了天空。鹿有四只角，一跑就进了大林泽。我手脚很笨，不能去追天上的飞鸽和地上跑的鹿来给小人献殷勤。"

以上的几则故事无不表现了士人不畏权贵，不媚时俗，保持独立人格的情操。

谋事在人，成事在天

穷通有时，得失有命。依人则邪，守道则正。修己而天下不与者命，守道而人不知者性。

【译文】

穷困和通达由机遇决定，得失荣辱由命运决定。依靠别人做官，那就不是正道，保持自己的人格独立，才能说是正确的。达到一定的修养而不能做官那是命运，保持自己的本色别人不理解因为人的本性不同。

【注析】

孟子曾经指出："孔子出仕合于礼，辞官也合于义，得到或没有得到，他认为这是命。"他又说："天下有道，以道殉身，天下无道，以身殉道。未闻以道殉乎人者也。"意思是说，当天下合于道德秩序的要求，就应该出来做官，让道德秩序更加稳定。当天下不符合道德秩序规范时，应该保持自己人格的纯洁。在这个时候还出仕，所做的就是小人的事情。

晋人颜含，字弘都，为人操行很好，成帝时任侍中，后又任吴郡太守。郭璞曾经到他家里去，想给他算命。颜含笑着说："寿命在天决定，禄位由人争取。自己争取了而天不赐与，这是命运；保持节操而没有人理解，这是为了完善人的本性。人的本性和命运决定了人的一生，不必再算卦了。"

宁为松柏，勿为女萝

宁为松柏，勿为女萝。女萝失所托而萎苶，松柏傲霜雪而嵯峨。噫，可不忍欤！

【译文】

宁愿成为松柏，不愿成为依附别人的女萝。女萝失去了依托就会站不起来，松柏却凌霜傲雪像一样耸立。唉，能不忍嘛！

【注析】

唐人李德裕对武宗说："正直的人好比松柏，笔直耸立，不偏不倚。不正派的人就好像女萝，不依靠别的物品就站立不起来。"《庄子·让王篇》中记载："孔子说：'自己多反省，不缺少道德修养，碰到困难也不丧失自己的操行。天气冷了，霜雪降下来了，我看到的是松柏的茂盛风姿。'"在这里，孔子以松柏来比喻正派的人那种高尚的节操。希望人们不要学女萝，只有依附于其他物品才能站立。

【评点】

莎士比亚曾说:"在命运的颠沛中,是可以看出一个人的气节。"而中国的知识分子,又把名节看得比生命更重要。他们强调生当作人杰,死亦为鬼雄。宁为玉碎,不为瓦全。富贵不能淫,贫贱不能移,威武不能屈。在民族生死存亡之际,置个人安危于不顾。在社会风气不正之时,群居不倚,独立不惧。可谓时危见臣节,世乱识忠良。可以说,他们是中国人的脊梁。我们每一个人,都应当保持自己的独立人格,不阿谀权贵,不随波逐流,在精神上保持自由和尊严。所谓"不要人夸颜色好,只留清气满乾坤",便是这种境界。

七十七　勇退之忍

【题解】

本章是讲一个人功成名就之后，如何保全身家性命，安度余生。这里虽然有些消极，可其中却透露出朴素的辩证观点：事物发展到一定程度后会向它的相反方面转化。

物极必反，功成身退

功成而身退，为天之道；知进而不知退，为乾之亢。验寒暑之候于火中，悟羝羊之悔于大壮。

【译文】

事业成功，就抽身引退，这是自然的规律；只知道前进而不知道后退，这是乾卦上九一爻显示的一种过分现象。检验气候变化、寒暑交替的是大火星，想想羝羊卡在藩篱上进退不得的教训，人在鼎盛的时候，要慎重考虑。

【注析】

《老子·持盈章》中说："功成名遂身退，天之道。"老子的意思是说，要想保全功名，必须及时隐退，这是符合规律的。就好像太阳到了中天就会斜，月亮满了就会缺，事物到了鼎盛就会走向衰亡一样。这是千百年不变的真理，是自然界的普遍法则。

《易经·乾卦》上九象辞说："龙飞到了过高的地方后会后悔，饱满充盈不会长久。"又说："亢这个字，指的是只知道前进，不知道后退，只知道生存，不知道死亡，只知道取得，不知道丧失。这些知道进退存亡，而又保持其原则的，难道不是圣人吗？"

《左传》昭公三年，晋大夫张趯对郑子太叔说："就好像大火，冷和热的时候就消失了，这是变化的两个方向。到了极点，它能不退吗？"大火，是指心星。夏末偏移，热天就过去了。冬天在正中，寒气就开始过去了。这就是热到了极点就开始冷，阴到极点就开始转化为阳。任何事物到了极点都会衰退，这是自然而然的道理。

《易经·大壮卦》上六说："羝羊触藩，不能退，不能遂，无攸利。"象辞说：不能进，不能退，这是不祥的征兆。意思是说，人处在鼎盛的时候，不能慎重考虑，克制自己，既不适时退守，又不可能再继续前进，就像羊一样，一头撞在藩篱上，进退两难，心里充满烦乱。这就是不知进退的缘故。

当退便退，自达圣境

天人一机，进退一理。当退不退，灾害并至。祖帐东都，二疏可喜。兔死狗烹，何嗟及矣。噫，可不忍欤！

【译文】

天时和人事都是一个枢机，进和退都是一个道理。当退而不退，灾害便会到来。在东都门外设帐欢送疏广、疏受两人辞官还乡，实在让人感到高兴。兔子死了，狗也该杀了，韩信发出这样的感叹，但已经晚了。唉，能不忍嘛！

【注析】

西汉人疏广，字仲翁，东海人。地节三年，被任为太子太傅。他哥哥的儿子疏受，任太子少傅。任职五年后，疏广对疏受说："我听人说过，知道满足的人不会受到侮辱，知道停止的不会遭到危险，成就了功名就隐退，这是合乎规律的。现在我们已功成名就，如果不离开，将来会后悔的。"于是过了几天就称生病了，并向皇帝上书请求回家安度晚年。皇帝同意了，赐给他们黄金二十斤，太子又赐给他们五十斤。大臣和朋友们都在京城门外举行送别仪式，送他们的有一百多辆车子。路上看热闹的人都说："这两个人真是贤明的人啊！"

西汉人韩信，淮阴人。萧何将他推荐给刘邦，被任为将军。他为刘邦打天下，立了大功，被称为"三杰"之一，封为齐王。后来有人告发他要造反，刘邦下令将他抓了起来。他说："果若人言：狡兔死，走狗烹；飞鸟尽，良弓藏；敌国破，谋臣亡。今天下已定，臣固当烹。"他被戴上枷锁被押回了京城，贬为淮阴侯。十年后，汉高祖又将他杀了，并诛灭了他的三族。当隐退的时候不隐退，灾难就会接连发生，韩信不就是这样的人吗？

【评点】

历史上杀功臣的事，已有不少。但历朝历代却仍有不少执着于高官厚禄，并因此导致身家性命毁于一旦的事发生。我们且不去讨论这种现象是否应当归咎于那些功臣名将，但至少从人生处世上我们会悟得一个道理：物极必反，人在顺利的时候，应当想到可能出现的悲剧。我们不论做什么事，如果在开始时能想到这一点，才不会措手不及。蒯通在劝说韩信脱离刘邦，与楚、汉鼎足天下时，曾说："功者难成而易败，时者难得而易失。"像张良那样事前不与刘邦分庭抗礼，事后激流勇退，算得高人一筹。像孔子所言，不慎其前而悔其后，虽悔无及矣。东汉末年，黄琼被顺帝刘保征召出任官职时，与黄琼友好的李固给他写信说："峣峣者易折，皎皎者易污。阳春之曲，和者必寡。盛名之下，其实难副。"意在提醒他处在高位时，不要忘乎所以。西晋潘尼在他所著的《安身论》中说："思危所以求安，虑退所以能进，惧乱所以保治，戒亡所以获存。"古人的这些话，确实发人深省啊！

七十八　挫折之忍

【题解】

这一章主要写人在逆境时应当持何种态度。张子房为人穿鞋也不感到耻辱，黥布为一时不快差点想自杀，器量不同，结局也不同。

顺逆一视，万事皆缘

不受触者，怒不顾人；不受抑者，忿不顾身。一毫之挫，若挞于世。发上冲冠，岂非壮士？

【译文】

不受别人冒犯的人，发起怒来是不顾及别人的；不受别人压抑的，发起怒来连自身都不顾。受了一点小小的挫折，就像在大庭广众下被人打了一顿一样。像蔺相如那样为了和氏璧而怒发冲冠，难道不能被称为壮士吗？

【注析】

触，冒犯的意思。抑，压抑的意思。意思是说，没有受过一点挫折的人，一旦有一点不愉快，发起怒来，什么后果也不考虑。如西汉的灌夫喝醉酒后骂道："就要死了，还知道什么程将军李将军？"结果招来了灾祸。

《孟子》曾经说："北宫黝培养自己的勇猛，觉得有一点打击就好像在大庭广众之下受了侮辱，不害怕贫民百姓笑话他，也不怕大国国王的威严。有哪个诸侯攻击他，他马上给以还击。"孟子认为这种所谓的勇猛实际上是可笑的。

这里提到的蔺相如的勇猛，则又是另一回事。当时，秦昭王要求拿十五座城池换赵国的一块和氏璧，赵国派蔺相如去后，秦国却不打算给赵国城市，蔺相如觉得受了侮辱，气得头发都竖起来把帽子顶了上去，他站到柱子下面，说："我要将璧和我的头一起碰碎在这里。"他的无畏气慨震慑了秦宫的所有人。后来，秦昭王认为这个人很不错，就放他回去了。

能屈能伸，为大丈夫

不以害人，则必自害，不如忍耐，徐观胜败。名誉自屈辱中彰，德量自隐忍中大。黥布负气，拟为汉将，待以踞洗则几欲自杀，优以供帐则大喜过望。功名未见其终，当日已窥其量。噫，可不忍欤！

【译文】

当受到挫折或屈辱时就勃然大怒，没有害人却害了自己，不如暂且忍耐观察谁胜谁败。一个人的名誉是从屈辱中取得的，德行器量是在忍耐中培养光大的。黥布很自负，本来是准备来当汉将的，他看到汉王洗脚时接待他，气得差点想自杀，等到看见给他的待遇又大喜过望。虽然人们没有看到他将来的功业如何，但已从中看出了他的器量。唉，能不忍嘛！

【注析】

《吕氏童蒙训》中写道："事情有值得怀疑的地方，应当仔细周详地考虑，这样就没有办不好的。如果先暴躁发怒，只能让自己受害，而不是别人。"

名誉从屈辱中获得的例子，历史上就有很多，像张释之给人系袜子，子房给人穿鞋等。在隐忍中求得功名，如果不是大丈夫，就做不到这一点。像汤王和周武王屈居在一个人之下，最终取得天下，汉高祖效仿他们的做法，能够忍耐，终于建立了四百多年的汉家王朝，这是能屈能伸的例子。

西汉人黥布，楚国的大将，封九江王，听从别人的劝说投降汉王，他到了汉王那儿以后，汉王召黥布进去时，他自己正在那儿洗脚。黥布觉得受了侮辱，十分生气，后悔到汉这儿来，简直想自杀。等他出来后到住地一看，吃住随从都和汉王差不多，他又大喜过望。这种人，还没有看见他将来能建立什么功业，已经看出了他的器量。他是不能在挫折面前坚持忍耐的例子。后来他因造反被汉王诛杀了。

【评点】

孟子曾经说："天将降大任于斯人也，必先苦其心志，劳其筋骨，恶其体肤，空乏其身，行拂乱其所为，所以动心忍性，增益其所不能。"可见一个人如果不经过一番忧患，没有一些挫折，很难成就大的事业。古话中说："忧危启圣智，厄穷见人杰。"一个人只有能在逆境中挺起胸膛，才算是英雄好汉。其实，逆境之说，只是相对而言。人活在世上，不可能干什么都称心如意，任何时候都会有烦恼。现代社会中，常见一些年轻人，为了一点小事，就自杀，一点不珍惜父母给予的生命，或者在一点挫折面前，就悲观厌世，怨天尤人。从某种意义上而言，挫折是上苍赐给我们的一个磨练机会。明代哲学家洪应明曾说："横逆困苦是锻炼豪杰的一副炉，能受其锻炼则身心交益，不受其锻炼则身心交损。"愿朋友们在逆境中挺起胸膛，直面人生。

七十九　不遇之忍

【题解】

一个人纵有满腹才华，如果不被发现，便埋没于草莽之间。怀才不遇者，古往今来，皆有其人。本章便从两个方面论及这个问题。

天生我材必有用

《子虚》一赋，相如遽显。阙下一书，顿荣主偃。

【译文】

司马相如的一篇《子虚赋》，使他马上声名显赫。主父偃的一封信，顿时给他带来荣华富贵。

【注析】

西汉的司马相如，字长卿，四川成都人。他年轻时没官做，和妻子卓文君一块在临邛卖酒。文君卖酒，他穿着犊鼻裤在街上洗涤用具。相如写有一篇《子虚赋》，皇帝读了后，赞叹不已，说："可惜我和这个人不是生在一个时代。"当时杨得意任狗监，陪着皇帝一块。他说："这是我的老乡司马相如写的。"汉武帝很惊讶，把司马相如找来，司马相如回答说："《子虚赋》都是一些荒诞的话，没有什么值得读的。我愿意写一篇《天子游猎赋》给您。"皇帝给他纸和笔，于是相如在赋中假托一问一答的形式，先描述天子园囿的丰富和壮丽，结尾以提倡节俭，来对皇帝进行婉转的劝说。他送上赋后，皇帝当即委任他为中郎。

西汉的主父偃，齐国临淄人。他开始学习纵横学说，后来学习《易》和《春秋》。他和齐国的士人处不好关系，家里很穷，借米和钱都借不到，他往北到燕赵去，又得不到赏识。汉武帝元朔元年，他往西进入关中，给皇帝写了一封信。早晨把信写好送进去，晚上皇帝就召见了他。皇帝说："我们相识得太晚了。"他被委为郎中。

珍珠埋在土里也会发光

王生布衣，教龚遂而曳组汉庭；马周白身，代常何而垂绅唐殿。

【译文】

王生是汉代一个普通官员，因为教龚遂怎样回答皇帝的话而进入朝廷中；马周是唐代一个没有功名的书生，因为代常何写文章而被委以官中重任。

【注析】

王生原是渤海太宁龚遂的议曹。皇上召见龚遂，他随同前去京城，龚遂上朝时，他嘱咐说："如果皇上问您是怎样治理的，您就说都是皇上的恩德，不是我的功劳。"上朝后，龚遂按他说的话说了后，皇帝果然很高兴，十分欣赏他的谦逊，笑着说："真正难得的好话啊！"龚遂回答说："我不懂这么说，这是我的议曹干生教我这么说的。"皇帝很高兴他有这样一个议曹，任命王生为水衡丞。

唐人马周，字宾主，茌平人。他在长安寄居，住在中郎常何家。碰到皇帝因为天旱要大臣们提批评意见，常何是个武官，没有学问，马周代常何写文章，一共写了二十多条意见。皇帝读了文章后，觉得很奇怪，就问常何原因。常何回答说："是我家的客人马周代我写的。"皇帝立即召见马周，和他谈了一番话后对其非常欣赏，任命他为监察御史。常何因为发现了人才，皇上赐给他绢三百匹。后来马周做官做到中书令。

遇与未遇，在天不在人

人生未遇，如求谷于石田；及其当遇，如取果于家园。岂非得失有命，富贵在天？

【译文】

人的一生未获得机遇之时，如同在石田中寻找谷苗一样困难；等到他被赏识后，又如同在自己家果园中摘取果子一样自然。难道不是得失有命，富贵在天么？

【注析】

谷子长在沃土之中，不会生长在石头中，是说人在未获得机遇之时，如同在石田中寻找谷苗，哪里能找得到呢？等到时机一到，受到赏识，便又犹如在自家果园摘取果子，什么时候去取，什么时候都能得到。

《说苑·正谏篇》记载，伍子胥劝谏吴王说："如今那些虚伪的谎言为的是贪求齐国的领地。那些领地如同石田，毫无用处。"

《论语》记载，子夏说："死生有命，富贵在天。"

怀才不遇，终生憾事

卞和之三献不售，颜驷之三朝不遇。何贾谊之抑郁，竟自终于《鹏赋》。噫，可不忍欤！

【译文】

卞和三次献上璞玉，都不被楚王认识。颜驷经历三个朝代，都没有遇上明君。贾谊闷闷不乐，《鹏鸟赋》竟然是他的绝笔。唉，能不忍嘛!

【注析】

卞和在荆山下拾到一块璞,拿去献给楚怀王,怀王叫玉工检验,玉工说是石头。怀王认为卞和是骗子,砍了他的左脚。怀王死后,他的儿子平王即位,卞和又献璞给他,平王叫玉工检验,又说是石头,卞和的右脚又给砍了。平王死了,他的儿子即位为楚王。卞和抱着璞在荆山下大哭,哭了三天三夜,眼泪哭干了眼睛流出了血。楚王听说了,就派人去问,说:“天下被砍腿的人很多,你为什么哭得这样悲伤?”卞和说:“我并不是为被砍腿而悲伤,可悲的是宝玉被当作石头,忠正的人被指为骗子。”楚王于是派人去剖开了璞石,果然得到了一块美玉。于是封卞和为陵阳侯,卞和不接受,自己离开了。后来楚王就将这块玉命名为和氏璧,成为世间的珍宝。

西汉时的颜驷,汉文帝时任郎中,后来头发眉毛都白了。武帝乘车从郎署经过,问他说:“你是从什么时候任郎中的?怎么年纪这么大了?”颜驷说:“是从文帝开始的。”武帝说:“为什么长期没有升迁的机会?”颜驷说:“文帝喜欢任用文人,而我喜欢习武;景帝喜欢任用长得好的人,而我又长得丑;您喜欢任用年轻人,而我又老了。因此,经历三代都没有升迁机会。”武帝很同情他,就提拔他为会稽都尉。

汉人贾谊,是洛阳人。他很有才气,年纪也不大。文帝即位时,河南太守吴公荐他进入朝廷,被委任为博士,当时才二十出头。皇帝考虑任用他为公卿,但大臣周勃、灌夫等都说他的坏话,因而被贬为长沙王的太傅,后又调任为梁王的太傅。这一天,他心里很苦闷,刚好有只鹏鸟飞到他的房子上,栖在他座位的上方。贾谊认为这是不吉祥的征兆。长沙这地方潮湿,他担心寿命不会很长,因此借写鸟抒怀,作了篇《鹏鸟赋》。在赋中他探究生和死的道理,抒发心中的悒郁。赋中有这样的句子:“万事万物都在变化着,不会停止运动。福中潜伏着祸,祸中又有福。担忧和高兴聚在一起,吉祥和凶兆在同一个地方。天下是不可把握的,规律是无法掌握的。一切都有命安排好了,只有鸟懂得天机。”

【评点】

一个人如果有满腹才华,而又没有被发现,这实在是一件憾事。人们常说成功是“才华加机遇”的结果,所以这不遇确实埋没了不少人。但我们从古往今来成功者的经历中又看出，机遇是外因，而才华却是内因，是决定一个人能否成功的关键因素。试想，如果司马相如没有援笔立成的才能，即便他的老乡有如簧巧舌，他也不可能被皇帝赏识。所以我们不要怨天尤人，每个成功者的故事里，都有一段艰辛的岁月。如果一个人没有什么真才实学，却又常常慨叹怀才不遇，那他不是阿Q，怕也是一个感觉错误的自大狂。

怀才不遇的人，现实生活中确实存在。一方面，制度不健全，缺少人才成长与使用的制度保证。另一方面，选拔机制不科学，选拔人才设置的条件、标准、程序不合理，真正的人才不能脱颖而出。既便出现这种情况，实际上也不必气馁。要等待时机，自信"天生我材必有用"，要抓住时机，"机遇只垂青那些懂得怎样追求她的人"。

八十　才技之忍

【题解】

尺有所短，寸有所长，这道理人人都懂，但面对实际，很多人都成了王婆卖瓜，自卖自夸。这正应了一句俗话：背上的灰，自己看不见。本章也讲了一些事例，譬如贵州那只驴子。

满瓶醋不荡，半瓶醋荡满篓

露才扬己，器卑识乏。盆括有才，终以见杀。学有余者，虽盈若亏；内不足者，急于人知。

【译文】

显露自己的才能，四处宣扬自己，是器量狭小、见识贫乏的表现。盆成括虽然有点小聪明，但最后还是被杀。知识丰富的人，虽然内在修养充实外在表现出不足；知识不多的人，却又急于想让人知道。

【注析】

盆成括在齐国作官，孟子说："盆成括必定被杀死。"后来孟子的话果然应验了。孟子的弟子问他："先生怎么知道盆成括会被人杀掉？"孟子说："这人有一点小聪明，但没有君子的大智慧，这就容易导致身败名裂啊！"

《论语》中，曾子说："有若无，实若虚。"又像老子对孔子所说："良贾深藏若虚，君子盛德，貌若愚也。"意思是说，有学问的人，看上去像是个呆子。只有那些学问不多的人，总是急于让人知道他。韩愈告诫人们，不要担心不被人知道，要纠正自我吹嘘的毛病。

开水不响，响水不开

不扣不鸣者，黄钟大吕；嚣嚣聒耳者，陶盆瓦釜。

【译文】

不敲它便不响的，是黄钟大吕；发出刺耳的声音的，是陶盆和瓦罐。

【注析】

这里都是说明有价值的东西，不轻易显露自己。

《庄子·天地》说："金石有声，不考不鸣。"《孔丛子》说："像大钟那样不撞击就不响的，是天下最有内涵的人。"

《老子》说："大器晚成，大音希声。"他是说最美妙的音乐是没有声音的。贾谊在赋中感叹："黄钟弃毁，瓦釜雷鸣。"他是对那种不正常情况的一种愤慨。这里，指那些有才能的人不表现自己，那些没有才能的却四处吹嘘。

大智者若愚，天高海阔

韫藏待价者，千金不售；叫炫市巷者，一钱可贸。大辩若讷，大巧若拙。辽豕贻羞，黔驴易蹶。噫，可不忍欤！

【译文】

深藏宝玉等待好价钱的，给千金也不出售；在街巷上叫卖的，一文钱便可以买卖。会辩说的人看起来像不会说话，聪明的人外表显得笨拙。吹嘘辽东白色的猪让人感到羞愧，贵州爱踢脚的驴最容易露馅。唉，能不忍嘛！

【注析】

《论语》中记载："子贡说：'有美玉于斯，韫椟而藏诸，求善价而沽诸。'"这里虽说的是卖美玉的事，用朱熹的话说，指的是出仕的原则，是讲君子并不是不愿做官，而是讨厌不从正路做官。士人按礼办事，就像玉在等好价钱。伊尹在山野耕地，伯夷、姜太公住在河边。如果那个朝代没有出现成汤、文王，那他们也就这样过一辈子了，一定不会去走歪门邪道找官做，就像炫耀自己的美玉而把它卖出去。

《老子》中说："大巧若拙，大辩若讷。"是说真正有本事的人，虽然有才干学识，但看起来像个呆子，不自作聪明；虽然能言善辩，但好像不会说话一样。

东汉人朱浮，字叔元，汉光武帝时任幽州刺史。有渔阳太守彭宠，字伯通，不服从他的命令。朱浮秘密地去告发了他，彭宠知道后，起兵去攻打他。朱浮写信批评他说："你自以为了不起，认为功劳是天下第一，过去在辽东有一条母猪生了一头猪崽，头是白色的，有人认为这是奇异的东西，准备献给朝廷。到了河东，一看那儿所有的猪都是白色的，于是就很不好意思地回去了。现今如果把你的功劳和朝廷中的许多人相比，你就像辽东的那头白猪。怎么能够凭借渔阳的那点力量和整个天下对抗呢？这又好比河边的人拿土去填渡口，只是说明他太不自量力。"

柳宗元在文章中写道："贵州原来本没有驴，被好事的人用船将驴运到贵州。人们见它没有什么用场，便把它放到山林中。老虎开始看见它，十分害怕这个庞然大物。有一天，驴一叫，老虎非常恐惧，远远地跑开，以为驴要吃它。后来，老虎反复观察，觉得驴子无能，便走近它，冒犯它，戏弄它，驴气得不得了，用脚踢老虎。老虎高兴地说你的本事不过这么大。于是，老虎跳起来大吼，咬断了驴子的喉管，吃掉了驴子的肉。唉，身体宠大，好像很有本领，声音宏大，似乎很有能力却这样外强中干的家伙，结局不是很可悲的吗？"

【评点】

黔驴技穷，大家把它当作笑话。实际生活中确实也有一些这种人，他们是那种只听见声响的温开水，自以为"地上的事全知，天上的事知道一半"。夸夸其谈，自吹自擂，实际上对什么事都是一知半解，或者说全是道听途说，从别人那儿贩来一点。不要说这种人什么都不懂，就是有一点技术，也没有必要沾沾自喜。强中更有强中手，巧人背后有能人。山外有山，天外有天。正像庄子所言："吾生也有涯，而知也无涯。"人之患，在好为人师。学者之患，莫大于自足而止。人之不幸，莫过于自足。吕坤曾说："气忌盛，心忌满，才忌露。"一个人最大的智慧，便是能够洞悉自己身上的弱点，能够永不满足，这种人不管做什么，都会成就一番功业。

八十一 小节之忍

【题解】

知人善任，才是兴旺之征兆。如何知人、用人，当是一门学问。俗话说：人无完人，金无足赤。细微末节之处，不应当锱铢必较。本章便从刘邦用陈平、秦穆公用百里奚等来说明：人固难全，权而用其长者。

大行不拘细节，才是用人之道

顾大体者，不区区于小节；成大事者，不屑屑于细故。视大圭者，不察察于微玷；得大木者，不怏怏于末蠹。以玷弃圭，则天下无全玉。以蠹废材，则天下无全木。苟变干城之将，岂以二卵而见麾；陈平出奇之智，不以盗嫂而见疑。

【译文】

考虑全局的人，不去过问那些小的方面；成就大事的人，不去计较小的事情。欣赏大玉石的人，不去注意小的瑕疵；得到了大木头的人，不在乎木材尾梢小的虫眼。因为小的瑕疵而放弃大块的圭玉，那么天下就没有完整的玉了。因为有虫眼而抛弃了这个大木头的，那么天下就没有完整的木头了。苟变是保家卫国的得力将领，不能因为吃过别人的两个鸡蛋就不信任他；陈平有出奇制胜的本领，不能因为他和嫂子私通就不任用他。

【注析】

唐人刘晏，唐代宗时任转运租庸盐铁使。他组织人建工场造船，给了一千缗钱，有人说实际花费还不到一半，请求减少些。刘晏说不行，要办大事，就不能吝惜小的花费。如果一点点的计较，那怎么能进行长久生产呢？所以《列子·杨朱》篇中说："将治大者，不治细。成大功者，不成小。"柳宗元《与友人论文书》写道："大玉上的瑕点，怎么可能损害它的光泽呢？"所以司马光的《谏院题名记》说："当这个官的人，应该多从大处着眼，放弃琐小的事情。"

子思住在卫国时，向卫君推荐苟变，说："他的才能可以带五百辆战车打仗，可任为军队的统帅，如果得到这个人，就会无敌于天下。"卫君说："我知道他的才干，但他在当小官的时候，去老百姓家收租，曾经吃过人家两个鸡蛋，所以不能用他。"子思说："圣明的人用人，好像木匠用木材，用它可用的部分，抛弃它不能用的部分。杞树、梓树有一抱那么大，但有几尺腐烂了，好的木工并不放弃它，这是为什么呢？他知道不能用的只占一小部分，其余的可做成十分珍贵的器具。现在您处在战国纷争的时代，十分需要可用的人才，而因为两个鸡蛋就不用一个栋梁之材，这种事千万不要让邻国知道了。"卫君为他的分析所折服，反复向子思道谢，并说，我一定接受您的教导。汉代贾谊也说："大人物都不拘泥于细节，才能成就大的事业。"

再如西汉的陈平，他家里很穷，但他从小就喜欢读书。村里举行社典，让他帮助屠户分肉，分得很公平。乡亲们说："不错，姓陈的这小家伙长大可以当屠户。"陈平说："唉，如果让我宰割天下，天下也会像分肉一样被我处理得很好。"陈平开始为魏王做事，因为有错不被重用。去为项羽做事，结果犯了罪，他自己跑掉了。魏无知介绍他去见汉王刘邦，刘邦任命他为都尉，参乘、典护军。这时，汉王手下的一班人很不服气，认为一个降将，不该这样重用，于是，周勃对刘邦说："我听说他在家时，曾经和嫂子有不正当的关系，他跑到魏，魏不容他，他跑到楚，楚又不容他，现在他又跑到汉来。现在您又令他为典护军，还请您再考虑一下。"汉王召见魏无知，责怪他不该推荐陈平。魏无知说："我说他行是指他的才能，不是指他的品行。现在如果有像尾生那样讲信义、孝己那样有德行的人，但对您的事业没有什么帮助，您怎么去用他们呢？"刘邦信服他的这番话，于是又任命陈平为护军都尉，各路将领都受他的监护，那些不服气的将领们再也不敢说什么了。从此，他献了六条妙计，帮助汉高祖打天下，平定了内乱。后来，他担任了右丞相。

因小失大，器量窄狭

智伯发愤于庖亡一炙，其身之亡而弗思。邯郸子瞑目于园失一桃，其国之失而不知。

【译文】

智伯为厨房里丢失了一块肉而生气，可是对于自己就要遭致杀身之祸却不考虑。邯郸子为园里失去了一个桃子而发怒，对于将要失去国家却不知道。

【注析】

这种人真是典型的丢了西瓜捡了芝麻的那种人。这些故事来于《刘子·观量篇》。智伯作为一个身负重任的人，对于丢了肉这种小事了如指掌，却不知韩国和魏国马上就要造反。邯郸子这种人，园子里丢了一个桃子能马上有所觉察，可对自己快要灭亡却一无所知。这都是因为小事而误了大事的那种人。

瑕不掩瑜，自当用其长

争刀锥之末而致讼者，市人之小器；委四万斤金而不问者，万乘之大志。故相马失之瘦，必不得千里之骥；取士失之贫，则不得百里奚之智。噫，可不忍欤！

【译文】

为了一点小事而去打官司的，是一般人器量狭小的表现；刘邦交给陈平四万斤黄金而不去过问，这才是胸襟开阔的人。所以相马去考虑马的肥瘦，肯定不能得到千里马；任用人才考虑他是否富有，就不会得到百里奚那种有智慧的人。唉，能不忍嘛！

【注析】

西汉时，楚王项羽在荥阳包围了汉王刘邦。刘邦对陈平说："天下动乱不已，你看什么时候才能平定呢？"陈平说："项王的正直之臣，只有亚父那几个人。用反间计使他们互相猜疑，楚国很快便可攻破。"汉王给陈平四万斤黄金供他使用，但从来不过问金子的使用情况。陈平用了多次反间计，使项羽疑心重重，不信任亚父等人，因而楚国被打败了。

西汉的东郭先生，汉武帝时在公车等待任命。他很贫穷，在雪中行走，鞋子只有半截，脚全部踩在地上，路上的人都取笑他。等他被任为二千石之后，身佩青色绶带，从宫门走出来，路上的人又都羡慕他的荣华富贵。俗话说："相马失之瘦，相士失之贫。"就和上面的这个故事相印证。司马迁在《史记·滑稽列传》中引用了这句话，来说明要通过观察以品评优劣。

《列子·说符篇》载："秦穆公对伯乐说：'您已经老了，您的儿子或侄子中有没有会相马的？'伯乐回答说：'我有一个朋友会识别马，他叫九方皋。'穆公召见他，派他外出选好马。三个月后，他回来了。报告说已经找到了好马，在沙丘。秦穆公问他：'什么马？'他回答说：'母的，是黄色。'穆公派人去取，回来后一看，是公的，且是黑色。秦穆公很不高兴，把伯乐叫来问道：'您推荐的这个人，连马的公母都分不清，怎么会识别马的好坏？'伯乐说：'九方皋所注意的，是一匹马好坏关键之所在。他抓住了主要的而忽略了次要的，把握了内在的而忽略了外在的。这才是真正会相马的。'这匹马经过检验，果然是匹好马。"

百里奚在齐国的时候处境很艰难，曾经向别人讨饭吃，塞叔把他养了起来，后来他为虞国做事。晋国后来抓去了虞君和百里奚。秦国娶晋国的公主时，晋国把百里奚作为陪从送到了秦国。他不愿在那儿，从秦国跑到宛，又被楚国人抓去了。秦穆公听说他很有才能，想用重金把他赎回来，又怕楚国人不给，就用五张黑色的公羊皮将他换了回来。这时，百里奚已经七十岁了，秦穆公和他说了一番话，非常欣赏他，要他管理国家大事。人们称他为"五羊大夫"。所以，《孟子》中说："虞国不用百里奚而亡，秦穆公用百里奚而称霸。"

【评点】

《左传》中载：秦穆公不听大夫蹇叔劝告，同晋国打仗，结果大败而归。孟明等被俘后又不替换将领，造成更大的失败。秦军回国途中，秦穆公当众认错，又说："大夫何罪？且吾不以一眚掩大德。"眚，过的意思。这句话，便成为人们选择人材的一个标准。正如《晏子春秋·问上篇》所言："任人之长，不强其短；任人之工，不强其拙。"因为瑕不俺瑜，瑜不掩瑕。一尺之木必有节疤，一寸之玉必有瘢痕。我们前面所说"金无足赤，人无完人"，也就是这个意思。现代社会中，一个单位，一个企业，如果在用人上，光凭档案中的材料，或者找几个人座谈一下，就决定使用还是不使用一个人，实在有失偏颇。因为种种人为的鸿沟，不少优秀青年被埋没，不少专业人才被浪费，这种教训实在太多了，思之令人痛心。泱泱大国，应当从历史的角度反思这种行为了。

八十二　随时之忍

【题解】

本章主要告诉人们，时世变化，不能再像那个守株待兔的农夫，而应因时因势采取不同的对策，才能立于不败之地。

审时度势，量力而行

为可为于可为之时，则从；为不可为于不可为之时，则凶。故言行之危逊，视世道之污隆。

【译文】

在可以做的情况下做可以做的事，就会顺利；在不可以做的情况下做不可以做的事情，就有危险。所以说话办事要视世道情况调整，要看世道是不是政治清明、社会安定。

【注析】

一个人是否出来为国办事，这要看世道如何。这种看法出自于扬雄的《解嘲》。他说的意思是，一个聪明的人，在何种情况下可为，什么情况下不可为，要根据社会的政治状况来决定。所以《论语》中孔子说："邦有道，危言危行。邦无道，危行言逊。"他的意思是说，政治清明，就大胆批评时政，但要注意自己的一言一行，遵守自己宣扬的仁义道德；如果政治不清明，在不改变自己操行的情况下，说话谦恭有礼以避开祸端。

入乡随俗，随遇而安

老聃过西戎而夷语，夏禹入裸国而解裳。墨子谓乐器为无益而不好，往见荆王而衣锦吹笙。

【译文】

老子经过西戎国时就使用那里的语言，夏禹到裸国去也脱掉了自己的衣服。墨子说乐器没有什么用处，他去见荆王却也穿着锦衣，吹起了笙。

【注析】

这段文字见诸于《刘子·随时篇》。其中说："如果和世道不相投合，就是有高深的学问也会变得一无用处。所以老聃到西戎国去就仿效那里的语言，夏禹到裸国去就毫不犹豫地把衣服脱了。他们并不是忘记了礼仪，而是顺从那里的习俗。墨子是主张节俭并批评演奏音乐的人，可是他去访问荆王却穿起了锦衣，吹起了笙。他并不是违背了本性，而是顺从当地人的爱好。"关于老子，据《老君本传录》记载：他姓李，字伯阳，楚国苦县人。曾经坐着青牛拉的车，叫徐甲为他驾车。他经过函谷关时，关令尹喜知道他不是普通人，反复向他致敬，请他写下了《道德经》上下篇共五千言。他去了大秦、安息、月氏、竺乾等国。到了罽宾国，异域方言甚至其它动物的语言他都能懂，所以他和当地的国工对话都用当地语言。跟随他去的人将对话用中原语言记录下来，带回了中国。夏禹到裸国去的事情，见《淮南子·原道篇》。其中说禹到裸国去，脱衣服才进入裸国，离开裸国才穿衣服。圣人要求按礼法办事，但又尊重各地的风俗。

墨子名叫翟，宋国人，曾经写有《非乐篇》。他说："用于行乐的乐器有三大坏处：一是使饥饿的人挨饿，二是让受冻的人挨冻，三是劳动的人得不到休息。也就是说，把精力放到打击大钟，敲打响鼓，弹奏琴瑟，吹奏笙竽上，老百姓的吃穿用就没有了保证。"可是，他去见荆王时却穿着锦衣，吹起了笙。这不能说墨子违背了自己的主张，他是根据具体情况作了相应改变。

逆时而为，可笑之至

苟执方而不变，是不达于时宜。贸章甫于椎髻之蛮，炫绚履于跣足之夷，衿绤冰雪，挟纩炎曦，人以至愚而谥之。噫，可不忍欤！

【译文】

如果坚持使用一种办法而不变化，是不符合形势发展的。到只椎髻的闽越去卖帽子，到喜欢光着脚的地方去卖鞋子，冰天雪地的时候，穿着单衣，天热的时候穿着厚棉衣，别人会认为你是个傻子。唉，能不忍嘛！

【注析】

这里讲的都是一些守株待兔、固执己见的人的笑话。意在告诉人们，如果不懂得变通，那只有四处碰壁。《文中子·周公篇》中说："懂得变通才叫道，执着于一隅就叫器。懂得变通，天下就不会产生不合理的制度，偏执一隅，天下就不会有清明的政治。"

章甫是帽子，这事见《庄子·逍遥游》。文中说："宋人贸章甫而适诸越，越人断发文身，无所用之也。"到剃光头发的地方去卖帽子，无疑是迂腐之举。柳宗元在《愚溪对》中不无幽默地说："你想彻底了解我的浅陋见解吗？我可以告诉你一个大概：冰天雪地的时候，别人穿皮毛衣，我却穿单衣；天气炎热的时候，别人去吹凉风，我却烤火。"柳宗元这里说他的穿戴与时令相背，其实表明自己与世俗不苟合的态度。

【评点】

固执己见的人不管过去和现在都还存在，特别这种人要是再披着一贯正确的外衣，那便误国误民，贻害不浅。中国曾经讨论过一次

"实践是检验真理的唯一标准"，虽然这在当时是多么必要，但若干年后再想想，这不和水是液体、人需要空气一样简单吗？俗话说，到什么山砍什么柴，到什么时候唱什么歌。入境问路，入乡随俗。办企业，做生意，交朋友，不能总按过去的标准去衡量一切。我们这样倡导并不是要你随波逐流，失去个性，而是在处理各种事情时，要区别对待，灵活掌握。

八十三　背义之忍

【题解】

中国素来有礼义之邦的美称，背信弃义，是为人所不耻的。本章便从为友、为人两个方面告诉人们，应当保持传统美德。一个人只要心中有一个义字常在，便会赢得无数的朋友。

大义凛然，死安足论

古之义士，虽死不避。栾布哭彭，郭亮丧李。

【译文】

古时候的义士，就是死也不放弃道义。栾布为彭越祭祀，郭亮为李固吊丧。

【注析】

栾布是西汉人，小时候和彭越一块游玩，后来栾布被人抓去作为奴隶卖给了燕人。汉朝进攻燕国，把栾布抢了回来。梁王彭越将他赎身封为大夫。后来汉高祖杀了彭越，诛灭三族，将彭越的头挂在洛阳城下，并且下诏说：如果有谁去收尸就抓起来杀掉。当时栾布一人到了彭越的头下去祭祀并大哭。官吏将他抓起来，并报告了皇帝，准备立即将他煮死。栾布并不害怕，只是说："但愿能说一句话再死。"他对皇帝说："当您处在困境中的时候，梁王如果偏向楚国，那么汉就会被攻破，一偏向汉，楚国就被攻破了。现在天下已经安定，封了不少王，想让子子孙孙把汉朝的基业传下去。今天您因为征召他一次没来就杀掉了他，我担心功臣们人人都会惶恐不安。现在彭王已经死了，我活着也不如死掉，你们煮我吧！"皇帝觉得他是一个义士，就把他放了，并委任他为都尉，孝文帝时他任燕国相。

东汉的李固，字子坚，是汉中南郡人，他相貌很奇伟，少年时就十分好学。汉桓帝时被任为太尉。当时大将军梁冀专权，一天比一天逞凶。李固上奏书要皇帝抑制他，梁冀因此怀恨在心。后来梁冀诬陷李固与刘文勾结要立清河王刘蒜为皇帝，李固因此便被抓了起来。他的弟子王调、赵永等人多次到朝廷申诉，太后下诏将他赦免了。后来梁冀又诬陷他，李固又被抓了起来，这一次他死在狱中。梁冀将李固、杜乔两个人的尸体放在露天里，并下令说如果有人敢去收尸就给他定罪。李固的弟子郭亮，当时还不到二十岁，他左手提着殉葬用的章钺，右手拿着行刑用的铁锧，到朝廷上奏书，请求收李固的尸，但没有人通报。他便和董班一起去看望并哭悼李固，又与杜乔过去的僚属杨匡上奏书要求收回他们的尸体。太后同意了，他们就把两个人的尸体搬回去安葬了。郭亮等人后来都隐逸了，再也不愿做官。

对朋友尽心受奖掖

王修葬谭，操嘉其义。晦送杨凭，擢为御史。此其用心，纯乎天理。

【译文】

王修请求安葬袁谭的尸体，曹操夸奖他的仁义。徐晦去送犯罪的杨凭，不怕受到牵连，后来被擢升为御史。这些人的心意，完全合乎天理。

【注析】

东汉时，曹操杀了袁绍的长子袁谭，袁谭的别驾王修向曹操请求安葬袁谭。他说："我受过袁家的大恩，如果能够收敛袁谭的尸体，就没有什么遗憾的了。"曹操夸奖他的仁义，就同意了。后来，他任王修为司空。

唐人杨凭，任京兆尹时，因为有罪被贬为临贺尉。亲戚朋友们没有人敢送，只有栎阳尉徐晦一个人到蓝田来和他告别。权德舆问他道："你送杨凭，实在很厚道，只是你不怕牵连吗？"徐晦回答说："我还是老百姓时就得到杨公的厚爱而被提升。他现在降职并调到很远的地方去，我怎么能不同他告别呢？假如您有一天被人诬陷而放逐，我不也还是不能视同路人？"德舆很佩服他。后来，李夷简上奏章提升徐晦为监察御史，并且说："你不背弃杨凭，难道会背弃国家吗？"

非亲非旧，大义在胸

后之薄俗，奔走利欲。利在友则卖友，利在国则卖国。回视古人，有何面目？赵岐之遇孙嵩，张俭之逢李笃。非亲非旧，情同骨肉。坚守大义，甘婴重戮。噫，可不忍欤！

【译文】

后世的一些不良风气，是有些人为利欲而四处奔走。如果出卖朋友有利就出卖朋友，如果出卖国家有利就出卖国家。回头看看古人，他们还有什么面目去见天下人。孙嵩将赵岐藏在家中，李笃将张俭保护起来。他们并不是什么亲戚，也不是什么老朋友，但感情像骨肉一样。原因是他们坚守大义，不怕带来杀身之祸。唉，能不忍嘛！

【注析】

赵岐是东汉人，桓帝时任皮氏长。当时有个宦官唐衡横行天下，赵岐认为这是国家的耻辱，当即辞职回家了。唐衡的哥哥唐玹任京兆尹，并没有多少本事，赵岐的从兄赵袭又多次指责唐玹。唐玹很恼恨，逮捕了赵岐的家属和他的亲戚，诬陷他们犯了重罪，全部给杀掉了。赵岐四处逃难，隐名埋姓，在北海市场上卖饼，当时安丘人孙嵩遇到了他，觉得很惊奇，就把他用车子带回了家，将他藏在夹壁中，藏了多年，直到唐氏一党全部死了，遇到赦令，他才出来。后来，他被任为议郎。

东汉人张俭，字元节，桓帝时担任东部督邮。当时中常侍侯览的家在防东，他在当地残害百姓，干了不少违法的事。张俭向皇帝揭发了侯览，皇帝下诏毁掉了侯家的房子，没收了侯家的全部财产，于是他们从此结下了冤仇。侯览诬陷张俭是党人，在汉灵帝时，张俭自知难逃死罪，便提前跑到了东莱，住在李笃家中。李笃凭关系将张俭送到了塞外。张俭到过的人家，被杀掉的有十几家。后来党禁解除，张俭才回到家乡。孙嵩、李笃与赵岐、张俭，并无骨肉之亲，又并不是熟人朋友，相遇后却不顾身家性命来容纳他。

【评点】

为朋友两肋插刀，不完全是江湖气，其中还有一个义字在里面。人可以大义灭亲嘛！栾布、郭亮、王修、徐晦，虽然彭越等人待他们有恩，但很多人避之唯恐不及，他们却没有为自己的身家性命而考虑，反而置生死于不顾，为的是杀身取义。孔子曾说："君子喻于义，小人喻于利。"这些人一是为了报恩，一是认为那些被杀的人实属无辜。无论是作为一个朋友还是作为一个人，都不能忘恩负义，前倨后恭。当年韩信拥兵百万，蒯通伪装成相士，用一句颇富玄机的话劝韩信说："相君之面不过封王，相君之背贵不可言。"意思是劝他背叛汉王自立天下。但韩信婉言拒绝，理由是"汉王解衣衣我，推食食我"。韩信不愿意拥兵自立，为的就是那"一饭之恩"。所以宋代的欧阳修在《朋党论》中曾谈及："君子与君子以同道为朋，小人与小人以同利为朋。"他又说："小人无朋。暂为朋者，伪也。"

八十四　事君之忍

【题解】

本章讲的是作为一个臣子，应当如何对待君主。其实，说的是为人臣者，只有敢于忠谏直言，大胆犯上，才是一个好臣子。这种人不考虑个人的得失进退，甚至冒着杀身之祸，坚持真理，其精神与日月同在，与江河共存。

知而不言，并非良臣

子路问事君于孔子，孔子教以勿欺而犯。唐有魏徵，汉有汲黯。

【译文】

子路问孔子应当怎样服侍君主，孔子告诉他要诚实，不能欺骗，要敢于直言。唐朝的魏徵，汉朝的汲黯，都是这种忠臣。

【注析】

孔子的话见《论语》，是子贡询问怎样事君，孔子回答他的。欺指欺诳不实，犯指敢于触犯君主而忠直谏议。

魏徵是千古之诤臣，世所公认。他是唐朝人，字元成，太宗时被封为谏议大夫。他曾当面对太宗说，政事与贞观初年相比，不能善始善终者有十条，太宗特别赞赏。魏徵死后，太宗说："以铜为镜，可正衣冠；以古为镜，可见兴替；以人为镜，可知得失。"他认为，魏徵之死，他少了一面正视得失的镜子。他封魏徵为郑公。魏徵曾经根据事实弹劾和推荐别人，从来不回避，各职司人员都很佩服他。太宗说："魏徵根据事实进谏，正像一面镜子，美丽和丑恶都能照得见。"

西汉的汲黯，也是一个敢说直话的人。他从来不讲情面，哪怕是皇帝本人。有一次，武帝广招文学之士，曾说我想如何如何。汲黯马上回答说："陛下心里欲望太多，表面上又装出多仁多义，您何必要装出要行唐虞政治的样子呢？"武帝发怒了，朝也不上了，对手下人说："太过份了，汲黯真是太愚蠢了。"话传到汲黯耳朵里，汲黯说："皇帝安置公卿辅佐大臣，难道是要这些人根据君主的意思说话，来奉承君主，以至把君主引导到不义的地步吗？"

不能尽职者何谈忠心

长君之恶其罪小，逢君之恶其罪大。张禹有靦于帝师之称，李勣何颜于废后之对。

【译文】

君主有错不能谏止，只好顺从，这种罪不算大；君主有错不去谏止，反而怂恿并造成损失，这种罪就大了。张禹作为帝师应当感到惭愧，李勣有什么脸面去回答废除皇后这件事。

【注析】

"长君之恶"那番话是孟子说的。他的意思是说，作为一个臣子，明明看见君主做了错事，也不去谏止，反而顺从他，这种不忠之罪相对而言不算大，但如果君主的过失尚未酿成，臣子却去怂恿，并且帮助促成，那么这种罪就大了。

张禹是西汉人，字子文，汉宣帝时为博士，汉成帝即位以后被封为关内侯。元延元年，进为皇帝之师。皇帝每逢重大决策，必与之商议。当时有个槐里县令叫朱云的上书说："当今朝臣，上不能辅助皇帝，下不能有益于百姓，都是白吃干饭。这就是孔子所说的粗陋之人不能侍奉君主吧！我想借助皇帝您的尚方宝剑，杀佞臣一人以警天下。"成帝问："你指的是什么人？"朱云说：

"安昌侯张禹。"成帝大怒，说："小子以下辱上，当廷侮辱我的老师，实犯不赦之死罪。"御史将朱云朝殿外拉，朱云拉折了殿槛。他还大声叫道："我能与龙逢、比干同游于地下，也就心满意足了。但不知这国家将会如何！"左将军等为朱云磕头求饶，并为之辩护，朱云才得以赦免。等到修治殿槛时，成帝说："先不要动它吧！"此后即以此来表彰忠直之臣，引以为戒。龙逢，夏时忠臣；比干，商纣王时忠臣。二人皆因谏言被杀。

唐朝的李勣，字懋功，唐太宗贞观年间被封为并州都督，此后又封为辽东大总管。高宗李治打算废除王皇后，立武则天为皇后，许敬宗、李义甫很赞同，褚遂良认为不可。高宗问李勣，李勣说："这是皇上您家内的事，何必要问外人呢？"高宗对废立皇后的打算本来很犹豫，最后因为李勣一番话，高宗才决定下来武则天才得以被立为皇后。武则天登基后，长孙无忌、褚遂良等或贬或死。李唐宗室以致衰绝，都是因为李勣那一番不负责任的话。

为人之臣，当尽臣责

俯拾怒掷之奏札，力救就戮之绯裩。忠不避死，主耳忘身。一心可以事百君，百心不可以事一君。若景公之有晏子，乃是为社稷之臣。噫，可不忍欤！

【译文】

赵普多次拾起被皇上扔到地上的奏折，也不改变自己的观点。赵绰为了救马上就被杀头的辛亶，不怕自己丢掉身家性命。一片忠心，为了主子，生死置之度外。一心一意可以侍奉许多君王，三心二意却不能侍奉好一个君王。像景公时晏婴那种臣子，才是国家的栋梁之才。唉，能不忍嘛！

【注析】

宋朝人赵普，字则平，宋太祖时任中书令。他曾经推荐一个人做官，但不合宋太祖的意，没有被录用。第二天，赵普又推荐该人，还是不被采用。第三天他又推荐这个人，太祖大怒，将赵普送上的奏折撕碎扔到地上。赵普神色不改，慢慢拾起奏折，回到家中修补好，第四天又奉上，太祖幡然醒悟，任用所荐的人。此人后来果然十分称职。

隋朝的辛亶，任刑部侍郎时，曾经穿粉红色的裤子，皇帝认为这是迷惑人心，下令处斩他。大理少卿赵绰负责此事，他却说："依照法律，辛亶不当斩，所以我不敢奉诏执行。"隋帝更为恼火，下令连赵绰一起杀掉。赵绰说："可以杀掉我，但不能杀了辛亶。"待解其衣受刑之际，隋帝又派人来问他，是否愿意奉诏执行命令。赵绰回答说："为了法律的严肃性，我不会考虑我个人的性命。"隋帝被他这种视死如归的精神所感动，就赦免了他。

《孔丛子·诘墨篇》载：孔子说："齐灵公很不讲究，晏婴劝他保持整洁；庄公怯弱，晏婴鼓励他使他勇敢；景公奢侈，晏婴规劝他保持俭朴。晏子实在是真正的君了啊！"梁丘据曾经问晏婴："您侍奉三朝的君王，虽态度不同却很顺利。是不是仁义之人本来就很多心呢？"晏子说："一心一意可以侍奉许多君主，三心二意却不可以侍奉好一个君主。所以，以上三位君王虽然性情不同，而我晏子却不三心二意。"孔子听说后对弟子们说："你们要记住这件事。"

据《说苑·臣术篇》记载：晏子侍奉齐景公，齐景公问他："你为何侍奉我呢？"晏子说："我是国家的大臣，理应如此。"景公又问："什么是国家的大臣呢？"晏子说："国家的大臣能建设国家，使君臣上下符合自然的道理，使朝廷上下百官秩序井然。"

【评点】

君臣之分，在中国是界限分明。三纲五常中曾规定：君为臣纲。君叫臣死，臣不能不死。君是真龙天子，有主宰一切的权力。这种观点已经过时，但现代人提倡一种敬业精神，就是忠于自己的职分，对上级负责。我们作为一个职员，一个公民，也要有那种敢负责任，不畏强权，不阿上，不媚贵，坚持原则的精神。如果唯唯喏喏，唯领导马首是瞻，哪怕明明知道这些于国于民不利，也不敢出来说一句话，这种人也就枉为人臣了。古人言："在上位不凌下，在下位不援上。""居上位而不骄，居下位而不忧。""生有益于人，死不害于人。""志士仁人，无求生以害人，有杀身以成仁。"都是说的不要过分考虑个人得失，大丈夫应当以天下为己任，要有范仲淹那种"先天下之忧而忧，后天下之乐而乐"的精神。唐代姚思谦曾抒发胸怀说："一生之内，当无愧古人。"我们不说无愧古人了，只要对得起今天的人，也就是尽了一个公民的努力了。

八十五　事师之忍

【题解】

尊师重教，是中华民族十分悠久的传统。俗话说：一日之师如父母。旧时乡村中中堂上亦有"师"之位。师生如父子，可见关系之密。本章便谈及师生关系，尊师典范，以及富贵人家的子弟求学之态度。

师生如父子，古来如此

父生师教，然后成人。事师之道，同乎事亲。德公进粥林宗，三呵而不敢怒；定夫立侍伊川，雪深而不敢去。

【译文】

父母生育自己，老师教导自己，然后才能成为有用的人。侍奉老师的态度，也要和对待亲人一样。汉代陈国魏昭（号德公）送粥给老师郭林宗，郭林宗三次呵斥他他也不生气。游定夫拜见程颐时站着等了很久，雪下很深也没有离去。

【注析】

人生依靠三类人，却只应用一种态度对待他们。父母生育他，老师教育他，君王供养他。没有父母，谈不上出生；没有教育，不知道人之所以为人；没有供养，谈不上成长。所以必须用一种态度对待父母、老师和君王。这是古人的教导。汉代的郭林宗曾经去陈国，陈国有位叫作魏昭号德公的年轻人，去拜访郭林宗，说："教授经学的老师不难碰见，但人生之师很难遇到，我愿意留在您的身边，供您差遣。"郭林宗答应了这一要求。有一天，郭林宗身体欠佳，让魏昭为他熬粥。熬成以后，魏昭送到林宗面前去，林宗尝了一口，喝斥道："您为师长熬粥，却不尽心，致使粥中的沙子也没有去尽，这哪里能吃呢？"林宗将碗扔到地上，魏昭重新熬粥，再送到林宗面前时，又遭到斥责。就这样反复多次，而魏昭却仍然和颜悦色。林宗感叹地说："我开始只见到你的面，自此以后才知道你的心地了。"

宋朝时的游酢，字定夫，建安人。他曾与杨中立一起去拜见程颐。这时恰逢程颐在闭目养神，游酢和杨中立侍立在程的身旁。过了很长一段时间，程颐才醒过来。他发觉了后，说："你们还在这儿？今天既然晚了，那么还是先休息吧。"待到他们走出大门，门外的雪已积得很深了。

富贵子弟，待师不恭

膏粱子弟，闾阎小儿，或倚父兄世禄之贵，或恃家有百金之资，厉声作色，辄谩其师。弟子之傲如此，其家之败可期。故张觷以走教蔡京之子，此乃忠爱而报之。噫，可不忍欤！

【译文】

富贵人家的子弟，要么依仗父兄世代享有俸禄的特权，要么依仗家里拥有的百万财产，态度恶劣，轻谩老师。作为子弟的态度就是这样无礼，他们的家业败落也就指日可待了。所以张觷教蔡京的子弟在乱时应当如何逃跑来告诫他们，他对子弟的一片爱心何等殷切之至了。唉，能不忍嘛！

【注析】

膏，指肥肉而言，粱，指美食而言。膏粱子弟，指那些富贵人家的子弟。《尚书·毕命》说："我听说，享受世禄的家庭，很少遵守礼法，无视道德，实在悖于天道。"这是康王告诫毕公时说的话,说的是富贵人家与有势力人家的子弟,往往轻谩老师。这样不专心学业,学问浅浮,行为上必然放荡,最后犯法或走上邪路。所以说:"弟子之傲如此,其家之败可期。"北齐颜之推说:"读书问学,本来是使心明智睿,有利于自己的行为的。"但是有人只读了一点书,便自高自大,无视师长,慢待同行,这样的人,人们视之如仇敌,厌恶不亚于鸱枭。以这样的态度对待学习,并希望有所获益,现在反而受到惩罚,还不如没有学习。所以孟子不搭理彭更,就是因为彭更倚仗富贵人家子弟的身份要孟子回答问题。

宋代的张嵲,字柔直,福州人,是当时宰相蔡京的宾客。等到他成为蔡京家的私塾老师时,自然以师长自居,对待学生十分严厉,学生们都不能忍受。一天,他叫这些学生来到私塾中,问:"你们学过走路吗?"学生们说:"老师是长者,既然教我们,怎么让我们学着慢慢走路。"张嵲说:"当今天下被你们的主子弄得一蹋糊涂,如果早晚盗贼起事,自然先到你们家。你们如果能学得走起来缓急自如,说不准可以逃出一条生路。"学生们大吃一惊,赶紧禀告蔡京,说先生神经有毛病。蔡京听说以后,也很吃惊。他说:"这些不是你们知道的。"随即来到书院,请张嵲为他出谋划策。张嵲说:"现在谈挽救,恐怕已经迟了。国家到了危亡的边缘,必须招引德高望重的旧臣到朝中来,安置在皇帝的左右,开导皇帝。同时招集天下忠义之士,布置在京城内外。"蔡京问张嵲哪些人可行,张嵲推荐了杨时,蔡京随即将杨时推荐给了宋徽宗,徽宗封杨为秘书郎,后来靖康元年,蔡京被贬,死于潭州。他的子孙二十余人,分别被发配到远近各地。

【评点】

中国有悠久的尊师传统,这自孔子时就已形成。孔子本人言传身教,弟子三千,贤人七十二,成为对中国历史构成巨大影响的关键人物。宋代苏轼在称赞韩愈时曾说他:"匹夫而为百世师,一言而为天下法。"我们当代人不可能还像古代那样视师生如父子,但也不能数典忘祖。春蚕到死丝方尽,蜡炬成灰泪始干。老师们付出的多,得到的少。他们无私地奉献自己的一切,从社会那儿得到的报酬并不太合理。作为学生,能够不忘老师的教诲,一是为国为民多做贡献，二是逢年过节，能够为老师捎去一声问候，老师也就心中感到安慰。《荀子·大略篇》中，荀子曾说："国将兴，必尊师而重傅；国将衰，必贱师而轻傅。"能够不忘恩师的人，一定会记得世上所有对他有恩的人。

八十六　同寅之忍

【题解】

同寅，指在一块共同做事的人。这里主要说同事之间一定要处好关系。同船过渡，三生有幸。不要在背后轻易评论别人，也不要当面去奉承别人。

人生有幸，同僚一场

同官为僚，《春秋》所敬；同寅协恭，《虞书》所命。生各天涯，仕为同列。如兄如弟，议论参决。

【译文】

同在一处为官的便是同僚，这是《春秋》中所尊称的；同僚之间互相合作，这是《虞书》中所教诲的。人们出生在不同的地方，但又在一块共事。就应当像兄弟一样，互相商量来决定事情。

【注析】

《尚书》中记载皋陶说："同心协恭，和衷哉！"这是皋陶答大禹时说的话。他的意思就是说，同僚之间应当互相合作，互相尊敬，做到亲密无间。《吕氏童蒙训》中说："侍奉君王应当如同侍奉父母一样，对待同僚应当像对待兄弟一样，同僚之间应当如同家人。"他又说："同僚之间亲密无间的友谊，其中就有兄弟的情义。"

天下为公，忠臣义士

　　国尔忘家，公尔忘私。心无贪竞，两无猜疑。言有可否，事有是非。少不如意，矛盾相持。

【译文】

　　为了国家忘掉自己的家，为了公事忘掉自己的私事。心里没有贪欲，两方面便没有不理解的地方。说话有对与不对，事情有是与不是的区别。切忌稍微有不如意的地方，便产生矛盾，互相不谅解。

【注析】

　　汉代贾谊曾经向皇帝上奏折说："作为大臣，理应为君主而忘自身，为国家而忘自家，为公事而忘私利。不刻意于私利，不逃避祸害而去保全自己。"他认为这就是忠义。

　　《韩非子》记载："古代有个卖矛又卖盾的人，他说：'我的矛天下无物不可摧。'又说，'我的盾天下无物可摧。'有人问：'那么用你的矛戳你的盾呢？'那个人无话可说。"后世关于矛和盾的寓言就是源于这里。韩愈有一句诗："争名龃龉持矛盾。"意思是说名和利如同矛和盾一样，而争名夺利者亦如卖矛和盾者一样。

勿当面奉承，勿背后谈论

　　幕中之辨，人以为叛；台中之评，人以为倾。昌黎此箴，足以劝惩。噫，可不忍欤！

【译文】

背后去说别人，人家会以为你居心不良；当面去评说人家，人家会以为你是在奉承他。韩愈的这句名言，完全能够教人改掉坏习惯。唉，能不忍嘛！

【注析】

韩愈作《五箴》，用来指明弊端，教导人们怎么说话。他说道："不懂得说话的人，怎么能与他说话？懂得说话的人沉默着，而话的意思已经传达出去了。在背后说谁好谁坏，人们会认为你居心不良，当面说谁好谁坏，人们会认为你有意奉承，如果你不去掉这些坏习惯，就会害了自己的一生。"

【评点】

在一块共事不可能说都是朋友，但同事之间应当像朋友一样，和衷共济，团结友爱。同事相处虽然会因个性不同，志向不同，产生一些龃龉，但只要以诚相待，会得到相应的对待的。中国有一句俗话：多个朋友多条路，多个冤家多堵墙。朋友千个少，仇人一个多。所以心理学家卡内基说：与人交往，待人以诚，才能换取真挚的友谊。也许这种真诚的友谊，在一定的时间内，并不被人理解，那不要紧，路遥知马力，日久见人心。

八十七　为士之忍

【题解】

作为一个有知识的士人，应当如何保持自己的操守呢？一是要心中有义，一是要知礼。义作为人的本性，礼作为行事的标准。

沉静稳重，不形于色

峨冠博带而为士，当自拔于凡庸；喜怒笑嚬之易动，人已窥其浅中。故临大节而不可夺者，心必无偏躁之气；见小利而易售者，失之斗筲之器。

【译文】

士人戴着高大的帽子，本身就显出超凡脱俗的气魄；如果轻易表露自己的感情，那么就容易被别人看穿。所以在紧要关头保持气节的，一定是没有急躁情绪；看见小的利益便动心的，一定是只有斗筲那么大的器量。

【注析】

峨冠，指高而大的帽子。如古代的进贤帽、进德帽。博带，指宽而大的带子，为古代的士大夫所佩带。既佩戴峨冠博带，本身就显示出超凡脱俗的仪表，所以说"出于其类，拔乎其萃"。

《史记》中载，韩昭侯曾说："我听说圣贤的君主，喜欢别人表露出他的表情。"喜笑怒骂表现在外的人，别人容易了解他的为人。如窦婴沾沾自喜，武帝就没有提拔他为宰相。子路听见什么事情爱喜形于色，孔子便责怪他没有判断力。

《论语》载："曾子说：'可以把幼小的孤儿和国家的命运都交付给他，面临生死存亡的紧要关头，却不动摇屈服，这种人，是君子吗？我看是的。'"在紧要关头不失其气节的周公愿代武王去死，又如龙逄、比干为大节而死，都是这一类。他们的才为德所用，而气节是德的核心。一般说来，应以气节为重，才用以辅助气节。才与节相辅相成，二者不可偏废，这就是君子。他们自然也就没有浮躁的毛病。

《论语》载："子夏做了莒县的县令，问孔子如何从政。孔子说：'无欲速，无见小利。欲速则不达，见小利而大事不成。'"他的意思是说，如果办事图快，急躁之下，必然乱了秩序，乱了秩序反而不能达到目的，而顾小利，就会失去大的利益。

读书明礼，修身养性

礼义以养其量，学问以充其智。不戚戚于贫贱，不汲汲于富贵。庶可以立天下之大功，成天下之大事。噫，可不忍欤！

【译文】

礼和义可以培养人的器量，学问可以充实人的智慧。不为贫困而忧愁，也不去积极追求富贵。这样差不多可以建功立业，可以成就天下的大事。唉，能不忍嘛！

【注析】

礼，是合乎天道的文化，处理人事的法则。义，是发挥心性的尺度。所以《论语》中孔子说："君子是以义作为本性，按礼来办事的。"

《荀子·论礼篇》说："制定礼义来陶冶人的情操。"又说："习知礼义，是为了培养人的心性。"用学问来提高智慧，就是《中庸》所说的"博学、审问、慎思、明辨"的意思。学习思辨，就是为了明辨善恶是非从而显示其智慧。

西汉的扬雄，他做人比较淡泊，不去拼命追求功名利禄，也不在乎艰难困苦。他起初担任郎，后来升任大夫。著有《太玄》，又拟《论语》而著《法言》等著作流行于世。可见作为士人，能够像他这样，才能成就大的事业和功名。

【评点】

不在其位，不谋其政；在其位，必尽其力。古代的士人，以尽忠报国为荣。他们注重自身的修养，"君子修德，始乎弁卯，终乎鲐背"。意思是说，从童年开始，一直到年迈力衰都不放松自己对德行的完善和努力。汉代张衡曾说："君子不患位之不尊，而患德之不崇；不耻禄之不夥，而耻智之不博。"他们"吾日三省其身"，争取做到人格上的完善。我们应当以古人那种"身在江海之上，心居乎魏阙之下"的精神，时刻想着国家大事，在自己的工作岗位上尽职尽责，为报效祖国奉献一份力量。

八十八　为农之忍

【题解】

本章主要讲做农民的十分辛苦，他们打下的粮食，供养了社会的各个阶层，我们应当理解他们。但也告诉农民"勤是摇钱树，俭是聚宝盆"，如果不勤劳，也会一无所获。

谁知盘中餐，粒粒皆辛苦

终岁勤勤，仰事俯畜。服田力穑，不避寒燠。

【译文】

一年到头勤勤恳恳，像牛马一样辛劳。尽力耕种自己的庄稼，不管天气冷还是热。

【注析】

《尚书》中，记载了盘庚劝告百姓的话。其中写道："若农服田力穑，乃亦有秋。"意思是说，只有尽力从事耕种，秋天才能有收成。

孟子曾有过关于农业的论述。他是认为"民贵君轻"的，所以说："管理土地最好是用助法，最差的是贡法。贡法，是用几年收成的平均数作为税收基数。而丰收年成，粮食到处乱撒，多征收一点不算过分，但却征收得少。灾荒年月，农民连施肥的钱也都还不够，却一定要征足规定的数字，作为人民的父母官，使人民终岁劳苦不息。整整一年的劳动，不足以供养自己的父母，还要借债来偿还租税，使得老人和儿童辗转流亡在穷山沟里，那你作为父母官的作用在哪儿呢？"孟子推行仁政，所以主张"有恒产者有恒心，无恒产者无恒心"，用今天的话来说，他是深深懂得"无农不稳"的。

寒天不冻勤织女，年荒不饿苦耕人

水旱者，造化之不常，良农不因是而辍耕；稼穑者，勤劳之所有，厥子乃不知于父母。

【译文】

气候干旱或者洪涝，都是上天变化形成的结果，勤劳的农民不会因此而不耕种田地。田地上的收获，都是勤劳的成果，他们的子弟却不知道父母的辛劳。

【注析】

《尚书·无逸篇》中记载，成王年少时，周公担心他将来治国时不尽力，不勤劳而放任自己，便告诫说："厥父母勤劳稼穑，厥子乃不知稼穑之艰难，乃逸。"这就是我们现在所说的"贫家出骄子"。

宁可自食其力，不可坐吃山空

农之家一，而食粟之家六。苟惰农不昏于作劳，则家不给，而人不足。噫，可不忍欤！

【译文】

一家人种田，可是吃粮食的却有六家。如果农民懒惰，不辛勤劳动，就不能供给家里的费用，也不能保证供应别人。唉，能不忍嘛！

【注析】

一家种田，六家吃饭，这六家指的是士、农、工、商、释、道。韩愈在《原道》篇中说："农之家一，而食之家六。"是说的种田人家少，吃粮食的人多，强调了务农的重要性。汉代的晁错有一篇著名的《论贵粟疏》，文中他向皇帝陈述了重视农业的重要性。其中说："民贫则奸邪生。贫生于不足，不足生于不农。不农则不地著，不地著则离乡轻家，民如鸟兽，虽有高城深池、严法重刑，犹不能禁也。"他请求皇帝"方今之务，莫若使民务农而已矣"。他建议，可以用封爵的办法鼓励农民种田。

《尚书·盘庚》篇中记载了盘庚劝告农民的一段话。他说："懒惰的农民追求安逸，早晚不想耕种田地，错过了季节，就没有收获了。"

【评点】

吃饭穿衣，天下第一。农业的重要性，古往今来，人所共知。中国是一个农业国，农民不仅为自己的生活提供必需品，还为其他人提供粮食和轻工业原料。所以我们曾提出"以粮为纲"之类的话，也总结过"无农不稳"之类的经验。农业、农民、农村问题，关乎着整个社会的发展与稳定。提高农民收入，缩小城乡差别，是当前社会经济发展的重要课题。

但无论科学技术发展到何种程度，吃苦耐劳、勤勉耕作，仍是做一个优秀农民必备的品质；人靠地长、地靠人养仍是农业生产的根本。热爱土地，热爱耕作，在广阔的田野中播种希望和理想。

八十九　为工之忍

【题解】

这一章中着重谈作为工匠，应当学习技术，并且不能保守，吃了这碗饭，一定要尽职尽责。

保守技术对社会不利

不善于斫，血指汗颜；巧匠傍观，缩手袖间。行年七十，老而斫轮，得心应手，虽子不传。

【译文】

不善于砍木头的人，砍破了手指弄得汗流满面；而能工巧匠，却在一边袖手旁观。轮扁七十岁了，还在那儿斫车轮，他砍得得心应手，但这技术就是儿子也无法传授。

【注析】

韩愈在《祭柳子厚文》中说了这番砍木头的话，他是比喻自己不能为国效劳，而文章也没有为世人所重视，就像一个工匠，不会干的在那儿拼命，会干的在一边袖手旁观。其实，这是韩愈的谦虚。

《庄子·天道篇》中讲了一个故事，说的是齐桓公在堂上读书，轮扁在堂下砍车轮子，他放下锥凿走上前去，问桓公说："请问，您所读的是什么书？"桓公说："是圣人的书。"轮扁问道："圣人还活着吗？"桓公说："早已经死了。"轮扁说："那么，您所读的是古人的糟粕了！"桓公有些气恼，便说："我在读书，一个工匠怎么能够随便胡说呢？你说得出理由便罢了，说不出理由我可要处死你。"轮扁说："我从我现在正在做的事的角度来说，譬如砍车轮吧，慢了就会松滑而不坚固，快了就会滞涩而难人，快慢适中，得心应手，口里说不出来，心中自然有数。这种技术我不能告诉我的儿子，我的儿子也不能继承我的技术。所以我七十岁了，还不得不斫轮。古人和他所不能传授的，都已经成为过去了，那么，您所读的书，不就是古人的糟粕吗？"

拳不离手，曲不离口

百工居肆，以成其事，犹君子学，以致其道。学不精则窘于才，工不精则失于巧。

【译文】

各行各业的工匠住在店铺里才能完成任务，就像君子只有通过学习才能明白道理一样。学习不精通就不会增长才干，工匠不熟练，就缺乏技巧。

【注析】

这是《论语》中子夏的一段话。意思是说，工匠不住店铺，就不能专心干一件工作，技术不能达到精熟的境界。君子不能安心学习，就容易为外面的东西所诱惑，用心不能专一。他把做工和学习联系在一起，认为学习不精就缺乏才能，工匠不熟练，就缺乏技巧。

在其位，要尽其职

国有尚方之作，礼有冬官之考。阶身宠而家温，贵技高而心小。噫，可不忍欤！

【译文】

国家有尚方这种工场，《周礼》记载有冬官这种考察工匠的官职。凭借个人受到的恩宠，家里享有丰厚的给养，可贵的是技术很高却能小心谨慎。唉，能不忍嘛！

【注析】

尚方，指国家制造物品的场所，又说是专管皇帝器物的机构。冬官，《周礼·考工记》上记载，国家设了六个部门，百艺工匠就是其中之一。这都是圣人的设计。汉代董仲舒《对武帝策》中写道："有人身受皇帝恩宠，有很高的职位，家庭美满并有丰厚的给养。"

【评点】

七十二行，行行出状元，做为工匠，可以施展的天地很广阔。古时，工匠不过就是指那些手工业者，而今天所指的范围就很广泛了。当然，无论是古代的工匠，还是今天的工人，做人的原则到什么时候也不会变，我们干一行，就要在这一行中做出一个样子来。这里正如古人所言，学习技术很重要。孔子曾说："知之为知之，不知为不知，是知也。"他又说："三人行，必有我师焉。择其善者而从之，其不善者而改之。"现代科学技术日新月异，为了赶上时代的步伐，我们只有不断地接受新事物，更新自己所学的知识，才能在自己所从事的专业中，做出一定的成绩来。

九十　为商之忍

【题解】

这里谈为商之道。做生意，有做生意的职业道德，有做生意的技巧，古往今来，概莫能外。

经商贸易，互通有无

商者贩商，又曰商量。商贩则懋迁有无，商量则计较短长。

【译文】

经商的，叫商贩，又叫商量。商贩是通过经商贸易来互通有无，商量，则是计较商品的优劣或价格高低。

【注析】

在中国人的心目中，商人总是和"重利""十商九奸"的观念联系在一起的，但古代的《尚书》中，则进行了区分。"懋迁有无化居，丞民乃粒，万邦作义。"懋，在这里是当贸易的"贸"讲。就是说，规劝老百姓要互通有无，这样大家都能得到好处，国家就自然安定了。可见，在那个时候，当权者已认识到市场经济的好处，后来我们又轻视商业，实在是农耕社会的一种偏见。

人有伦理，商有道德

用有缓急，价有低昂。不为折阅不市者，荀子谓之良贾；不与人争买卖之价者，《国策》谓之良商。何必鬻良而杂苦，效鲁人之晨饮其羊。

【译文】

物品的使用有急有缓，价格有高有低。不因为价格低而不做生意，这是荀子所说的好商人；不因为价格的高低和顾客争吵的，也就是《战国策》中所说的精明的商人。那些商人何必在卖好的商品时掺杂一些假货，仿效鲁国商人那样让羊在早晨卖出去以前多喝一些水呢！

【注析】

关于商业道德，古代早有阐述。《荀子·修身篇》中已述及，张衡《西京赋》里也有过描述："尔乃商贾百族，稗贩夫妇，鬻良杂苦，蚩眩边鄙良善也！"意思是说，那些不法商贩，掺杂使假，坑害无知良善的买主。《扬子·问道篇》中写道："有个人，拿着石头，却当作玉卖，真够狡诈的。"《新序》中载：鲁国有个羊贩子，叫沈犹氏，让羊在早上喝足水，再牵到市场上去卖，来欺骗买主。孔子将要做鲁国司寇时，沈犹氏再也不敢这样做了。

不在一朝一夕，全凭日积月累

古之善为货殖者，取人之所舍，缓人之所急。雍容待时，赢利十倍。陶朱氏积金，贩脂卖脯之鼎食，是皆大耐于计筹，不规小利于旦夕。噫，可不忍欤！

【译文】

古时候善于做买卖的，能够把别人不要的东西储存起来，到别人没有的时候再拿出来。不慌不忙，等待时机，赢利却并不少。范蠡一类的富商们积累财富，卖油贩肉的过起了钟鸣鼎食的生活，他们都是因为善于从大的方面来计划，不为一早一晚的小利益而考虑。唉，能不忍嘛！

【注析】

做生意有生意经，这里谈的便是古代的生意经。司马迁写《史记》，为这些人专门列了一个传，叫《货殖列传》。其中记载了一个叫白圭的人。魏文侯时，李克千方百计要发挥地力，而白圭却静观待变，等待时机。他说："别人不要的东西我拿过来，别人需要我的这种物品我就卖出去。我的生意经，如同伊尹、吕尚的计谋，孙武、吴起的用兵方针。"现在天下人说起做生意的，都说他们的老祖宗是白圭。

人们常把做生意的叫陶朱公，这也源于《史记·货殖列传》。据说陶朱就是越国的大夫范蠡。越国灭掉吴国以后，他乘船逍遥于江湖之上，自号为鸱夷子，后定居于陶地，所以叫陶朱公。曾多次拿出手中的钱财分给贫穷之人，和他们交友。所以天下人称富贵，往往都是把陶朱公作例子。

这里还提到一些卖小东西而发家的人的例子：秦杨通过种田而成为一州首富；翁伯凭借贩卖膏脂而成为全县的富商；张氏通过卖酱而过上了富贵生活；质氏为人洒水磨剑，后来却变得豪华无比；张里只是一个医马的人，后来却过起了击钟列鼎讲究排场的豪华生活。他们都是日积月累，渐渐变得有钱起来。

《论语》中孔子说："无见小利，见小利则大事不成。"看来，做生意的人不要想一口吃个胖子，一次就把买主榨干，生意是日积月累逐渐发展的。

【评点】

重农抑商，一度是历代当权者的治国方略，但现在快翻了个个儿。不少人弃工经商，弃农经商，弃文经商。但商品经济发展到这种规模，毕竟是时代的一种进步。全民经商，是喜是忧我们且不论，作为商人本身，怎样树立自己的形象，却值得探讨。

什么事物都有他自己的规律，商业也不例外。正如本章所讲：人弃我取，人取我予才能稳步发展。以诚待人，货真价实，才会赢得顾客的信赖。人说酒香不怕巷子深，心诚自有客上门，就是这个道理。连外国也有一些这方面的格言，如英国谚语说："信用是经商的第一生命。"苏格兰谚语："真正的商人，不会每次都想赚钱。"美国人卡耐基说："严守时间为经商之本。"现在，连《孙子兵法》，都摆上了用场。

我们要说的是，经商要讲商业道德。目前有不少人掺杂使假，坑害顾客，牟取暴利。这些黑心钱，不仅毒害了自己的灵魂，而且养成了一种投机取巧的恶习，这就败坏了自己的经营门风，滋长一种侥幸心理，导致不安分守己的人欲望膨胀，阉割了自己做人的底线，也给社会带来极大危害。

九十一 父子之忍

【题解】

这一章，主要谈父子之间的关系。一是说父子之间，是天地之间最亲的伦理亲情；二是说父子之间要各守本分，就是父亲要像父亲的样，儿子要像儿子的样；三是说父子虽亲，做事还要互相商量。

互相责备，父子两伤

父子之性，出于秉彝。孟子有言，责善则离。贼恩之大，莫甚相夷。

【译文】

父子之间的关系，都是出于一种天性。孟子曾说过，父子之间劝勉从善，会导致关系疏远。销磨彼此的恩情，无过于这种互相伤害。

【注析】

《孝经》上说："父与子的礼义，都是人的天性。"程颐所写的《听箴》也说："人们按纲常行事，是出自人的天性。"是说父亲慈善，儿子孝敬，乃是出自人的本性，也是自然之理所要求的，并非人为的矫饰造作的举动。

《孟子》载，公孙丑问道："君子不亲自教育儿子，为什么呢？"孟子说："这种事行不通。因为教育一定要从正面开始，正面没有效果，接着便会发怒。一发怒，反而伤感情。这样，儿子会说，您拿大道理教我，您的所作所为却不符合道理。那么，父子之间就会互相伤害对方了。父子间的感情受到伤害，自然不好。古时候，互相交换儿子来教育，父子之间不因希望对方更好而相互责备。希望好而相互责备，就会使父子间产生隔阂。父子间有了隔阂，这是最糟糕的事情。"他又说："为了更好易子而教，这是朋友之间应遵循的原则。父子之间希望好而互相责备，就可能使儿子忘记父母养育之恩。"他的意思是说，父亲教育儿子，本来是爱护儿子的，但是教育达不到目的，便用愤怒来对待儿子，这就伤害了儿子，儿子反过来责怪父亲，又伤害了父亲。而父亲本是有恩于儿子的，相互责备就背离了天理，如果伤了天理，没有比这更坏的了。

虎毒尚且不食子

焚廪掩井，瞽太不慈。大孝如舜，齐慄夔夔。

【译文】

烧仓库，填水井（以害舜），瞽叟真是太不仁义了。而大孝子舜，在他面前仍然很恭敬。

【注析】

舜，是虞帝的名字；瞽叟，是舜帝的父亲。瞽叟被后妻媚惑，喜欢小儿子象，经常想杀害舜。《孟子·万章上》记载，万章问孟子："舜的父母打发舜去修缮仓库，等舜上了屋顶，便抽去梯子，瞽叟在下面放火烧仓库；后又打发舜去修井，舜掘井时从旁边打了一个洞出入。当井挖到一定深度时，瞽叟就开始填土埋井，舜却从旁边出来了。"

小白菜黄又黄，此歌古今都一样

尹信后妻，欲杀伯奇。有口不辩，甘逐放之。

【译文】

尹吉甫听信后妻的谗言，想杀掉儿子伯奇。伯奇没有辩解，自己甘愿四处流浪。

【注析】

尹吉甫，周代的卿相，他听信后妻的谗言，将自己的儿子伯奇逐出家门。伯奇用荷叶编织衣裳，采槐花填肚子。冬天清晨起来踏着冻霜，拉着车子，写了一首《履霜操》。歌词的大意是："清晨起来踏着冻霜，父亲不明白我的心思，却听信谗言。我孤苦伶仃，离开父母的恩爱，心里痛苦万分。上天为什么要惩罚我，谁又能说出我心中的伤心和苦闷。"后来韩愈又写了一首《履霜操》，其中有这样两句："父兮儿寒，母兮儿饥。儿罪当笞，逐儿何为？"

擅自作主，父子生隙

散米数百斛而空其船，施财数千万而罄其库。以郗超、全琮不禀之专，二父胡为不怒？

【译文】

全琮把数百斛米都散给别人自己空着船回家，郗超施舍数千万钱财用完了家中的所有库存。这二人事先不向父亲禀告，他们的父亲怎么会不发怒？

【注析】

全琮是三国人，字子璜，钱塘人，父亲叫全柔。他让儿子全琮拉了好几千斛米到集市上去卖。全琮将这些米都无偿地散给城中做官的人，自己却载着空船回了家。他对父亲说："我们并不急着用卖米的钱财，而城中的那些士大夫却等米下锅，所以我就将米都给了他们。"全柔对这种做法很生气。

晋代的郗超，字景兴，少年时便卓然不群。父亲郗愔，侍奉道士简默冲，又喜好聚敛钱财。几年间，积累财银达几千万。他曾经打开仓库，任其儿子郗超拿他所需要的东西。郗超笃信佛教，喜好施舍，一天之中，便将库中所存财物散尽，给了亲朋好友，他父亲勃然大怒。

父子情薄，贻笑后人

我见叔世，父子为仇。证罪攘羊，德色借耰。

【译文】

在衰乱的末世，父子之间也会为仇人。父亲偷了羊，儿子去作证；借了农具给父亲，儿子还以为有恩与他。

【注析】

《论语》中记载了一个父子之间的故事。父亲偷了羊，到了法庭上后，儿子出来作证，说是实有其事。所以后来胡氏说："父和子，是人最大的伦常，为了表明自己忠于事实，而伤害了父子之间的人伦亲情，这不是天理所能容的。"当然，这种观点和前边提到的大义灭亲是矛盾的。

西汉贾谊《政事策》中记载：秦朝的时候，富人家的子弟，到了长大以后便分家。贫困人家的子弟，长大以后便入赘到别人家去。他们借农具给父亲，觉得有恩于父亲，脸上颇感得意。

父子本分，各守其道

父而不父，子而不子。有何面目，戴天履地。噫，可不忍欤！

【译文】

父亲不像做父亲的样子，儿子不像做儿子的样子。那么他们还有什么面目，在天地间行走。唉，能不忍嘛！

【注析】

《论语》中记载，齐景公向孔子询问治理国家的有关道理，孔子回答说："君王要像个君王，大臣要像个大臣，父亲要像个父亲，儿子要像个儿子的样。"景公说："好啊！是该这样。否则，如果君王不像君王，大臣不像大臣，父亲不像父亲，儿子不像儿子，虽然有粮食，又怎么能体会到人伦亲情呢？"这就是说，君王、大臣、父亲、儿子，都要各守本分。

汉代的杨震对他的几个儿子说："我处在宰相的位置，虽然痛恨奸臣，却不能除掉他，讨厌坏女人，却不能禁止她们，我还有什么脸面见天地呢？"

【评点】

父子亲情，是天地之间无法割离的血缘关系。世上不管用多少赞美的话，也无法表达清无私父爱的内涵。但儿大不由父，哪怕是同一个模子印出来的，也难免有不同之处。何况，父子之间还有年龄、经历、知识面和时代背景不同的区别呢！故现代有"代沟"之说。因此处理好父子关系，也是一门学问。

传统的观念是，父叫子死，子不能不死。不听父亲的话轻则称作不孝，重则叫作大逆。按族规族法，可以处死。而儿子也要为父亲隐其恶，为家庭传宗接代。

现代恰恰翻了个个儿，父母几乎成了儿女的保姆。有些缺少教养的儿女，把中华民族的传统美德忘了个一干二净。虐待父母，遗弃父母的事，屡见不鲜。

我们认为，时代在发展，父子关系虽不能象过去那样，但儿子也不能忘记父亲的养育之恩。老吾老以及人之老，幼吾幼以及人之幼，我们要把尊老爱幼这一传统美德发扬光大。同时，老一辈人也要理解年轻一代人的不同情趣，不能用旧的眼光对青年一代评头论足，这也看不惯那也看不惯，相互之间应该互相理解！

九十二　兄弟之忍

【题解】

一娘同胞，手足之情，兄弟之间可谓亲矣！古往今来，兄弟之情有亲有疏，有恩有仇，历史长河中流淌着多少悲欢离合，上演了多少恩恩怨怨的活剧，这里便告诉人们手足亲情切切不可抛弃。

手足之情，人伦大理

兄友弟恭，人之大伦。虽有小忿，不废懿亲。

【译文】

兄长友爱，弟弟恭敬，是家庭中重要的伦理亲情。尽管相互之间有小的矛盾，但也不能丧失手足之情。

【注析】

《左传》僖公二十四年载：周襄王正打算让狄人去攻打郑国，周大夫富辰劝阻道："兄弟之间即使有小的不满，但仍然有手足之情。现在您因为这小小的不愉快，丢失了与郑国之间的骨肉亲情，那将怎么办呢？"因为郑国的开国之祖郑桓公，是周厉王的儿子，是宣王的弟弟，与周王朝同宗，所以富辰才这样说。赵宋时的陈襄，在浙江仙居做官时，曾颁布法令，告诫百姓说："作为我县的属民，应做到父亲仁慈，母亲善良，哥哥友爱，弟弟恭敬。"

兄弟情谊，付之东流

舜之待象，心无宿怨。庄段弗协，用心交战。

【译文】

舜对待他的弟弟象，丝毫不存一点怨言。庄公和弟弟叔段却不能友好相处，常处心积虑地互相争战。

【注析】

《孟子》记载万章说：舜的父母对他不好，他的弟弟对他也不好，每天都想着如何去谋杀舜。等舜做了天子，却没有和他计较。孟子曾经指出这种原因是："仁义之人对于弟弟，有所愤怒，但不藏于心中，有所怨恨，但不记仇，只知道爱护罢了。"这里是说，仁义之人对待兄弟，唯有疼爱，没有忌恨留在心里。

《左传》隐公元年载：郑武公娶了武姜，生下了长子庄公和次子叔段。武姜生庄公时难产，所以她便讨厌庄公，溺爱叔段，想立他为王位继承人，武公不答应。等到庄公即位之后，武姜让叔段住在京地，这是一座较大的城。叔段在这里修城郭，收留百姓，制造武器、车辆，准备袭击郑国。庄公命令子封率领战车二百辆，讨伐京地，叔段逃到鄢地，庄公又攻入鄢地，叔段逃到共地，正准备消灭他时，庄公又改变了杀掉他的主意。他说："寡人有弟，不能和协。"于是，他将叔段放逐到外地。

长兄谦让，风范可钦

许武割产，为弟成名。薛包分财，荒败自营。

【译文】

许武割让家里的财产，为的是让弟弟成名。薛包给弟弟分家中的财产时，他总是把最差的留给自己经营。

【注析】

许武是东汉人，汉明帝时，太守第五伦推荐他为孝廉。许武考虑到两个弟弟没有成名，就对他们说："《礼》上面记载了关于兄弟必须分家的说法，就房子而言，也以分开来住为好。"这样，他将家中的东西分了三份，许武将肥沃的田地、宽敞的房子以及能干的奴婢都划为自己，两个弟弟所得既不好，数量也少。乡里人都称赞他的两个弟弟谦让，都得以被推荐为孝廉。许武请来亲戚和家中的人，边流泪边说："我作为兄长，做得不够，空担得兄长之名和国家给的职位。两个弟弟没有出名，也没有俸禄时，我与他们划分财产，自己取最大的一份，现在弟弟已经出名，我将原来财产的三倍奉还给他们。"他自己一点都没要，郡里的人都十分称赞他。

东汉的薛包，字孟尝，好学而且操行很好。因为十分孝顺而闻名于乡里。父亲娶了后妈以后憎恶薛包，将他分出去，薛包日夜哭泣，不肯离开，以致于遭到殴打。他不得已，搬到屋外去住，但他仍坚持每天早晨回到家里去为父母打扫卫生。父亲仍是怒斥他，将他逐出屋外。他于是搬到很远的地方去住，每天早晨仍回去为父母打扫卫生。父母为此十分感动，惭愧不已，又让他回到家中居住。父母死去后，他的弟弟要求分家，薛包阻止不了他们，于是将财产分开，要年龄老的奴婢和仆人，说："他们与我相处的时间很长了。"他又择取荒芜和休耕很长时间的田地，说："我小时候就耕种这些土地，所以依恋它们。"他又捡财物中破烂的那一份，说："这些一直是我使用着的，这样用起来称心。"弟弟每每家产破败，他立即分给他们家产，救济他们，使他们能过安定的生活。皇帝听到他的好名声，命令用公车将他接到朝廷中去，封他为侍中，薛包以死来推辞。皇帝只好让他回去，用对待毛义那样礼遇他，赏给他一千斛粮食。

心胸宽广的兄长

阿奴火攻，伯仁笑受。酗酒杀牛，兄不听嫂。

【译文】

周嵩酒醉后用火攻击哥哥周颉，哥哥笑着没有半点气愤。牛弘的弟弟醉酒后用箭射杀了牛，嫂子告诉他，牛弘却是若无其事的样子。

【注析】

晋代的周颉，字伯仁，山东人。晋愍帝时任军谘祭酒，元帝时拜为尚书仆射。他性情宽厚，对人十分友善。周颉的弟弟周嵩，曾经在酗酒后对哥哥发脾气说："您的才华不如我，却为什么享受如此高的名誉和禄位呢？"他举起正在燃烧的蜡烛向他扔去。周颉神色不变，没有半点气愤的样子，微笑着慢慢说道："你用火攻击，实在是下策。"

隋代牛弘，字显仁，为人宽厚恭敬，生活简朴，善于写文章，学识也很渊博。牛弘的弟弟牛弼，酗酒后用箭射杀了牛弘驾车用的牛。牛弘从外面回来，他的妻子告诉他："叔叔杀死了牛。"牛弘没有问什么，只是说："做饭吧！"坐定以后，妻子又说："叔叔杀死了牛，真是怪事！"牛弘说："我已经知道了。"神态没有变化，仍不停地读书。后来，他被授了隋朝的吏部尚书。

打虎还要亲兄弟，手足之情万古新

世降俗薄，交相为恶。不念同乳，阋墙难作。噫，可不忍欤！

【译文】

如今世风日下，风俗日渐浅薄，兄弟之间成为仇人。不考虑是一母同胞，一家之中内讧不断，实在令人痛心。唉，能不忍嘛！

【注析】

《诗经·小雅·棠棣》中写道："兄弟阋于墙，外御其侮。"是说兄弟之间在家中因为一些不愉快的事引起争斗，但是外人如果来欺侮，他们还会团结一心共同对外。

唐代的韩思彦，字英远，被授为监察御史，他巡视到剑南道时，有姓高的两兄弟相互打官司，打了好几年也没能判决。韩思彦去后，吩咐厨子在他们兄弟俩吃饭时让他们喝奶。兄弟二人幡然醒悟，相互抱着肩，边哭边流泪说："我们简直是不懂礼义的胡人啊！韩公让我们喝奶，是让我们想起我们是同母生的兄弟啊！"于是他们撤回了官司。

【评点】

兄弟之间，试想少小之时，偎依在慈母怀抱之中，亲情恩爱，如空气水乳，交融一体。何曾想到，会有那一天，兄弟反目，或口角相斥，或拳脚相加，或刀戈相见，或公堂对簿，把那少小之时天天形影相随，呼兄唤弟，同吃一锅饭，共饮一勺水的亲情忘得一干二净，变成路人，变成仇敌，变成黄泉路上的孤魂野鬼。试想这兄弟情为何这般淡薄，为何变化如此之快？是人类天生的恶念，还是上苍的安排？他人且不说，路人且不说，这朝夕相处，一母同胞之人，竟也做出此等事来，真真让人悲哀。

俗话说，打虎还是亲兄弟，上阵还是父子兵。这兄弟之情，何时何地，哪怕天荒地老，烧成灰变成泥，也还无法抹掉。何况外侮来临之时，能够共同对外的，还是兄弟们。兄弟之间，成人之后，难免各有归宿。财产各别，道路自走，如小有龃龉，也应心平气和好好商量，动怒之时，想想慈母希望，想想儿时亲昵，想想百年之后，当会化干戈为玉帛。当然，万一发生了不愉快的事，作为兄长的，应当让出三分，人常言：长哥长嫂如父母。兄爱弟恭，便会百年和好，携手共进。

九十三　夫妇之忍

【题解】

这一章，主要讲夫妇关系。夫妇是否和睦是一个家庭稳定的基础。处理好夫妇关系，对一个人一生都有至关重要的意义。作为丈夫或作为一个妻子，都可能会从下面的例子中汲取您所需要的内容。

天作之合，夫妇有道

正家之道，始于夫妇。上承祭祀，下养父母。唯夫义而妇顺，乃起家而裕厚。《诗》有仳离之戒，《易》有反目之悔。

【译文】

治家之道，是从夫妇开始的。夫妇对上要祭祀宗庙，传之后世，对下要供养父母。丈夫能尽做丈夫的职责，妻子就温顺懂事，这样，家庭才能富裕。《诗经》中有女子被丈夫抛弃而分开的告诫，《易经》中有夫妇生气后的懊悔的例子。

【注析】

《易经·家人》中写道："夫夫，妇妇，而家道正，正家而天下定矣。"这是说丈夫要尽丈夫的职责，妻子要尽妻子的职责，这样，一家就有了正常的秩序。将这种夫妇关系作为一种规范，在天下推广，国家就安定了。

《诗经·召南·采蘋》一诗中写道："于以奠之？宗室牖下。谁其尸之？

有齐季女。""小序"说：这首诗是写夫妻之间遵循做夫妻的行为准则，便可以承继先世的礼仪和基业。据说这是齐庄向季少的女儿吐露心声，想用蘋藻作为主持婚礼的象征，放在宗庙的窗户之下。

夫妇为什么结合？孟子认为：娶妻不仅仅只是为了生养。《礼记·祭统》称：结婚之礼，是将两姓结合起来，这样对上可以承继祖先之礼仪，对下可以延续后代。

什么是做人的道理，特别是做夫妇的准则呢？《礼记·礼运篇》中说："父亲仁慈，儿子孝顺；兄长温厚，弟弟孝悌；丈夫仁义，妻子顺从；长子贤良，幼子顺服；君主讲究仁爱，为臣讲究忠诚。这十个方面，就是做人的道理。"《左传》昭公二十六年载：晏子对齐景公说："丈夫温和而仁义，妻子顺从而温柔，这是礼义中最精华的部分。"

《易经》中，曾提到夫妇反目这个问题。"小畜·九三爻"称："舆脱辐，夫妻反目。"《象》解释说：夫妻感情破裂，不能在一个家庭中生活。说九三乃是阳，六四是阴，阳被阴所牵制，如同轮子没有轮辐，致使车子不能行走。这比喻丈夫没有按照丈夫之道去做，所以夫妻感情破裂，怒目相视。

一离一去，皆因眼光不同

鹿车共挽，桓氏不恃富而凌鲍宣；卖薪行歌，朱妇乃耻贫而弃买臣。

【译文】

和丈夫一块推着木车回到乡里，桓氏不恃仗自己家里富有而欺凌鲍宣；朱买臣卖柴唱歌，他的妻子认为太穷感到耻辱而抛弃了买臣。

【注析】

这里讲了两个截然不同的妇人。

桓氏，字少君，她家境富有，她父亲对鲍宣能甘守清贫而感到惊奇，就将女儿嫁给了鲍宣。出嫁时，她的嫁妆十分丰厚。鲍宣有些不高兴，就说："桓少君自幼生长在富贵家庭，讲究服食，而我本来很贫穷，哪里敢收下这些礼物呢？"少君对他说："我父亲大人因为您有德行，守信用，才将我嫁给了您。既然嫁给了您，我当然听您的话了。"鲍宣笑着说："如果能这样，我就放心了。"妻子少君随即将嫁妆与服侍的仆人送回家中，换上粗布短衣，与丈夫一起推着木车，去丈夫家中拜望亲戚、姑嫂以后，就提着水桶出门打水。此后她遵守为妇之道，乡里人十分钦佩。后来鲍宣果然功成名就，当上了司隶校尉，又拜为谏议大夫。鲍宣的儿子鲍永，在光武帝刘秀时做鲁郡的太守。鲍永的儿子鲍昱，由太守进至三公。有一天鲍昱问他的祖母说："老太太还记得当年您和爷爷拉车的事吗？"老太太回答说："我的先人曾经说过，存不忘亡，安不忘危，我怎么敢忘记前事呢？"

西汉人朱买臣，字翁子，会稽人。他以砍柴为生，经常边担柴边读书。妻子背着柴跟着他，曾多次劝他不要边走边唱，而朱买臣不仅不理睬她，唱歌的声音却更大。对此，他妻子感到很丢人，要求离婚。朱买臣对妻子说："我五十岁左右时肯定能富贵，现在已四十好几了，等我富贵以后，会报答你的。"他妻子又气又恼，说："跟着这种人，总有一天要饿死在沟中，还到哪儿去谈得上富贵呢？"朱买臣挽留不住她，就让她自己走了。后来严助推荐朱买臣，汉武帝召见了他，他谈到《春秋》《楚辞》，汉武帝十分感兴趣，即拜朱买臣为中大夫。后来，他升为会稽太守。会稽地方官听说太守将要到这里来，就打发老百姓去扫街道。朱买臣的前妻和她的丈夫也在这里边，朱买臣看见后，让车子停下来，将他们夫妇二人接到太守的住处，安置在园子里，供给他们食宿。一个月以后，前妻自杀身亡。朱买臣出钱，让她丈夫安葬了他的妻子。

河东狮吼，悍妇可恶

茂弘忍于曹夫人之妒，夷甫忍于郭夫人之悍。不谓两相之贤，有此二妻之叹。噫，可不忍欤！

【译文】

晋代王茂弘忍受曹夫人的善妒，晋代王夷甫忍受郭夫人的凶悍。不料这两个宰相如此贤明，却有这样的妻子，令人感叹。唉，能不忍嘛！

【注析】

晋朝王导，字茂弘，晋元帝时拜为司空，同时兼任尚书宰相的工作。王导的妻子曹氏，生性妒嫉，王导曾将自己的婢妾们暗暗安置在别的馆舍中，曹氏知道了这件事，准备要去到那里。王导担心这些婢妾受侮辱，马上叫上车马，但又担心不能赶在曹氏之前，只好自己手执麈尾柄，赶着牛车到馆舍中去救那些婢妾。

晋朝的王衍，字夷甫，永嘉初年拜为司徒。他的妻子郭氏，是贾太后的亲戚，所以往往倚仗朝中的势力，无休止地收刮钱财，又生性卑劣，好妒嫉。王衍很讨厌这些，嘴里从不提起钱字。郭氏想试他，就叫奴婢们将钱围绕着床挂上一圈。早晨王衍起来，没有中郭氏的圈套，他对奴婢们说："把阿堵物都拿出去。"仍是一个钱字也没提。

【评点】

男女结合，不仅是性的需要，更有延续生命的意义。对于中国人而言，传宗接代的意义几乎超过了生理的需要，不孝有三，无后为大嘛。但现代人的观念，特别在城市人中，生育的意义已经不太重要。所以，组成家庭，选择配偶，无疑是人的一生中至关重要的一项历史使命。因为家庭不仅是身体的住所，也是心灵的寄托处，不仅是自己和家人栖息的地方，也是人生旅程上的安息所。那么，组成一个家庭的关键一步，便是慎择你的终身伴侣。英国文学家萧伯纳曾说："选择一位妻子，正如作战的计划一样，只要错误一次，就永远糟了。"反过来说，选择一位丈夫，同样也是如此。与一个好伴侣结婚就如同有了生命的暴风雨中的避风港，与坏伴侣结婚则是暴风雨本身。

当然，择偶是关键的一步，但家庭并不等于从此便鸟语花香。有人说，婚姻是一本书，第一章写的是诗篇，其余则是平淡的散文。夫妇之间，还有许多文章要写。有时可能是波涛汹涌，有时可能是微波荡漾，但家庭的航船千万不要发展到触礁那一步。丈夫要大度，妻子要温柔，互相体谅，取长补短，这其中有许多艺术。中国人有许多朴实的谚语，如"一夜夫妻百日恩""吃的好，穿的好，不如两口白头老""贫贱之妻不可忘，糟糠之妻不下堂""天上下雨地上流，小两口吵嘴不记仇"等等，都告诉我们一个朴实的道理，人只有一生，如果和一生中最主要的伴侣处理不好关系，那这一生有一半是失败的了。

九十四　宾主之忍

【题解】

如何对待宾客，不仅是对一个人好客与否的检验，还是一个人的修养、学识、胸襟的体现。当然，这里的客人，还包括古代那种达官贵人养的门客。毛遂自荐，冯谖弹铗，已是人们熟知的典故，但你是否了解其中的详情呢？

无论贵贱，一律以礼相待

为主为宾，无骄无谄；以礼始终，相孚肝胆。小夫量浅，挟财傲客，箪食豆羹，即见颜色。

【译文】

不管作为主人还是客人，都不要盛气凌人或讨好奉迎；要以礼相待，推心置腹。有些小人器量狭窄，依仗自己有钱财，轻谩客人，即使赠予门客一碗饭一壶汤等小物，不友好的表情，也能从脸色上看得出来。

【注析】

一个人，无论是到朋友家去做客，或是在自己家中招待客人，都要表现出一定的修养。《论语》中记载：子贡问孔子："虽然贫贱却不谄媚别人，虽然富贵而不骄逸，这样的人怎么样？"孔子回答说："不如贫贱而乐观，富有而待人以礼的人。"

《孟子》中写道："喜好声名的人能够辞去大国国君的位置，如果不是这样的人，就是让出一小筐，也会从脸上表现出不愉快的神情。"这是说从观察别人接受东西或推辞东西的态度上，可以看出他是否真有贤德的品质。

毛遂脱颖而出，鹏举一举成名

毛遂为下客，坐于十九人之末，而不知为耻。鹏举为贱官，馆于马坊教诸奴子，而不知为愧。广阳岂识其文章，平原不拟其成事。

【译文】

毛遂做为平原君的门客，坐在十九个人的后面，却没把它当作耻辱。温鹏举为下等食客，在马坊里教书，并不因此感到羞愧。广阳王不认识温鹏举文章的价值，平原君没想到毛遂能够办成大事。

【注析】

毛遂是战国时的赵国人。秦国攻打赵国的邯郸城，赵国派平原君向楚国求救。平原君打算从门客中挑选二十人，但挑来挑去，只凑够了十九人。这时，毛遂主动出来推荐自己。平原君说："士人的名声，像锥子装在麻袋中，尖子很快就露了出来。你在我门下已经三年了，我却从没听说过你的名字。"毛遂说："您只要把我装在口袋中，锥子就会很快脱颖而出，不仅仅只是露出尖子而已。"其余十九个人相互看看不禁笑了起来。到了楚国后，平原君与楚王讨论，始终决定不下是否派兵救赵国。于是，毛遂手按着剑柄走了进去，说："是否派兵救赵，两句话就可以定下来。今天日出时你们就讨论，现在已经是中午了，为什么还不决定呢？"楚王很恼怒，喝斥道："怎么还不给我下去！我同平原君在商量，你在搅和什么？"毛遂手按着剑，又向前走了几步，说道："大王您之所以敢指斥我毛遂，是恃仗着楚国的强大。现在，您我在十步之内，倚仗楚国的强大是没有用处的，您的性命就掌握在我的手上。楚国再强大，也救不了您的命。……凭着楚国的强大，天下没有人敢抵挡。白起这小子，率领秦兵第一仗就取了楚国鄢地，接着又烧毁了夷陵。这是楚国的百世大仇，赵国也替楚国感到羞耻，合纵是为了楚国好，并不只是为了赵国的利益。"楚王说："是，是！正如先生所言我准备率国内全部兵力去救赵国。"毛遂说："去取狗的血来！"他自己捧着铜盆，跪着移到楚王面前，说："大王应当喝下这盆血，以表示救助赵国心诚，接下去是我们平原君喝，再接下去是我毛遂。"最后，他左手提着血盆，右手招呼其余十九人在堂下喝了这些血。他说："你们这些人碌碌无为，事情是否成功是由人来决定的。"回到赵国后，平原君说："毛遂先生出使楚国一趟，使赵国的威望大增。"于是，他将毛遂当作最重要的谋士之一。这次楚国的将军春申君，魏国的信陵君，都率兵前来救赵国，在邯郸将秦军打得大败。

北魏时期的温子升，字鹏举，是晋代大将温峤的后代。因为避难，他逃到北魏，在济阴安了家。开始，温子升跟着崔灵恩、刘兰学习，十分刻苦，夜以继日，不知疲倦。长大以后因为文章也写得清新婉丽，他成为广阳王宇文深的下等食客，在广阳王的马坊中教书。这一天，他写出一篇《侯山祠堂碑文》，当时的大文学家常景见到这篇碑文后，十分赞赏，就拿给了广阳王，宇文深表示谢意。常景说："我刚才见了温子升才拿到这篇碑文的。"宇文深感到奇怪，问温是何人。常景说："就是你马坊教书的温子升，他是一位大才子啊！"宇文深由此知道了温子升这个人，温子升被推荐为中书舍人，后来又兼任御史，这时他只有二十二岁。

诚招天下客，大哉两贤臣

孙丞相延宾，而开东阁；郑司农爱客，而戒留门。

【译文】

孙丞相接待客人，专门在东面开辟了一个阁房。郑司农告诫门人，来了客人，无论贵贱，都要他们留下。

【注析】

西汉的公孙弘，淄川人，汉武帝时通过对策拜为博士，后来升为丞相，封为平津侯。当时，汉武帝正在振兴国家，所以多次招举贤良之才。公孙弘于是修了一幢宾馆，开辟了东边的阁房，以招览人才，与他们共商国家大事。

西汉的郑庄，字当时，汉景帝时为太子舍人。武帝时，授为司农。他曾经告诉门人，客人来了以后，无论贵贱，都要挽留下。这样，用来提高下层人的地位。当时，山东人都异口同声地称赞郑庄。

爱才惜才，方大肚能容

醉烧列舰，而无怒于羊侃；收债焚券，而无恨于田文。杨政之劝马武，赵壹之哭羊陟。居今之世，此未有闻。噫，可不忍欤！

【译文】

客人酒醉以后烧了船只，羊侃也没有发怒；冯驩收债烧了债券，田文也没有怀恨。杨政当面指责马武，赵壹对着羊陟大哭，马、羊二人都没有责怪。这样胸怀宽广，是从来没听过的。唉，能不忍嘛！

【注析】

这里讲了几个主人善待客人的故事。

羊侃是南朝萧梁朝人，字祖忻。他的祖父羊规，曾经做过刘宋朝刘裕的祭酒。羊侃生性豪放，颇懂得音乐和声律。有一次，羊侃从北方回南方时，经过涟口，船停下来，在船上摆酒席。其中有一个叫张儒才的客人，酒醉以后不慎在船上燃起了一场大火，连在一起的船只烧了七十余艘，而烧掉的金银和布帛不知有多少。羊侃听到这件事，漫不经心，仍然不停地喝他的酒。张儒才又惭愧，又害怕，自己逃走了。羊侃派人安慰他，叫他回来，跟从前一样对待他。

东汉杨政，字子行，京兆人。他从小好读书，随梁丘学习《易经》，以儒雅而有操行著称于世，杨政有一次去谒见阳虚侯马武，马武不想接见杨政，假装生病不能起床。杨政进门以后，径直来到马武床面前。杨政指责马武说："您享受着国家的恩惠，身为辅助国家的大臣，不想着招揽贤才，却倚仗着被皇帝宠爱而看不起天下才子。这难道是您的处世之道？今天谁要动一动，我就杀掉谁！"马武的几个儿子以及护卫以为杨政要劫走马武，都拿着武器在一边站着。这时，恰好宣恩侯阴就来了，他狠狠地批评了马武，让马武和杨政交上了朋友。建初年间，杨政当上了左中郎。

东汉赵壹，字元叔，汉代阳西县人，身材魁梧，身高九尺，看起来很英俊，但是他却倚仗自己的才气看不起别人，为乡里的乡亲所排斥。汉灵帝光和元年，全郡的官僚都去京城汇报郡中的情况，赵壹随着一起来到京师，想借机去拜访河南尹羊陟。这一天，他来到羊陟的门前时，羊陟还没有起来，正高卧在床上。赵壹径直到了羊陟的堂屋中，说道："久闻羊先生的大名，至今才见到，但却遇到您还睡着，怎么办呢？唉，这是命中注定吧！"随即放声哭了起来。羊陟知道他不是一个平常的人，于是起来与他谈话。果然谈吐不凡，他甚为惊奇，就说："您请回去吧。"第二天，羊陟带着大队人马来到赵壹的住处，拜见他。于是与赵壹谈起来，两人一直谈到日落黄昏，十分尽兴。临走之时，羊陟握着赵壹的手说："好的玉璞不剖开来，必然有卞和那样的人来认识。"羊陟于是与司徒袁逢一起推荐超壹，一时间，赵壹名震京城。

【评点】

做客人和做主人，都是一门学问。上交不谄，下交不骄，待人以诚，必有诚报。不管客人如何，不要衣帽取人。古代的《尚书·仲虺之诰》中说："慎厥终，唯其始。"意思是说自始自终保持谨慎以礼相待。恃才傲物，慢待客人，会失去真正的朋友。

当然，这里的主要内容谈的并不是待客之道，而是如何招揽人才，发现人才，使用人才。因为古代的谋士是以食客的身份住在主人家里的。

招贤纳谏的故事我们前边已经提到一些，这里主要来看一看那些主人在狂傲不羁的"客人"面前的大度胸怀。毛遂自荐，如果平原君置之不理，那毛遂无法发挥作用，楚国未必会派兵救赵。杨政指责马武，实在让人难以接受，但马武接受批评意见，结果发现了一个人才。赵壹冒犯羊陟，羊陟一席谈话，觉得他果然非同一般。唐代李延寿曾说过："良玉未剖，与瓦石相类；名骥未驰，与驽马相杂。"北朝西魏文帝时，司农苏绰针对所谓"邦国无贤，莫知所举"的论调，指出要善于鉴别人才。所以晋代的左思曾说："何世无奇才，遗之在草泽。"晋代的葛洪也说："贵珠出乎贱蚌，美玉出乎丑璞。是以不可以父母限重华，不可以祖祢量卫、霍也。"他的意思是说，不要从血统门第上去看一个人。

九十五　奴婢之忍

【题解】

这里主要说的是主人对待奴婢的态度。文章通过一些例子说明，无论地位高低，在人格上人都应当是平等的。主人对待奴仆，一定要体谅他们。

人有高低贵贱，莫以位高凌人

人有十等，以贱事贵；耕樵为奴，织爨为婢。父母所生，皆有血气；谴督太苛，小人怨詈。

【译文】

人分为十等，低贱的侍奉高贵的；打柴和种田的是奴仆，织布和做饭的是奴婢。这些人都是父母所生，都有个性；如果责怪监督过于苛刻，便会遭到这些人的抱怨。

【注析】

人有十等之说，见于《左传》昭公七年，楚芈尹无宇说："天有十类日子，其中包括甲、乙、丙、丁、戊、己、庚、辛、壬、癸。人也可以分为十等，下等人侍奉上等人，犹如上等人侍奉天神一样。所以君王以三公为臣，三公以大夫为臣，大夫以读书人为臣，读书人以皂为臣，皂以一般的民众为臣，一般民众以奴隶为臣，做奴隶的以苦役为臣，苦役以仆人为臣，仆人以台为臣。放马的地方叫作圉，养牛的地方叫作牧，这样上下分明，各司其职，可以使一切事情运转起来。"

《尚书·无逸篇》说："有人告诉你说，有人骂你，怨恨你，你先不要责怪骂你的人，自己应修炼好自己的德操。修好了德操，别人便不会骂你了。"这是周公告诫成王的话。

宽以待仆，气度恢弘

陶公善遇，以嘱其子。阳城不瞋易酒自醉之奴，文烈不谴籴米逃奔之婢。二公之性难齐，元亮之风可继。噫，可不忍欤！

【译文】

陶潜不亏待仆人，叫儿子好好地对待他。阳城不责怪用米换酒喝醉了的奴仆，房文烈不责怪外出买米自己却逃走了的婢女。这两个官员的性情和度量难以企及，陶元亮的风范应当继承下去。唉，能不忍嘛！

【注析】

这里说的是对待仆人的态度。

东晋的陶潜，字元亮，浔阳人。他在当彭泽县令时，没有将家属带到城中，便给儿子一个仆人。他在信中说："你们早晚的费用很难自给，所以派了一个仆人给你们，也可能帮不了你们什么忙。他也是人家父母的孩子，希望好好对待人家。"

唐朝的阳城，字亢宗，定州北平人，唐德宗时为谏议大夫。他曾经有一次没有粮食了，派一个奴仆去籴米，结果这个奴婢把米换了酒，自己喝醉了倒在路上，一直没有回家。阳城感到奇怪，就和弟弟一起去接仆人，这个仆人醉倒在路上还没有醒，就背着他回来了，这个仆人酒醒了以后，感到十分惭愧。阳城却说："天气冷了，喝点酒算什么！"

北魏房文烈，性情温和，从来不发怒。担任吏部郎中时，有一次，阴雨连绵，他家中断了粮食。房文烈派奴婢去买米，奴婢却乘机逃跑了，过了三四天，奴婢又回来了。房文烈问她："全家都没有吃的了，你到哪儿去了？"房文烈竟然没有打她。

【评点】

这方面内容好像和今天没有什么联系。有人会说，今天又没有什么主奴之分，人人平等嘛！其实，我们应当承认，社会分工不同，人的支配方式还是有差别的。至于在人格上，在精神领域上，可以保持自己的独立，则又另当别论。

我们目前又有不少私营企业请了帮工，有不少家中雇请了保姆，应当如何对待这些在经济上依赖于雇主的"仆人"呢？我们经常从报纸上看到一些令人忧虑的现象，如虐待童工，如性骚扰女雇员，如克扣工资，我们不能不引起重视。我们的主人们应当以陶潜，以房文烈等人为例，宽以待人，将心比心。日本私营企业的雇主们，很会为工人考虑，在工资福利上给以很大优惠。他们很懂得"两好和一好"的重要性。雇员要是也有了"主人翁"思想，那么这个企业的发展也就指日可待了。

从雇员这个方面来说，我们也要好自为之。既然我们是去工作的，是受雇于人的，就要为主人分担忧愁。不能反客为主，干什么都让主人放不下心。像上面提到的那种"易酒自醉""枲米逃奔"之人，到哪儿都可能不受欢迎。如果是女雇员，也要自尊自重，要防止那些有非分念头的登徒子之流。

九十六　交友之忍

【题解】

一个篱笆三个桩，一个好汉三个帮。朋友千个少，仇人一个多。人生活在社会上，不可能没有一个朋友。为什么要交朋友，如何交朋友，交朋友有什么禁忌，本章进行了阐述。

真金不怕火炼，真情历久弥鲜

古交如真金，百炼而不改其色；今交如暴流，盈涸而朝不保夕。

【译文】

古时候的人交往像金子，百炼之后仍然不改变颜色；现在人的交往像暴雨之后的小水沟，盈满之后很快干涸，不会长久。

【注析】

唐代孟郊有一首《审交诗》中写道："结交若失人，中道生谤言。群子芳杜酒，春浓寒更繁。小人槿花心，朝在夕不存。唯当金石交，可与贤达论。"所以古人拿真金不怕火炼来比喻友谊。

这种友谊，又像《孟子》所说："假若水没有源头，一到七八月间，雨水众多，大小沟渠都满了，但很快便干涸了。"所以有人用这种难以持久的水来比喻人的友谊无法持久。

金石之盟，生死不毁

管鲍之知，穷达不移。范张之谊，生死不弃。

【译文】

管仲和鲍叔牙相互理解，不管是穷困时还是显贵时都不改变当初的友好。范式和张劭的友谊，无论生和死都不抛弃。

【注析】

春秋时的管仲，字夷吾，颍上人。小时候和鲍叔牙十分要好。鲍叔牙知道他有才能，把他推荐给齐桓公，齐桓公任他为宰相，一起谋划国家大事，终于成就了齐桓公的霸业。管仲在论及他和鲍叔牙的友谊时曾说："我与鲍叔牙做生意，我分得的财物比他多。他不认为我是贪心，知道我贫穷罢了。我曾经与鲍叔牙一起办事，遇到许多麻烦，叔牙不说我笨，知道我有时行，有时不行。我曾经多次当官，又多次被君王驱逐，叔牙不认为我没有能力辅助君王，而知道我生不逢时。我曾多次参加战斗，也曾多次逃跑，鲍叔牙不认为我怕死，他知道我还有年迈的母亲。我曾经被丢进监狱，受过屈辱，叔牙不认为我不知廉耻，而知道我一贯不拘小节，是以不能功成名就为耻。生育我的是父母，了解我的是鲍叔牙。"鲍叔牙推荐了管仲，天下人不看重管仲的贤能，而称赞鲍叔牙的知人。

东汉的范式，字巨卿，山阳金乡人。少年时在太学读书时，与河南一个叫张劭的人结为好友。二人将要回到各自的家乡前，范式对张劭说："两年以后的今天，会去拜见您的父母。"于是两个人将日期都刻在物品上。这一天来到了，张劭告诉母亲杀鸡煮饭，等候范式。他母亲说："你们还是两年以前约定的，相隔千里，为什么还这样相信呢？"张劭说："范式是十分守信用的。"范式果然来了，在堂屋里拜见了张劭的父母之后非常高兴地离去了。后来，范式梦见张劭对他说："我将死于某天，安葬在某天，您能来到这里吗？"范式驱马赶往张劭家中。范式还没到时，张劭的灵柩已经开始运往墓地，快到时，灵柩再也没人抬得动了。张劭的母亲抚摸着灵柩说："张劭，你还在等什么人吗？"她抬起头，果然看见一匹白马，一辆白车，有人哭泣着来了。张母说："一定是范式来了。"到眼前一看，果然不错。范式走在前面，手执礼幡，引导灵柩。他留下来修了坟冢，栽上树木，然后才离开。

万两黄金容易得，知心一个也难求

淡全甘坏，先哲所戒。势贿谈量，易燠易凉。盖君子之交，慎终慎始；小人之交，其名为市。

【译文】

朋友相交淡泊反而能够保全友谊，十分甜密却会很快得到破坏，这是古代哲人的告诫。因势、贿、谈、量相交，热的快，冷的也快。所以君子之交，能够开始和结束都十分友好。小人的交往，就像商人一样，随着地位的变化而发生变化。

【注析】

这里主要谈交往要注意的事项。

《礼记·表记》中说："君子之接如水，小人之接如醴；君子淡以成，小人甘以坏。"这是说，君子的来往，不需要那种表面的甜甜蜜蜜。孔颖达曾解释说：君子相交像水一样，是说君子相交不用虚言，如两股水融合一样容易。小人用虚辞互相掩饰，好像烈酒和甜酒放到一起一定会坏。

关于交往的目的，南朝萧梁朝的刘峻曾模仿朱穆的《绝交论》写过一篇《广绝交论》。文章说：世间的交往，有的以势力结交，有的因贿赂而结交，有的因谈论相宜而结交，有的因为两人都贫穷而结交，有的因为都有度量而成为朋友。这种交往的结果，《文中子·礼乐篇》中说：因为权势而结交为朋友的，权势没有了，交情也就断绝了；因为利益而结交为朋友的，利益没有了，朋友也就散伙了。君子之交就不是这样。

战国时候，廉颇免官回到乡里时，门下的宾客都离去了。等到廉颇重新做官时，宾客们又都回来了。廉颇对他们说："你们这些人不是都走了吗？"宾客说："现在交朋结友，就像做生意。你有权势在手，他就跟随你，没有权势，他就离开你。本来就是这样，有什么好气愤的呢？"人情淡薄可见一斑。

人生结交在终始，莫为升沉中路分

　　郈子迎谷臣之妻子，至于分宅。到溉视西华之兄弟，胡心不恻。指天誓不相负，反眼若不相识。噫，可不忍欤！

【译文】

　　郈子把朋友谷臣的妻儿接到家中，把自己的房子分给他们住。到溉对好友任昉的子女西华兄弟们生活穷困一点也不同情。他们曾指天发誓永不相负，转眼却又好像不相识了。唉，能不忍嘛！

【注析】

　　前一个故事载在《孔丛子》一书中。从前，郈成子从鲁国到晋国去，经过卫国时，卫国右丞相谷臣留下他，并设酒招待，虽然摆设了乐器却没有演奏，但还是赠送了宝玉。郈成子从晋国回来路过卫国时，却没有去拜访。他的仆人说："几天前卫国右丞相招待我们一行，您很高兴，现在我们又经过卫国，为什么不去回访一下呢？"郈成子回答说："谷臣挽留我们，并设宴招待我们，是想快乐一下。摆了乐器却没有演奏，是告诉我们，他心中很悲伤。将宝玉交给我，是让我保存。这样看来，卫国一定发生了什么不幸。"他们走了三十里路后，果然听说卫国宁喜叛变，杀死了谷臣。郈成子回到鲁国以后，受鲁国君王的命令，派人去卫国将谷臣的妻子与孩子都接到鲁国来，隔出房子让他们居住，将自己俸禄的一部分分给他们。等到谷臣的儿子长大以后，他又将宝玉送给了他。孔子听到这件事后曾说："说智谋，可以与他密商；说仁义，可以将幼小的孤儿托付给他；论廉洁，可以将金银财宝交给他保存。"

　　这里却又有一个相反的典型。说的是南朝萧梁时期的到溉，梁武帝时，他历任御史都官和左、户二尚书。当时任昉为御史中丞，家中宾客不断，车水马龙。经常参加任昉宴会的有到溉、刘孝绰、张率、陆倕等人。他们每天与任昉同游，号称"龙门游"，又称"兰台聚"。就是富贵人家的子弟，也不一定能参加这个聚会。陆倕曾经写诗给任昉说："今则兰台聚，万古信为俦。"意思是说千秋万代以后都要守兄弟的情谊。任昉的儿子们名叫东里、西华、南容、北叟，只是都没有学问。在家道中衰以后，他们流落在外，而任昉生前的好友，没有任何人关心他们。冬天，西华盖着葛草编的被子，单布做的衣服。他们路上碰到了刘孝标，刘孝标潸然泪下，怜爱不已。说："我为你们想办法。"他写了《广绝交论》一文，讽刺任昉生前的好友。文章以主客问答的形式，将人们之间的交情分为以权势交，以贿赂交，以善谈交，以贫穷交，以气量交五种类型，并分别加以论述。文章结尾有这样几句话："近世乐安任昉，海内髦杰，早绾银黄，夙昭人誉，遒文丽藻，方驾曹、王，英特俊迈，联衡许、郭，类田文之爱客，同郑庄之好贤。……于是冠盖辐辏，衣裳云合。……及瞑目东粤，归骸洛浦，缥帐犹悬，门无渍酒之彦，坟未宿草，野绝动轮之宾。藐尔诸孤，朝不谋夕。自昔把臂之英，金兰之友，曾无羊舌下泣之仁，宁慕邴成分宅之德。呜呼！世路险巇，一至于此！"到溉见到刘孝标的《广绝交论》之后，将其扔到地下，愤恨终身。

韩愈所写的《柳子厚墓志铭》中说："唉！士人贫穷以后才能知道是否讲究道德与义气。现在，大家都住在巷子里，平时有酒有饭时，相互结交，一起游玩，信誓旦旦，笑语声声。互相握着手，恨不得把心肝掏出来，发着誓说永远不辜负，说得如同真的一样。可是一遇到哪怕是一点点小的利害冲突，就像头发一样很细小的利益，就互相反目，好像不认识一样。人家要掉到井里，不但不伸手救人家一下，反而将他推一推，再抛进几块石头。就是禽兽、夷狄之人也做不出来的事，而他们却自以为得计。如果听听柳子厚的风采，难道不感到羞愧吗？"

【评点】

交朋友，是人生存的一种需要。物以类聚，人以群分，一个人，无论朋友贵贱，也无论亲疏如何，多少总应有几个朋友。中国有一句俗话：没有子女的人感到房子空，没有朋友的人感到心里空。瑞士的拉瓦特也曾说："既无敌人又无朋友的人，定是个既无才能又无力量的庸人。"朋友对我们是生活的信心，是前进的动力，也是一种心理的需要。所以，在生活的进程中，我们要不断地结识新的朋友，随时修补自己的友谊。

　　但生活中，什么人才可以作为朋友来相处呢？人常言：酒肉朋友好找，患难之交难逢。我们上面提到的到溉等人，他们就属于那种势利之交，所谓路遥知马力，日久见人心也。司马迁在《史记·汲郑列传》中曾评说："一贵一贱，交情乃见。"他是针对西汉汲黯、郑庄二人而言的。他们煊赫一时，宾客盈门，但因罪贬官后，宾客纷纷离去，门可罗雀。一个人顺利的时候交的朋友，不一定靠得住。所以我们交朋友时，一定要先择而后交。晋代葛洪曾说："详交者不失人，泛交者多后悔。"

　　当然，我们也不能对朋友期望过高，一切事情，主要还是靠自己去做，朋友有朋友自己的事情。你给了朋友多少，你才能要求朋友也给你多少。俗话说：朋友对我九十九，我对朋友一百一。你敬人一尺，人敬你一丈。你不要希望朋友光是说你的好话，过分的称赞会损害友谊。孔子曾说过："有三种朋友有益处，那就是'友直，友谅，友多闻'。"

九十七　年少之忍

【题解】

本章写青年人要珍惜时间。强调机不可失，时不再来。光阴有价，人生无价。时间就是生命，弃之将悔之莫及。古人教诲，语重心长。

流年莫虚掷，华发不相容

人之少年，譬如阳春。莺花明媚，不过九旬。夏热秋凄，如环斯循。人寿几何，自轻身命。贪酒好色，博弈驰骋。狎侮老成，党邪嫉正。弃掷诗书，教之不听。玄鬓易白，红颜早衰。老之将至，时不再来。不学无术，悔何及哉！噫，可不忍欤！

【译文】

人在少年的时候，就像三月阳春。但这种春光明媚的时候，也不过三个月。夏天十分炎热，秋天又十分凄凉，这样循返往复。一个人一生又有多长呢？你自己却不爱惜生命。沉溺于酒和女人之中，整天下棋和游玩。并且和坏人交朋友，与好人结仇，甚至侮辱老年人。圣贤的书不读，别人的教诲也听不进去。头发早早地白了，青春很快消退。暮年将要到来，努力的机会再也没有了。你什么知识也没有，后悔也来不及了。唉，能不忍嘛！

【注析】

这篇是说，人生一世，就是能活一百年，又有多长呢？少年与壮年，像春天一样阳光明媚。但是春天不过三个月，一转眼便到了炎热的夏天。秋天来后，万木萧疏，春天岂可长驻？四季循环往复，这是大自然的规律，人怎么能不知道呢？所以曹操有一首《短歌行》，其中写道："对酒当歌，人生几何？"汉武帝的《秋风辞》以及杜甫的《美陂行》都说过："少壮几时兮奈老何？"陶渊明也有诗说："玄鬓早已白。"司马光劝诫人们："勉旃汝等各早修，莫待老来徒自悔。"这里都是说，人虽然都处在少壮时期，但衰亡必然随之而来，人在年轻的时候，一定要珍惜时间，充分利用时间。

【评点】

人生苦短，这是到了中年才能真正体会得到的。少年之时，正如日光初出，光芒万丈，根本没有时间飞逝的感觉。所以辛弃疾有词云："少年不识愁滋味，爱上层楼。爱上层楼，为赋新词强说愁。"但当悟透人生，大义觉迷之时，又一切悔之晚矣。所以古人关于惜时的教诲就有很多，都是想告诉年轻人不能蹉跎时光，"莫等闲白了少年头，空悲切"。

也许，生命有限，青年人并非不知，但到珍惜时间之时又不知如何是好。正如霍尔巴赫所言："人人都慨叹生命的短暂和光阴的迅速，而大多数人却不知道用时间和生命去做什么。"我们认为，三百六十行，行行出状元。不管你在做什么，只要努力去干，都会在这个领域做出成绩。关键是你一定要善于利用时间。著名数学家华罗庚曾说："凡在事业上做出一定成就的人，无不是利用时间的能手。"哲学家培根也说："合理安排时间，就等于节约了时间。"切不要明日复明日，为自己不合理利用时间寻找借口。

朱自清有一篇文彩洋溢的散文，文章写道：

洗手的时间，日子从水盆里过去；吃饭的时候，日子从饭碗里过去；默默时，便从凝然的双眼前过去。我觉察他去的匆匆了，伸出手遮挽时，他又从遮挽的手边过去了。天黑时，我躺在床上，他便伶伶俐俐地从我身上跨过，从我脚边飞去了。等我睁开眼和太阳再见时，这算又溜走了一日。我掩着面叹息，但是新来的影儿又开始在叹息里闪过了。

记住：时间就是生命。

九十八　将帅之忍

【题解】

军队大事，系于国家安危，社稷久治。而拜将立帅，又是军队胜败之关键。汉代刘向言：“将者，士之心也；士者，将之肢体也。”可见将帅的素质如何，是一支队伍战斗力的决定因素。所以，唐代白居易曾说：“君功见于选将，将功见于理兵。”他又说：“君明则将贤，将贤则兵胜。”

将在外，君命有所不受

阃外之事，将军主之；专制轻敌，亦不敢违。卫青不斩裨将而归之天子，亚夫不出轻战而深沟高垒。军中不以为弱，公论亦称其美。

【译文】

（宫廷）门坎外的事情，由将军做主。但这样也不要专制独断，轻举妄动，违反战争规律。卫青不随便杀掉裨将而交给天子处理，周亚夫深沟高垒坚守，不轻易和敌人交战。军队中没有人认为他们表现软弱，反而称赞他们决策英明。

【注析】

关于任用将帅，古代有很隆重的仪式。有位上古的君王任命将军时，跪在将军车前，手扶车的轮子说：“门坎内的事情，一切由我作主，门坎外面的事，由将军去做主。军功、赏赐、爵位皆由在外的将军决定。"《六韬·立将》一章中，也写了古代任命将帅的方式。其中写道：到了吉日时，国君先入正殿的大门，站在东侧，脸朝西，坐进主位，大将随后跟入，脸朝北站立进入臣位。这时，国君亲自捧着钺，拿着钺的首部而将柄部授于大将，并说："从这里上至天，都由将军全权负责。"君王又捧起斧头，拿着斧柄而将斧刃授于大将说："从这下面到深渊，都由将军全权管理。"从这些仪式中可以看出，古代对将领出征十分重视，也授与将领很大的权力。

卫青是西汉时的一员大将，汉武帝时，曾经率领六支大军攻击匈奴，结果大败匈奴，杀敌万余人。右将军苏建的军队几乎全军覆没，他自己一个人却脱身逃了回来。军中议郎周霸说："大将军出征以来，还没有杀过一员裨将。现在苏建丢掉了自己的军队，可以杀掉他，以明军威。"卫青说："我待将卒亲如一家人，又怎怕没有军威呢？我的权力虽然可以处斩逃跑的将军，但是我身受皇帝的恩宠，不敢独断专行，在境外斩杀自己的将领，难道应该吗？"于是他将苏建关起来，送到汉武帝所在的地方。武帝下诏，赎出来废为百姓。

周亚夫也是西汉人，是周勃的儿子。汉景帝时，周亚夫拜为太尉。当时吴王刘濞率七国兵叛乱。汉景帝命令周亚夫率领三十六路大军攻打吴楚诸国。周亚夫对景帝说："楚国的士兵剽悍而且灵活，我们的军队不能跟他们正面交锋。我们要把梁国丢给他们，然后断绝他们的粮草渠道。"景帝同意了他的看法。于是吴国军队猛烈攻击梁国，梁国几次派人求救，周亚夫都不派兵。梁国派韩安国、张羽为将军，其中张羽硬拼硬打，韩安国比较稳重，二人的配合使吴兵受到重挫。吴国的军队准备向西，梁国却死命坚守，吴国的军队只好向东边攻击周亚夫的军队，周亚夫守在城中，却不与他交战。周亚夫的军队发生内讧，叛乱的军队甚至冲到他的营帐下，周亚夫睡在床上仍坚守不出。吴国和楚国的军队饿死的很多，军队叛乱，叛军即散去。周业夫派兵追击，一举打败了他们，刘濞丢掉军队，夜里逃走了。楚王刘戊自杀了。

战场杀敌，刑场杀己

延寿陈汤，兴师矫制。手斩郅支，威震万里。功赏未行，下狱几死。

【译文】

甘延寿和陈汤，假托皇帝的命令发兵攻击。亲自杀死了郅支单于，威风在万里之外引起震动。因功劳得到的赏赐还没有享受，又被投进监狱，差点死在里面。

【注析】

甘延寿是西汉人，善于骑马、射箭，因为武艺高超为汉帝喜爱，时任西域都护骑都尉。陈汤，字子公，山阳瑕丘人。他精通《尚书》《易经》，擅长写文章，任西域副都尉。汉元帝建昭三年，陈汤假托皇帝的指令，与甘延寿一起率兵攻打郅支单于，在康居杀掉了单于。建昭四年春，将单于的头颅送到京城，悬挂了十天。汉元帝封甘延寿为义成侯，又封陈汤为关内侯。后来匡衡上书元帝，说陈汤偷盗了他们在康居缴获的单于的财物。陈汤因此被削去了侯爵。后来，又因说话没有根据，不符合事实而进了监狱，本应当处死，谷永上书皇帝，为陈汤辩护说："打了胜仗的将领，是保卫国家的柱石，不能不看重。陈汤从前斩杀了单于，声名震动边疆，其威武更为天下所钦佩。对天下有劳苦之功的狗马，尚且要给它们盖上布匹，何况对国家有贡献的将军呢！"奏书递上后，皇帝下诏，削去陈汤的爵位，降为士兵。后来王凤推荐陈汤为从事中郎，到永始二年，降陈汤为普通百姓并流放到敦煌，死在外地。

将为知己者死

自古为将，贵于持重；两军对阵，戒于轻动。故司马懿忍于妇帼之遗，而犹有死诸葛之恐；孟明视忍于殽陵之败，而终致穆公之三用。噫，可不忍欤！

【译文】

自古以来做将领的，贵在要稳重；两军对阵时，不能轻举妄动。所以司马懿在诸葛亮用妇女的用品对其侮辱时，他也不轻易出兵，但对诸葛亮死后姜维用的疑兵之计，却十分谨慎；孟明视忍受殽陵失败的屈辱，终于受到秦穆公的多次重用。唉，能不忍嘛！

【注析】

这里记载了历史上的两则战争故事。

三国时，诸葛亮讨伐魏国，向渭南进军。魏大将军司马懿率领军队坚守抵抗。诸葛亮将军队分开来，边守卫边种粮食。他屡次向司马懿挑战，司马懿坚守不出。诸葛亮派人向司马懿送了一套妇女穿的衣服，意在激怒他，说他是妇人一类的小人。司马懿十分气愤，向皇帝请示要求开战。魏国的君主司马睿派卫尉辛毗为军师，以控制司马懿，让他不要打仗。姜维对诸葛亮说："敌人再也不敢出来了。"诸葛亮说："他们本来就不打算打仗，之所以上表要和我们打，只是向士兵显示他们的威风。"不久，诸葛亮死了，蜀军长史杨仪整顿军队准备启程回国。老百姓很快告诉了司马懿，司马懿率兵追赶。姜维命令杨仪转过军旗，敲着战鼓，好像要向司马懿进攻。司马懿不敢靠近蜀军。当地老百姓为此编了一个顺口溜："死掉的诸葛亮，吓跑了活着的司马懿。"司马懿听了以后，笑了笑说："我能算到活人的事，却算不到死人的事。所以出现了上述情况。"

《左传》记载，僖公三十年，秦国派杞子帮助郑国戍守京城。三十二年，杞子从郑国派使者给秦国送信，说："郑国人让我掌握了北门的钥匙。如果悄悄地把军队派到这里，就可以夺得郑国了。"秦穆公拜访了蹇叔，蹇叔说："兴师动众攻打远地，没有听说过。军队疲劳了，没有战斗力，而远处的敌人已经做好了准备，怎么能行呢？"秦穆公不听蹇叔的话，仍然任命孟明视、西乞术、白乙丙三位大帅去郑国。部队走出东门外面，蹇叔哭着说："孟明视啊，我能见到军队出去，却见不到他们归来啊。"三十三年，秦国的军队到达郑国的滑地，杞子逃奔到齐国。孟明视说："郑国已经有了准备，看来不要再存什么幻想了。攻不下它，围困吧又没有后援，我们还是撤退吧。"他们灭掉了滑国，把大军往回撤。晋国的先轸对晋襄公说："秦国国君不听蹇叔的劝告，是因贪心而使老百姓受苦。这是天赐良机啊，天赐良机不能失去，不能把敌人放跑了，放走了是祸患。违反天意是没有好处的。"四月份，晋国军队在殽山地区打败了秦国的军队，活捉了孟明视、西乞术、白乙丙三位大将。秦穆公请晋国放回三员大将，晋国同意了。秦穆公穿着白色的衣服，在郊庙中祭祀死去的士兵。他哭着说："我不听蹇叔的话，使您们几位受到侮辱，实在是我的罪过啊！不是孟明视的错。"文公元年，秦国的大夫以及秦王左右的官僚对秦穆公说："这次败仗，是孟明视的过错，一定要杀掉他。"秦穆公说；"是我的过错，我因为贪心而害了他，他有什么错呢？"秦王重新起用孟明视，让他辅助执政。文公二年，孟明视加强了国家政治的整顿，并使老百姓富了起来。文公三年，秦穆公再次讨伐晋国。过了河以后，烧掉了渡船，作决一死战的准备，攻占了王官及郊地，晋国军队坚守不出来，秦军于是从茅津渡河，封锁了殽地，大败晋军而归，实现了秦穆公吞并西戎的霸业，这是重用孟明视的原因。

【评点】

筑台拜将，何等威风，岂知战场厮杀，有几人归回。君不见，闺中怨妇，倚门眺望，几番梦中相聚。做军人难，做将军更不易。所以，古人拜将之时，便把全权处理之权相付。《孙子·谋攻篇》中说："将能而君不御者胜。"孙子的意思是在作战过程中，将领应拥有充分独立的指挥权力，有处置各种战机的自由，上级不应加以干预，以免左右牵制，贻误战机。但将领虽重权在手，也不能专制独断，一定要定计于庙堂之上，谋划于密室之中，谨而慎之。一定要体恤下情，关心士卒。所以《尉缭子·战威篇》中指出："勤劳之师，将不先己。暑不张盖，寒不重衣，险必下步。军井成而后饮，军食熟而后饭，军垒成而后舍，劳逸必以身同之。如此，师虽久而不老不弊。"这里是说指挥员吃苦在前，享受在后，身先士卒，才能团结全军去争取胜利。

本章的意思就是说，将领一定要稳重行事，国家安危，士卒生死，均系于将帅一身。将帅胜可千古留名，败则杀身系狱，切切不可草率行事。

九十九　宰相之忍

【题解】

本章集中论述做宰相的重要官员，如何能宽容待人，赢得众人拥戴。这对于今天担任重要职务的领导干部来讲，其中的道理也不无几分益处。

能容人者，才为人所容

昔人有言，能鼻吸三斗醇醋，乃可以为宰相。盖任大用者存乎才，为大臣者存乎量。丙吉不罪于醉污车茵，安世不诘于郎溺殿上。

【译文】

过去人说过，能用鼻子吸三斗醇醋的，才能做宰相。大概能够担当重任的要有才，能做大臣的要有器量。丙吉不追究酒醉弄脏了车子的马夫，张安世不责怪酒醉后在殿上小便的男子。

【注析】

俗话说：宰相肚里能撑船。即指人要有雅量，要大肚能容，气度旷达。在五代后周做过宰相的范质，曾对同事说过"鼻吸三斗醇醋"的话。

丙吉是西汉人，汉宣帝时被封为博阳侯，后来当上了丞相，性情宽厚。他有一个驾车的马夫，喜欢喝酒，曾经随同丙吉一块出去。在一次酒醉以后，马夫吐在丞相的车子里。西曹主吏告诉了丙吉这件事，并要求处罚车夫。丙吉说："就因为酒醉了赶走他，又怎么能容得了别的人呢？他只不过弄脏了丞相的马车罢了。"西曹也就忍住了。这个车夫是边境人，熟悉边境郡县的情况。丙吉有一次出门时，看到一位驿使拿着红白相间的袋子跑来，车夫便将边境少数民族的情况告诉丙吉。没多久，汉帝下诏书问边疆少数民族情况，丙吉一一回答，其他御史大夫都说不清楚，都受到了皇帝的责怪。而丙吉关于边疆的一些忧虑和对策，都是依靠车夫而获得的。所以丙吉感叹道："做官没有什么不可以容忍的，各人有各人的长处，如果我听不到车夫的那些话，怎么能受到皇帝的嘉奖呢！"

张安世也是西汉人，靠父亲的荫庇被封为光禄勋。当时有一位男子酒醉以后在殿上小便，管理的人要处罚他。张安世说："怎么能叫他喝下去的水不流出来呢？怎么能以小小的过错处罚人呢？"他原谅其他人的过失，也都像这样宽容。张安世在昭帝时做大将军，宣帝时做大司马车骑将军，同时兼任尚书。

高风亮节，百世师表

周公忍召公之不悦，仁杰受师德之包容。彦博不以弹灯笼锦而衔唐介，王旦不以罪倒用印而仇寇公。廊庙倚为镇重，身命可以令终。噫，可不忍欤！

【译文】

周公不计较召公高兴不高兴，狄仁杰受到娄师德的包容举荐。文彦博不因唐介弹劾他做灯笼锦而不使用他，王旦不因为寇准责怪他开除了将印用倒的官员而不推荐寇准。这四个人是朝廷的柱石，高风亮节能够善始善终。唉，能不忍嘛！

【注析】

以上介绍了四位大臣的高风亮节。

《尚书·君奭篇》说："现在我(周公旦)好像处身在大河里，从今以后我和你（召公奭）一起谋求渡过，你不督责纠正我，就没人能指出我的不足了。"

当时，召公奭为太保，周公旦为太师，一起辅佐成王。召公因年纪大要求回去，周公旦挽留他，召公因而不高兴。于是他写了上面那段话来挽留召公。意思是说现在我责任重大，犹如在大河中游泳，从现在开始，只有你和我一道帮助成王渡过大河一样的艰险。辅助赞襄的诚意，也应如成王未在位时一样，责任很重。你要理解的话，你就不责怪我挽留你了。"

唐朝的狄仁杰当宰相，是娄师德推荐的，然而狄仁杰有些看不起娄师德。武则天曾经问狄仁杰："娄师德贤明吗？"狄仁杰回答说："作为将领能够守住边疆，贤明不贤明我却不知道。"武则天又问："娄师德能够知人善任吗？"狄仁杰回答说："我曾经和他共过事，没有听说他能够了解人。"武则天说："我任用你是娄师德推荐的。这也算得上是知人善任呀。"狄仁杰出去后，感叹道："娄公德行高尚，我已经受他德行的好处很久了，却还不知道。"

宋朝的唐介，字子方，仁宗时被任命为御史里行，他上奏书批评平章文彦博，说他当益州知府时，造了一盏奇丽的金灯笼，通过阉侍拿到宫廷里，献给张贵妃，得以执政，和张贵妃的哥哥张尧佐结党拉派，巩固势力。唐介的语言十分直率，皇帝大怒，将文彦博召来说："唐介批评这件事是他的职责，至于你通过妃嫔而当上丞相，这怎么说呢？"于是皇帝将唐介贬为秦州别驾，后改到英州，同时也罢免了文彦博的职务，任他为许州知府。后来文彦博两次出任丞相，却首先推荐唐介。他对皇帝说："唐介批评我的事很多，切中了我的弊病，其中虽然有风闻传说的误会，但当时爱之太切便责之太深。"便召唐介还回来主管谏院。当时人称赞文彦博有长者风度。

宋朝的王旦，字子明，真宗时在中书任职，寇准在枢密院。中书有事时，须盖上印送交枢密院。中书如果偶然将印倒盖，寇准就将送文书的官吏除名。有一天枢密院也用倒了印，中书官员呈报王旦，也准备开除送文书的官吏。王旦问那些官员说："你们认为枢密院开除倒用印的人对不对？"官吏回答说："不对。"王旦说："既然不对，就不能学他的不对。"后来王旦病了，皇帝对他说："你现在万一有什么不幸，谁又能辅佐我治理呢？"王旦说："最好是寇准。"皇帝说："寇准性格刚直褊急，再想想其他人。"王旦说："别的人我就不知道了。"

【评点】

佛寺中大多有这样一副对联："大肚能容，容天下难容之事；开口常笑，笑天下可笑之人。"作为朝廷柱石，赞襄帝王的宰相，如果没有"可撑船的大肚"，怕也无法团结部属，任人唯贤。祁黄羊向晋平公推荐了自己的仇人解狐和自己的儿子祁午担任要职，孔子称赞说："外举不避仇，内举不避子。"意思是德才称职的人都应无私地推荐，不因有私仇而借机报复，也不因是子女就故意回避。居于现代社会的人，也应有古代宰相这种情操，一是要宽厚待人，不以小过而责人，二是要举贤任能，"不党父兄，不偏富贵，不嬖颜色，贤者举而上之，不肖者抑而废之。"（《墨子·尚贤》）只有这样，事业才会得到发展。

一百　好学之忍

【题解】

尊重知识，尊重人才，势必会推动整个社会的尚学之风。古代科举取士，激励了无数读书人不畏劳苦，勇攀书山。本章介绍几位刻苦向学的读书人的事迹，他们对今人仍有某种启迪。

非学无以广才，非志无以成学

立身百行，以学为基。古之学者，一忍自持。凿壁偷光，聚萤作囊。忍贫读书，车胤匡衡。

【译文】

安身立命有百行百业，但都以读书为基础。古时候的读书人，能够刻苦努力。匡衡把邻居墙壁凿穿借用亮光，车胤把萤火虫装在袋子里当作灯来使用。他们不怕贫困，坚持读书。

【注析】

这里讲了两个家庭穷困的人坚持读书终学有所成的故事。

车胤是晋朝人，字武子。他小时候家里贫穷，买不起灯油。夏天时，他捉了几十只萤火虫装在袋子里，靠萤火虫发出的亮光读书，夜以继日，不知疲倦。后来，桓温推荐他担任主簿，后又升迁为长史，闻名朝廷，最后又升为吏部尚书。他受人拥戴，死时，朝廷上下都很悲伤。

匡衡是西汉人，字稚圭。他十分好学，但家里贫穷，曾经把邻居的墙壁凿穿，通过洞眼中的亮光读书，不知疲倦。宣帝时，匡衡参加朝廷考试，位在甲科，元帝时，担任给事中职务。永光二年，日蚀地震，皇帝询问政策上的得与失，匡衡用奏疏答复，皇帝很欣赏他的才学，封他为光禄大夫，太子少傅，他后来做了丞相。

生有涯而知无涯

耕锄昼佣，牛衣夜织。忍苦向学，倪宽刘寔。

【译文】

倪宽和刘寔，都不怕困苦，坚持学习。一个边读书边劳动，为人当佣人，一个依靠夜里织牛衣卖掉后维持生活。

【注析】

倪宽和刘寔都是家庭生计困苦仍坚持读书的典范。

倪宽是西汉人，原跟孔安国学习研究《尚书》。他家里贫穷，没有读书的费用，曾经为众人煮饭。他帮别人干农活时，常带着经书去劳作，休息时就拿出来读。后来通过考试，被任用为廷尉卒史。武帝元鼎四年，刈辽为左内史。他教导农民勤奋耕作，轻缓刑罚，老百姓很信任他，爱戴他。皇帝因此更加重视他，封他为御史大夫，在任上九年，后死于任上。

刘寔是晋朝人，字子真。小的时候，他家境困苦，依靠卖牛衣维持生计。他勤奋好学，一边放牛一边读书。他读了很多书，博古通今，为官清正廉洁，曾任吏部郎。文帝时，做过太尉和太子太保，后来他以年老为由，坚决要求辞官。

朝闻道，夕可死

以锥刺股者，苏秦之忍痛；系狱受经者，黄霸之忍辱。

【译文】

用铁锥刺自己的大腿，苏秦忍受了巨大的痛苦；在狱中学习《尚书》，黄霸忍受了难言的侮辱。

【注析】

这是两位在恶劣环境中仍坚持学习的榜样。

苏秦是洛阳人，他日以继夜读书，神思恍惚时，就用锥子刺自己的大腿，血一直流到脚踝。后他拜鬼谷先生为师，去游说诸侯各国，诸侯们听从了他的计策，并请他同时任六国宰相。

黄霸是西汉人，字次公，河南人。他以宽厚和气闻名，宣帝听说他持法公平，任命他为廷尉。本始二年，皇帝为尊武帝而称庙号为世宗，各领地郡县侯国都要修庙。唯独夏侯胜劝谏说："这样不行。"于是丞相御史都上书攻击夏侯胜非议君王。皇帝下诏书，把黄霸等附和者都关进监狱。过了一些日子后，黄霸想跟随夏侯胜学习《尚书》，夏侯胜说："我们都下狱犯了死罪，还学《尚书》做什么。"黄霸说："朝闻道，夕死可矣。"夏侯胜认为这话很有道理，就给他讲授《尚书》，从冬到春，一直没停止。到本始四年，皇帝大赦，两人才出了狱。夏侯胜被任命为谏大夫给事中，黄霸被任命为扬州刺史。元康三年，黄霸迁任颍川太守，地方治理为天下最好的。神爵四年被赐关内侯，后来做了丞相。

当得苦行僧，学问自进门

宁越忍劳于十五年之昼夜，仲淹忍饥于一盆之粟粥。

【译文】

宁越忍受了十五年的劳苦坚持读书学习，范仲淹忍受饥饿的折磨，每天仅吃一盆小米粥充饥。

【注析】

宁越，是中牟人，辛苦耕种时对朋友说："怎样才能免掉这种劳苦啊。"朋友说："不如去读书，读了三十年就可以离开劳苦了。"宁越相信了朋友的话，别人休息他不敢休息，别人睡觉他不敢睡觉，十五年后终于学成，周威王以他为师。

范仲淹是宋代人，字希文，苏州人。当初住在长白山僧舍里读书，每天煮三升小米放在一件容器里，第二天凝结成一块后，用刀划为四份，早晨晚上各取两块，十几根腌菜，酢浆汁半盂，加热后吃，他生活清淡到了这种地步。他三年后中了进士，宋仁宗时被任命为参知政事，死后追封为文正公。

读书能明志，英名著丹青

及乎学成于身，而达乎天子之庭。鸣玉曳组，为公为卿。为前圣继绝学，为斯世开太平。功名垂于竹帛，姓字著于丹青。噫，可不忍欤！

【译文】

等到学有成就，就可以到达朝廷。佩玉鸣响，绶带飘扬，官做到公卿。继承先贤先哲的学问，为后世的太平开辟道路。功名写在竹帛上，肖像绘成丹青。唉，能不忍吗？

【注析】

玉，指玉佩；组，指绶带。柳永《劝学》说："养子必教，教则必严，严则必成。学则庶人之子为公卿，不学则公卿之子为庶人。"

汉朝将功臣画在麒麟阁里，描绘功臣的相貌，写上功臣的姓名，这就叫"著于丹青"。

【评点】

"书中自有颜如玉，书中自有千钟粟，书中自有黄金屋。"这句话不知被批了多少年，又被信奉了多少年，其实这只是一种功利主义的态度。读书人应该胸怀大志，建功立业，不要只是为了追求获得物质上的享受。读书是一种享受，一种快感——对于喜爱读书的人而言。它是和一个高尚的人谈话，和过去的和未来的世界交流，它能够净化我们的心灵，使生活充满意义。金钱和权势固然能给人们带来短暂的荣光，但读书却会给人带来终身的享受。正如莎士比亚所说："学问是我们随身的财产……"

但读书毕竟是苦根上长出的一颗甜果，如果没有吃苦精神，则像在浅滩游泳的人，无法领略大海的广阔，无法掌握海洋的秘密。头悬梁、锥刺骨、囊映雪等圣贤求学故事虽已家喻户晓，但清灯孤夜的那番滋味有人却无法忍受。我们应当明白：成功在于坚持，如果你浅尝辄止，如果你畏难怕苦，那将所获无几。

图书在版编目（CIP）数据

劝忍百箴译注评／（元）许名奎著；周百义译评.
—武汉：崇文书局，2019.5
（中华经典全本译注评）
ISBN 978-7-5403-5275-2

Ⅰ．①劝⋯
Ⅱ．①许⋯ ②周⋯
Ⅲ．①伦理学－中国－元代②《劝忍百箴》－译文③《劝忍百箴》－注释
Ⅳ．① B82-092

中国版本图书馆 CIP 数据核字（2019）第 063178 号

．

劝忍百箴译注评

责任编辑　曾　咏
封面设计　甘淑媛
责任校对　董　颖
责任印制　李佳超
出版发行　长江出版传媒　崇文书局
地　　址　武汉市雄楚大街 268 号 C 座 11 层
电　　话　（027）87293001　邮政编码　430070
印　　刷　湖北恒泰印务有限公司
开　　本　880mm×1230mm　　1/32
印　　张　13 5
字　　数　400 千
版　　次　2019 年 5 月第 1 版
印　　次　2019 年 5 月第 1 次印刷
定　　价　38.00 元
（如发现印装质量问题，影响阅读，请与承印厂调换）

.